U0291714

大学计算机基础教育规划教材

Qt图形界面编程入门

仇国巍 编著

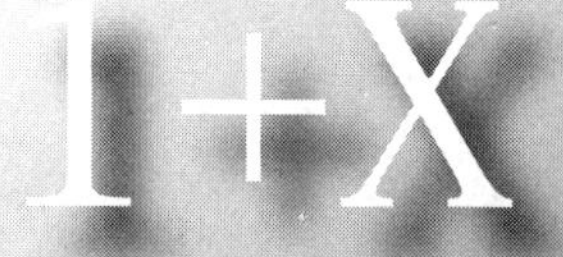

清华大学出版社
北 京

内 容 简 介

本书着重讲解利用 Qt 开发图形界面程序的基础知识。全书共 10 章，主要内容包括 C++ 语言中面向对象的知识、集成开发环境 Qt Creator、基本窗体控件、菜单和工具栏、对话框、界面布局、事件系统、二维绘图、样式表等方面的内容。基本覆盖了利用 C++ 语言在 Qt 开发平台下开发窗口界面的知识。第 10 章给出 3 个比较大的范例，建议先自己思考并编写程序，而后和本书例程对照，从而更有效地提高编程水平。本书讲述力求简单实用、步骤详尽，非常适合课堂讲解少而练习时间多的授课方式，也适合于在翻转式教学模式下引导学生自我学习。本书要求读者具有 C 语言编程基础，在此基础上即可顺利地学习本书内容。建议共安排 48 学时，其中，24 学时授课，24 学时上机练习。

本书适合作为高校相关专业教材，也可供软件开发人员自学参考。

本书封面贴有清华大学出版社防伪标签，无标签者不得销售。
版权所有，侵权必究。举报：010-62782989，beiqinquan@tup.tsinghua.edu.cn。

图书在版编目(CIP)数据

Qt 图形界面编程入门/仇国巍编著. —北京：清华大学出版社，2017(2024.9 重印)
(大学计算机基础教育规划教材)
ISBN 978-7-302-46063-3

Ⅰ. ①Q…　Ⅱ. ①仇…　Ⅲ. ①软件工具－程序设计－高等学校－教材　Ⅳ. ①TP311.561

中国版本图书馆 CIP 数据核字(2017)第 004889 号

责任编辑：张　民　战晓雷
封面设计：何凤霞
责任校对：白　蕾
责任印制：宋　林

出版发行：清华大学出版社
网　　址：https://www.tup.com.cn，https://www.wqxuetang.com
地　　址：北京清华大学学研大厦 A 座　　**邮　　编**：100084
社 总 机：010-83470000　　**邮　　购**：010-62786544
投稿与读者服务：010-62776969，c-service@tup.tsinghua.edu.cn
质 量 反 馈：010-62772015，zhiliang@tup.tsinghua.edu.cn
课 件 下 载：https://www.tup.com.cn，010-83470236
印 装 者：三河市龙大印装有限公司
经　　销：全国新华书店
开　　本：185mm×260mm　　**印　　张**：18　　**字　　数**：415 千字
版　　次：2017 年 5 月第 1 版　　**印　　次**：2024 年 9 月第 10 次印刷
印　　数：11701～12900
定　　价：45.00 元

产品编号：070540-02

前　言

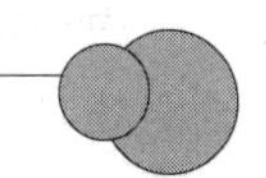

Qt 是基于 C++ 语言的著名的跨平台开发框架，自 20 世纪 90 年代出现以后，不断发展壮大，现在已经发展成为强大的、几乎全功能的开发框架。它不仅可以用于开发用户界面，还可以进行数据库、网络、多媒体、嵌入式等方面的编程开发，但是 Qt 最侧重的，历史最悠久的仍然是 GUI 图形界面开发。Qt 开发的程序可以运行于 Windows、Linux、UNIX 等主流操作系统，只要没有调用专属于某个操作系统的功能，Qt 开发的源程序一般不用修改，只需将它的源码在不同的操作系统下编译后即可执行，真正达到了"一次编写，处处编译"的境界。

全书共分 10 章。

第 1 章和第 2 章讲述 C++ 语言面向对象的基础知识。因为本书假定读者了解 C 语言的编程基础，所以这里用两章的篇幅介绍面向对象的知识，包括类和对象、类的继承和多态等方面的知识。

第 3 章介绍 Qt 的安装、Qt Creator 的基本使用、信号与槽通信机制，以及编程中常用的几个基本字符串类。

第 4 章讲解基础窗口类以及各种常用的界面控件，包括按钮、标签、单选按钮、检查框、组合框、列表框、编辑框、进度条、选项卡、树状控件、表格控件、富文本控件等。这些控件可以方便地构造图形界面。

第 5 章讲解菜单、工具栏和状态栏的基础知识，以及对话框的基础知识。了解手工编程和利用设计器构建菜单的差异，了解模态、非模态对话框的不同之处。

第 6 章介绍控件布局管理、窗口切分与停靠、单文档与多文档界面的实现方式。有了布局管理的知识，就可以灵活高效地安排控件的位置并使之随界面大小而动态变化。大大简化了界面编程的强度。

第 7 章介绍事件系统的基本知识。窗体程序的一举一动全由事件驱动，鼠标操作、键盘操作、定时发生的动作、界面重绘等全是事件，有了事件概念并且适当地利用事件处理机制编写程序是界面编程的要点之一。

第 8 章讲解二维绘图系统。画笔、画刷的利用和图形绘制是界面编程中不可或缺的内容，坐标变换和特殊填充方式体现了 Qt 二维绘图功能的强大。

第 9 章介绍利用样式表美化界面的方法。在 Qt 中利用类似于网页 CSS 脚本的 QSS 脚本可以直接设定各种控件的大小、颜色、背景等属性，极大地方便了界面的美化。

第 10 章给出 3 个编程实例——接金币、俄罗斯方块、游戏大厅界面。通过这些范例让读者进一步了解界面编程所需要的综合能力。

由于本书内容广泛,加上编写时间仓促,以及作者水平有限,书中可能有错误及不合理之处,恳请读者指正。

仇国巍

qwqiu@mail.xjtu.edu.cn

2017年1月

目录

第1章 类和对象

1.1 面向对象程序设计

在20世纪90年代以前，程序设计的主流方法是面向过程，如C语言等当时流行的都是面向过程程序设计的编程语言。从20世纪90年代开始，面向对象的程序设计方法逐渐流行，并成为程序设计的主流方法，而C++语言既可用于面向过程的程序设计，也可用于面向对象的程序设计，这使得C++语言成为传统开发方法和现代开发方法之间的桥梁。可以说在习惯于传统开发方法的老一代程序员熟悉并掌握面向对象开发方法的过程中，C++语言发挥了关键性作用。面向对象方法成为主流并不意味着面向过程方法的彻底消失，相反，它们相辅相成，各自都发挥着重要作用。

面向过程就是分析出解决问题所需要的步骤，然后用函数把这些步骤一一实现，使用的时候一个一个依次调用就可以了。面向对象是把构成问题的事务分解成许多对象，建立对象的目的不是为了完成一个步骤，而是为了描叙某个事物自身及其在整个解决问题的过程中的行为。

面向过程的程序设计是一种自上而下的设计方法，设计者用一个main函数概括出整个应用程序需要做的事。在main函数中对一系列子函数进行调用，其中的每一个子函数还可以再被精炼成更小的函数，这就是模块分解的过程，如图1-1所示。重复这个过程，就可以完成一个过程式的设计。其特征是以函数为中心，用函数作为划分程序的基本单位，数据在过程式设计中往往处于从属的位置。

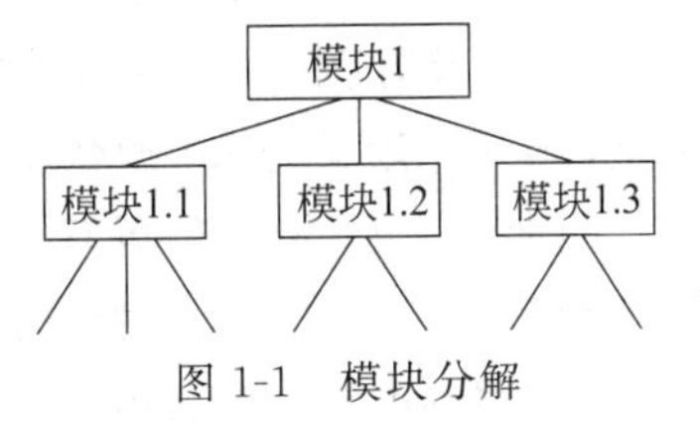

图1-1 模块分解

面向过程设计的优点是易于理解和掌握，这种逐步细化问题的设计方法和大多数人的思维方式比较接近。然而，过程式设计对于比较复杂的问题，或是在开发中需求变化比较多的时候，往往显得力不从心。这是因为过程式的设计是自上而下的，这要求设计者在一开始就要对需要解决的问题有一定的了解。在问题比较复杂的时候，要做到这一点会比较困难，而当开发中需求发生变化的时候，以前对问题的理解也许会变得不再适用。事实上，开发一个系统的过程往往也是对系统不断了解和学习的过程，而过程式的设计方法忽略了这一点。

在面向过程式设计的语言中，一般都既有定义数据的元素，如C语言中的结构，也有定义操作的元素，如C语言中的函数。这样做的结果是数据和操作被分离开，容易导致对一种数据的操作分布在整个程序的各个角落，而一个操作也可能会用到很多种数据，在这种情况下，对数据和操作的任何一部分进行修改都会变得很困难。

面向对象是一种自下而上的程序设计方法。不像过程式设计那样一开始就要用main函数概括出整个程序，面向对象设计往往从问题的一部分着手，分析问题包含哪些对象，将这些对象抽象成为类的形式，一点一点地构建出整个程序。类成为模块化的元素，是划分程序的基本单位。在面向对象设计中，类封装了数据，而类的成员函数作为其对外的接口，抽象地描述了类。用类将数据和操作这些数据的函数放在一起，可以说这就是面向对象设计方法最基本的特征。

下面的例子概要地说明了面向过程和面向对象程序设计的区别。

问题：现在要将一批鸭子用若干个盒子包装起来，请将此过程用程序表现出来。

方法一：面向过程的分析设计。

把鸭子装进包装盒的过程主要包括：打开盒子，装进鸭子，盖好盒盖。每个步骤都可以编写一个函数，于是得到3个函数：

- Open()，把盒子打开，目标是得到打开的盒子。
- Put()，把鸭子装进去，目标是得到里面装着鸭子的盒子。
- Close()，把盒子盖好，目标是获得盖好盒盖的有鸭子的盒子。

以上3个过程每个过程都有一个阶段性的目标，依次完成这些过程，就能把鸭子装进盒子。在上面的函数中，参数都没有确定，因为这个问题用什么样的数据形式表达尚未确定。可以尝试用下面的数据表示问题：

用数组state[]表示盒子的状态，state[k]表示第k个盒子的情况。可将盒子的状态分为4种情况：

0——未开盖的空盒。

1——开盖的空盒。

2——装好鸭子，未盖好盒盖的盒子。

3——装好鸭子，盖好盒盖的盒子。

于是，state[]定义为int型数组最合适。

同样，鸭子的情况也应该用数组表示。这里用duckState[]表示鸭子的状态，duckState[n]表示第n只鸭子的情况。鸭子的状态是“未被装入”和“已经装入”两种，因此可以用bool型数组表示。于是前面几个函数可定义如下：

```
//打开第 k 个盒子,成功则返回盒子编号,失败返回-1
int Open(int state[], int k)
//将第 n 只鸭子放入第 k 个盒子,成功则返回盒子编号,失败返回-1
int Put(int state[],int k,bool duckState[], n)
//将第 k 个盒子盖好
void Close(int state[], int k)
```

至此，3个步骤都用函数实现了。看起来还不错。下面看看面向对象的方法。

方法二：面向对象的分析设计。

面向对象的方法不是从"怎么做"出发,而是从"是什么"出发考虑问题。首先寻找问题中的对象。为了发现对象,要在系统说明文档中查找名词和名词短语,包括物品、可感知的事物(压力、温度等)、角色(母亲、教师、政治家)、事件(着陆、中断、请求)、相互作用(借贷、开会)、人员、场所、组织、设备、地点等。通过浏览问题的描述发现重要的对象和其责任是面向对象分析和设计初期的重要任务。

在上述问题中,可以找到的重要名词有盒子、鸭子。然后需要将这些对象的共有特性以及其责任(或者说具有的方法)抽象为特殊的数据类型——类。在C++中,类用class定义。

可以看出,盒子类具有状态属性,同时可以把"将鸭子放入盒子中"归纳为盒子的任务。于是为实现这一任务,盒子类应该具有的方法有:打开自己的盖子,将鸭子放入自己内部,合上自己的盖子。为什么要加上"自己"两个字呢?因为一个盒子没有必要管别人的事情,它可以请求别人做一件事,但不应该越俎代庖,自己替别人做。于是盒子类可定义如下:

```
class BOX
{
    int ID;                              //盒子编号,为什么不是数组?
    int state;                           //盒子状态,为什么不是数组?
    int Open();                          //打开盒子,为什么没有参数?
    int Put(bool duckState[], n);        //将第 n 只鸭子放入盒子
    void Close();                        //将盒子盖好,为什么没有参数?
}
```

首先,盒子有许多个,那么盒子类当中为什么ID和state不是数组呢?因为,这里抽象出来的类是盒子类,而不是"盒子群组"类。这个类表达的是每一个个体的特征。那么,如何表达若干个盒子呢?其实C++中的类是一种数据类型,只不过比较复杂而已。既然是数据类型,就可以定义数组,定义一个BOX类型的数组就可表达一组盒子了。

另外,为什么在Open和Close等方法中没有代表盒子标号的参数呢?因为这里的方法是每个对象(类的一个实际个体)自己具有的方法,合理的设定是:盒子可以打开自己的盖子,即修改自己的state。C++的中类的定义规定,每个对象的函数可以直接操作自己的属性(即数据),也就是说Open等函数可以在函数内部直接修改自身的state内容,而不必将state作为参数传入Open函数。除非每个盒子都需要打开别人的盖子(多么奇怪啊),那么则可以将另一个盒子对象作为参数传入Open函数,可以定义为

```
int Open(BOX abox);                      //打开盒子 abox 的盖子(不一定是自己)
```

实际上,类似"每个盒子都需要打开别人的盖子"这种情况是很少见的,因为不太合理。

为了把鸭子装进盒子,需要做3个动作:打开盖子,装入鸭子,合上盖子。每个动作有一个执行者,它就是对象。我们要做的是对某个盒子对象发出指令:

(1) k号盒子,请把盖子打开。

(2) k 号盒子，请把第 n 个鸭子装进去。

(3) k 号盒子，请把盖子盖上。

这时盒子 b[k]应当执行的代码如下：

```
b[k].Open()
b[k].Put(duckState, n);
b[k].Close()
```

显然面向对象的编码含义更加清晰。

比较上面两种编程方法，可以看出：

(1) 在面向过程的方法中，数据和函数是分离的，数据可能散落在程序的各个角落，不易维护；而在面向对象的方法中，数据和函数结合在一起，每个对象都有自己独立的数据，含义清晰，易于维护。

(2) 在面向过程的方法中，需要在开始阶段就分析清楚每个过程的作用，并编写合适的函数，一旦在后续工作中发现初始的分析不恰当，则可能改动很大；而面向对象的设计方法允许开发者从问题的局部开始，先找出类，再找出类之间的关系，在开发过程中逐步加深对系统的理解，最终利用类构造出整个系统。对于比较大的软件系统，面向对象的方法在分析阶段、维护阶段都更有优势。

1.2 类的声明和对象创建

类(class)是现实世界或思维世界中的实体在计算机中的反映，它将数据以及这些数据上的操作封装在一起。对象是具有类类型的变量。类是对象的抽象，而对象是类的具体实例(instance)，即类的实例化。类是抽象的，不占用内存，而对象是具体的，占用内存。

1.2.1 如何声明一个类

声明一个类的一般形式为

```
class 类名            //class 是声明类的关键字
{
    private:
        ⋮
        //私有成员数据(属性)和私有成员函数(方法)，不能在类外直接访问
    protected:
        ⋮
        //保护成员数据(属性)和保护成员函数(方法)，也不能在类外直接访问
    public:
        ⋮
        //公有成员数据(属性)和公有成员函数(方法)，能在类外直接访问
};          //用一对花括号括起来的部分是类体。类声明以分号结尾
```

私有成员、保护成员、公有成员限定了对有关成员的访问方式。简单讲就是对公有成

员的访问限制最宽松，对私有成员的访问限制最严格。它们的差别将在后面章节详细介绍。

这里的成员既包括类的属性，即成员变量，也包括类的方法，即成员函数。成员函数的实现可以在类的声明内部完成，也可以在外部。请看下面的例子，这里先全部使用公有成员变量和成员函数。

```
//声明一个银行账户类
class Account
{
public:                                  //公有成员
    int ID;                              //账户 ID
    char Name[20];                       //姓名
    float balance;                       //余额
    int withdraw(float m)                //取出数量为 m 的钱，返回-1 表示失败
    {
        if(balance>m) { balance=balance -m; return 1; }  //正常，返回 1
        else return -1;                                  //失败，返回-1
    }
    void deposits(float m);                              //存入数量为 m 的钱
};                                                       //这里一定要有分号
void Account::deposits(float m)
{
    balance=balance+m;
}
```

在上面的类中，取款函数 withdraw 定义在类的内部，这种情况称为内联函数。而存款函数 deposits 定义在类的外部。

在类的外部定义成员函数的格式为

```
返回类型 类名::函数名(形式参数)
{
    函数体
}
```

这里的符号::表示该函数属于哪个类。如果没有“类名::”部分，则该函数不属于任何类，也就成了一个 C 语言意义下的函数，而且是全局函数(即在该文件任何位置均可使用该函数)。

1.2.2 定义和使用对象

如果已经声明了一个类，就可以用它定义变量了。使用类定义的变量一般称为对象。定义对象的方法和使用基本变量类型定义变量的方法一样。例如，下面的语句定义了一个账户对象：

```
Account myAccount;
```

而下面语句则定义了包含10个对象的数组：

```
Account account[10];
```

不论是定义了一个对象还是一组对象，C++都会在内存中为每一个对象分配必要的空间。如果为上面定义的myAccount分配空间，则内存空间需要容纳账户ID(整型)、姓名(字符数组)、余额(浮点数类型)。每个账户对象都是不同的，因此每个对象都要有存放账户ID、姓名和余额的空间。

另外，Account类有两个成员函数withdraw和deposits，而myAccount作为Account类的具体成员，当然可以使用这两个成员函数。但是成员函数是被各个对象共用的，因此成员函数并不占据一个具体对象的内存空间，这一点和数据成员处理方式不同。反过来想，如果每个对象都存储一个成员函数的副本，既不经济，效率也不高。

类对象使用公有函数的方法是

对象名.函数名(实际参数)

例如，要向myAccount存入600元，格式如下：

```
myAccount.deposits(600.0);                    //仅对公有函数可以这样使用
```

同时，类对象的公有变量也可以直接修改或显示。例如：

```
myAccount.ID=10001;                           //设定账户 ID
```

同类对象之间可以赋值，例如下面的语句：

```
myAccount=account[0];
```

在赋值过程中，右侧account[0]的每个属性的内容被复制到myAccount对象的相应内存区域，这和struct结构是一样的。

类也可以作为一个函数的参数或返回值出现，下面定义一个不属于任何类的函数：

```
//从账户 A 转 m 元到账户 B
bool transfer(Account A, Account B, float m)
{
    if(A.withdraw(m)==1)                      //若 A 取款成功
    {
        B. deposits(m);                       //向 B 存款
        return true;
    }else
    return false;
}
```

这是一个转账函数。对于这个函数，编译器不会报错。但是这个函数很可能无法实现预定的目标。例如，如果按下面的方式调用此函数：

```
transfer(myAccount, account[0], 1000.0);
```

开发人员希望通过此函数将1000元从账户myAccount转到账户account[0]。上面的调用将以下面的方式进行：

(1) 调用函数时产生A和B两个对象。虽然A和B仅出现在函数列表中，没有在transfer的函数体内定义，但A和B仍然是此函数内的局部变量。

(2) 对象myAccount和account[0]分别赋值给A和B。这里A和myAccount、B和account[0]都是彼此独立的对象。

(3) 在函数中从账户A转m元到账户B。而myAccount和account[0]无任何变化。

(4) 函数transfer执行完毕。transfer中的局部变量A和B也随之消失。

上面的执行过程没有完成从账户myAccount到账户account[0]的转账，根本原因是调用函数时参数采用的是值传递。如果要真正实现转账，应当采用指针传递或者引用传递。指针传递的概念和C语言中的一致，而引用传递则是C++特有的参数传递方式。

1.2.3 对象的指针和引用

1. 指针和引用的区别

指针是C语言的概念，代表内存地址，一个变量的起始地址就是该变量的指针，当然在C++中也可以用指针。引用是C++语言的专有概念，它是另一个变量的别名，它和该变量绑定在一起。

指针和引用有一个共同点：它们都代表某个变量占据的某一块内存区域，通过指针或引用都可以对它们代表的变量进行操作。下面说明它们的编程方式。

以下的语句利用指针对变量赋值：

```
int m;
int *p;                          //指针定义
p=&m;                            //将m的内存地址赋给p
*p=5;                            //通过指针对变量m赋值
```

而下面的语句则是利用引用做同样的事情：

```
int m;
int &q=m;                        //定义引用q并与m绑定
q=5;
```

注意上面两段代码中&符号的使用。&放在等号右侧的某个变量前一般是取该变量的地址；而在定义变量时，在变量前出现的&符号表示该变量是引用。

指针和引用主要有下列不同：

(1) 引用只能在定义时被初始化一次，之后不可变；而指针可变。

例如语句int &q = m是正确的，但是下面的写法不对：

```
int &q;
q=m
```

而且q一旦和m绑定，就不可改变。

而指针则不同，例如指针 p 可以先指向 m，即 p=&m，使用完毕，可以让 p 指向其他变量。

(2) 引用不能为空，指针可以为空。因为引用必须在定义时直接初始化，因此引用就不会为 NULL，而指针可以是 NULL。

2. 类类型指针和引用

类类型也可以有指针和引用，这和一般的变量没有差别。例如：

```
Account *p1;                              //Account 类指针
Account myAccount;
Account &q1=myAccount;                    //Account 类引用
```

可以让 p1 指向 myAccount，使用下面语句即可：

```
p1=&myAccount;
```

类对象指针和引用常常出现在函数的参数表或返回值中。例如前面提到的转账函数 transfer 就可以用指针或引用实现。

首先是利用类对象指针实现转账函数：

```
bool transfer(Account *pA, Account *pB, float m)
{
    if(pA->withdraw(m)==1)                //若 A 取款成功
    {
        pB->deposits(m);                  //向 B 存款
        return true;
    }else
        return false;
}
```

注意这里 pA 和 pB 都是指针，指针调用函数要使用->符号，不能用"."符号。调用函数时用下面的语句：

```
transfer(&myAccount, &account[0], 1000.0);
```

参数传递过程中，相当于执行了下面两条语句：

```
pA=&myAccount;
pB=&account[0];
```

于是 pA 和 pB 均指向函数外部的对象，在函数内的转账操作将直接作用在 myAccount 和 account[0]上。

下面是利用类对象的引用实现转账函数：

```
bool transfer(Account &A, Account &B, float m)          //仅仅修改了这里
{
    if(A.withdraw(m)==1)                                //若 A 取款成功
```

```
    {
        B.deposits(m);                                  //向B存款
        return true;
    }else
        return false;
}
```

这个函数和第一个版本的差别仅仅在形式参数中，变量A和B是引用类型。调用函数时可用下面的语句：

```
transfer(myAccount, account[0], 1000.0);           //这里和第一个版本一样
```

显然，这个函数调用和第一个版本是一样的。然而由于定义的是引用类型，相当于在传递参数时首先执行下面的语句：

```
Account &A=myAccount;
Account &B=account[0];
```

于是，A和B成为函数外部对象的等价物，在函数中对A和B的操作实质上仍是对外部对象的操作。这和指针的作用是一样的。

在C++语言中，函数的形式参数中常常出现类对象的引用。这样做比指针简单，而且可以达到在函数中修改函数外部对象的预期效果。

3. 动态创建对象

如果定义了指针后，不想让指针指向某个已经定义好的对象，那么可以使用动态创建对象的方法为指针生成一个对象。这时要使用C++语言的new操作符，例如：

```
Account *pA;
pA=new Account;                          //动态创建Account对象
```

甚至还可以创建对象数组，例如：

```
Account *pB;
pB=new Account[10];                      //动态创建10个Account对象
```

这种动态创建的对象只能用通过指针使用，因为它们没有其他名字。例如下面的语句输出公有数据成员：

```
cout<<pA->ID<<"  "<<pA->Name;            //输出账户ID和姓名
```

如果操作的是动态数组对象，则可以用下面的语句：

```
cout<<pA[5]->ID<<"  "<<pA[5]->Name;      //输出数组中pA[5]的ID和Name
```

这里使用的cout是C++的输出命令，相当于C语言的printf语句。这种动态生成对象的方法在本书后面章节有大量的应用。

所谓动态创建就是在程序运行期间如果有需要才创建，那么当使用完毕后也应该能动态删除，这样C++的功能才完整。事实上，C++确实可以动态删除前面动态创建的对

象，这需要使用 delete 操作。例如：

```
delete pA;                                  //删除和 pA 关联的动态对象
```

注意，由于可以有多个指针指向同一个对象，只有当没有其他指针(除 pA)指向这个动态对象时，delete 才能真正删除动态对象。

4. 对象自身的指针 this

每一个对象都有一个指向自己的指针，就是 this 指针。当一个函数中的局部变量和类对象的数据成员变量同名时，一定要使用 this 指针。例如，在 Account 类中添加一个初始化函数 Initial，内容如下：

```
class Account
{
public:                                     //共有成员
    int ID;                                 //账户 ID
    char Name[20];                          //姓名
    float balance;                          //余额
    void Initial(int ID, char Name[], float balance);
    ⋮
};                                          //这里一定要有分号
void Account:: Initial(int ID, char Name[], float balance)
{
    this->ID=ID;                            //将传入的 ID 赋值给当前对象的 ID
    strcpy(this->Name, Name);               //将传入的 Name 赋值给当前对象的 Name
    this->balance=balance;                  //将传入的 balance 赋值给当前对象的 balance
}
```

注意，在 Initial 函数中使用了 this 指针。如果不用 this 指针，则形参表里的局部变量和类的数据成员重名。对于变量 this->ID，如果去掉 this，只写 ID，则系统会将它视为局部变量(即参数表里定义的变量)。

如果不想使用 this，则参数表里的变量一定要换一个名字，例如定义成下面的形式：

```
void Initial(int id, char name[], float amount);
```

这时局部变量就不会和类的成员重名，不会有二义性。

1.3 公有成员和私有成员

从访问权限上来分，类的成员又分为公有成员(public)、私有成员(private)和保护成员(protected)3 类。不论是公有成员、私有成员还是保护成员，都可以是类的成员变量或者成员函数。有关保护类型的成员将在后面介绍。

1.3.1 公有和私有成员的权限

公有成员用 public 来说明，公有部分往往是一些操作(即成员函数)，它是提供给用户的接口功能(所谓接口就是指一些可以被用户使用的函数)。这部分成员可以在使用类对象的程序中通过“对象.成员”或“对象指针->成员”的方式使用。这里的成员既可能是变量,也可能是函数。

私有成员用 private 来说明,私有部分通常是一些数据成员,这些成员是用来描述该类中的对象的属性的,用户无法直接访问它们,即无法在使用类对象的程序中通过“对象.成员”或“对象指针->成员”方式使用。只有成员函数或经特殊说明的函数才可以直接使用它们,它们是被隐藏的部分。

在下面的例子里,首先将 Account 类修改为具有公有和私有成员的类,而后在 main 函数中只用这个类。

【例 1-1】 具有公有和私有成员的账户类。

```
#include <iostream>                 //标准 C++的输入/输出模块
#include <cstring>                  //C 语言的串(字符数组)处理模块
using namespace std;                //引入命名空间,使得使用<iostream>更方便
class Account
{
private:                            //若没有 private 标识,头部的变量仍默认为私有成员
    int ID;                         //账户 ID
    char Name[20];                  //姓名
    float balance;                  //余额
public:
    void Initial(int ID, char Name[], float balance);    //初始化
    int withdraw(float m);          //取出数量为 m 的钱,返回-1 表示失败
    void deposits(float m);         //存入数量为 m 的钱
    void showMe() {
        cout<<Name<<"  "<<balance<<endl;
    }
};
void Account::Initial(int ID, char Name[], float balance)
{
    this->ID=ID;                    //将传入的 ID 赋值给当前对象的 ID
    strcpy(this->Name, Name);       //将传入的 Name 赋值给当前对象的 Name
    this->balance=balance;          //将传入的 balance 赋值给当前对象的 balance
}
int Account::withdraw(float m) //取出数量为 m 的钱,返回-1 表示失败
{
    if(balance>m) { balance=balance -m; return 1; }
    else return -1;
}

void Account::deposits(float m)        //存入数量为 m 的钱
{
```

```
    balance=balance+m;
}

int main()
{
    Account my, other;
    char name[]="Jack";
    my.Initial(10112,name,600.0);    //调用公有成员函数,成功
    my.withdraw(500.0);              //调用公有成员函数,成功
    my.showMe();                     //调用公有成员函数,成功
    //以下语句错误, 不能通过"对象.变量"或"对象.函数()"访问私有成员
    //cout<<my.Name<<" "<<my.balance<<endl;
    //other.balance=300;
    //other.ID =20112;
    return 0;
}
```

运行结果如下:

```
Jack  100
```

这里输出的信息是 showMe 函数的执行结果。另外,在主函数中试图通过 cout 输出 my 账户的 Name 和 balance,但是都是错误的。如果将 cout 所在语句的注释符号去掉,程序编译会报错,系统将提示该类的 Name 和 balance 为 private 属性,不可访问。而前面的 Initial、withdraw 和 showMe 函数的调用是成功的,因为它们都是 public 成员。

所以,如果要修改私有成员变量的值或得到私有变量的值,一定要通过公有成员函数间接地进行,正如 Initial、withdraw 等函数所做的那样。

总结一下,在 C++ 语言中,对于公有成员和私有成员的访问权限有下面的规定:

- 类对象自身的成员函数,不论是公有还是私有函数,都可以访问自己的所有公有或私有的成员变量或其他函数。
- 在使用类对象编程时,公有成员(变量或函数)可以通过"对象.成员"或者"对象指针->成员"的方式访问,而私有成员无法通过这样的方式访问。

为什么要为成员设定不同的访问权限呢?这种做法初看起来似乎是画蛇添足,其实是为了使得程序更加安全且易于维护。设计公有、私有、保护类型的访问权限,可以使得类的部分成员仿佛是隐藏在类的内部,另一部分成员作为接口开放给其他人使用。使用公有函数读写私有成员的好处如下。首先,使用公开函数访问私有变量,使得私有变量的地址很难被直接查找出来,保护内部数据不被随意修改,程序更加安全。另外,使用公开的函数访问私有变量,使得类的设计者维护时有更大的灵活性。例如,专家编写了一个银行账户类,其中有一个私有成员 interestRate 表示利率,然后又定义了一个公开的函数 getInterest 用于获取利率的值。那么在使用这个类的时候,所有用到利率的地方都需要调用 getInterest 函数。如果以后要修改利率的计算方法,只需要修改账户类中的 getInterest 函数即可。其他使用这个类的程序代码不需要做任何修改。还有一个好处

是,将类的很多属性和方法设定为私有,只将必要的接口方法留给别人使用。那么其他程序员使用这个类时就更加简便,不容易出错。

1.3.2 私有变量内容的设置和获取

类里面的成员变量常常会被定义为 private 类型,这样在一定程度上限制了外部程序随意更改。但是有些时候确实需要修改私有成员变量,为了实现对私有变量读取和修改,在很多类中都提供了存取变量的 set 和 get 函数,它们一般是声明为 public 型的函数。

set 和 get 函数一般命名为 set***和 get***函数,其后的***表示要存取的成员变量的名称。set 函数一般通过传入参数设置私有变量的值,而 get 函数一般可通过返回值获取变量的内容。当然,设置和获取变量内容的函数不一定用 set 或 get 开头,但以 set***和 get***命名的做法十分普遍,以至于成了一种大家公认的约定。

例如,在例 1-1 的类中可以添加下面 4 个 public 类型的函数,分别用于设置账号 ID、获取账号 ID、设置余额、获取余额。

```
void setID(int id) {                    //设置账号 ID
    ID=id;
}
int getID() {                           //获取账号 ID
    return ID;
}
void setBalance(float amount) {         //设置余额
    balance=amount;
}
float getBalance() {                    //获取余额
    return balance;
}
```

上面的 get 函数都是通过返回值获取数据的,如果按照这个思路编写 Name 属性的存取函数,则得到下面两个函数:

```
void setName(char * name) {             //设置 Name
    strcpy(Name, name);
}
char * getName() {                      //获取 Name
    return Name;                        //注意,这样做有很大的不良后果
}
```

这么做可以编译通过,但是可能有很大的隐患。请看下面的例子。

【例 1-2】 get 函数返回私有变量指针有问题吗?

```
#include <iostream>                     //标准 C++的输入输出模块
#include <cstring>                      //C 语言的串(字符数组)处理模块
using namespace std;
```

```
class Account
{
private:
    int ID;                                    //账户 ID
    char Name[20];                             //姓名
    float balance;                             //余额
public:
    void Initial(int ID, char Name[], float balance);     //初始化
    int withdraw(float m);                     //取出数量为 m 的钱,返回-1 表示失败
    void deposits(float m);                    //存入数量为 m 的钱
    //这里仅仅定义 Name 的存取函数
    char * getName() {
        return Name;
    }
    void setName(char * name) {
        strcpy(Name, name);
    }
    void showMe() {
        cout<<Name<<"  "<<balance<<endl;
    }
};
void Account::Initial(int ID, char Name[], float balance)
{
    this->ID=ID;                               //将传入的 ID 赋值给当前对象的 ID
    strcpy(this->Name, Name);                  //将传入的 Name 赋值给对象的 Name
    this->balance=balance;                     //将传入的 balance 赋值给对象的 balance
}
int Account::withdraw(float m)                 //取出数量为 m 的钱,返回-1 表示失败
{
    if(balance>m) { balance=balance -m; return 1; }
    else return -1;
}
void Account::deposits(float m)                //存入数量为 m 的钱
{
    balance=balance+m;
}
int main()
{
    Account my;
    char name[]="Jack";
    my.Initial(10112,name,600.0);              //调用公有成员函数初始化成员变量
    my.withdraw(500.0);                        //调用公有成员函数
```

```
    my.showMe();
    char * p=my.getName();              //获得了私有变量的指针!!
    strcpy(p,"abc");                     //直接修改私有变量内容(违反了规则)
    my.showMe();
    return 0;
}
```

运行结果如下：

```
Jack  100
abc   100
```

特别注意上面的第二行输出，my 对象的私有成员 Name 的内容改变了，但不是通过类的公有成员函数修改的，而是利用 getName 得到的内存地址直接操作。这严重破坏了类的封装性原则，即修改私有成员一定要通过公有函数进行。

这个例子说明 Name 的 get 函数直接返回私有成员指针是非常不好的方案。原则上，get 函数得到的返回值都应该保存在一个独立的变量中，不应和其他变量有任何关联。常见的做法是，在 get 函数的形式参数表中加入指针或引用类型参数，利用指针或引用类型的参数得到返回值。例如 Name 的 get 函数可以定义如下：

```
void getName(char * res)               //传入指针,用于取回数据
{
    strcpy(res, Name);
}
```

然后，在主函数中按下面方式获得 Name 的内容即可：

```
char p[20];                            //定义一个长度为 20 的字符数组
my.getName(p);                         //利用 p 数组取回 Name 的内容
```

1.4　构造函数和析构函数

在银行账户的例子中，有一个 Initial 函数，其作用是对成员变量初始化。实际上，变量的初始化是一个极为常见的步骤，不论是基本类型的变量，还是结构体变量，甚至是类的对象，往往是在变量刚刚定义之后就对变量进行初始化。所以在 C++ 语言中就出现了构造函数和析构函数的概念，前者用于创建对象时初始化其成员，后者用于对象撤销时清理内存的工作。

1.4.1　构造函数的定义

类的声明只是在描述对象的蓝图，在类内部直接指定初值是不允许的。初始化工作一般在构造函数中完成。构造函数是一个与类同名的特殊的公有成员函数。当创建类对象时构造函数一定会被调用，且只会调用一次。构造函数将为对象数据成员开辟内存空间，还可以根据用户需要完成对象数据成员的初始化。

类的构造函数主要有 3 种定义格式。

(1) 默认构造函数的格式如下:

类名()

这里的类名就是函数名。例如,以下代码定义了账户类的默认构造函数:

```
Account() {                          //无返回类型,无参数(内联函数形式)
    ID=0;                            //默认 ID
    strcpy(Name, "");                //默认账户名
    balance=0.0;                     //默认余额
}
```

(2) 带参数的构造函数的格式如下:

类名(形式参数表)

同样,这里的类名也是函数名。例如,以下代码定义了账户类的带参构造函数:

```
Account(int ID, char Name[], float balance) {       //内联函数形式
    this->ID=ID;
    strcpy(this->Name, Name);
    this->balance=balance;
}
```

这个构造函数的内容和 Initial 函数完全相同。

(3) 拷贝构造函数的格式如下:

类名(类名 &c)

这里第一个类名是函数名,第二个类名是说明引用变量 c 的类型。这两个类名标识符是一致的。例如,以下代码定义了账户类的带参构造函数:

```
Account(Account &other) {                //内联函数形式
    ID=other.ID;                         //为什么可以访问 other 的私有成员?
    strcpy(Name, other.Name);
    balance=other.balance;
}
```

所谓拷贝构造函数,顾名思义,就是创建一个现有对象的副本,在上面的代码中 other 的类型一定是 Account,因为在 Account 类的构造函数中一定不可能构造出其他类对象的副本。

注意,构造函数没有返回类型,即函数名前面无任何类型标识,这和返回类型是 void 不同。构造函数必须定义在类的 public 段落内。

默认构造函数是无参数的函数,一般用于设定成员变量的默认值。当用户未定义任何构造函数时,编译器也会为类生成一个默认的任何事都不做的构造函数。所以说创建类对象时构造函数一定会被调用,只不过调用的可能是用户定义的构造函数,也可能是编译系统生成的构造函数。

由于在多数情况下人们希望在对象创建时对其属性进行个性化的初始化，因此默认构造函数就无法满足要求。这时需要显式定义一个带参的构造函数来覆盖默认构造函数以便完成用户需要的初始化工作，当用户自定义构造函数后，编译器就不再为对象生成默认构造函数了。

关于拷贝构造函数，有两个令初学者感到十分困惑的问题，下面以前文 Account 类的拷贝构造函数为例解释一下。

问题 1：为什么在 Account 的拷贝构造函数中，可以用“对象. 变量名”的形式访问对象的私有成员？

在这个拷贝构造函数中，other. ID、other. Name、other. balance 都是访问 other 对象的私有成员。如果 other 对象在其他类的函数中或主函数中，确实不能使用上面的方式访问 other 的私有成员变量。但是 C++ 规定，在类的成员函数中，不仅可利用“对象. 变量名”的形式访问自身所有数据成员，也可以访问同一个类的其他对象的所有数据成员。

问题 2：为什么在 Account 的拷贝构造函数的参数表里使用了引用类型？

这个问题的言下之意是能否将 other 改为普通的类对象的形式，答案是不行。如果将 other 改为普通的类对象的形式，会陷入死循环。这里推演一下如何会进入死循环。如果拷贝构造函数定义为

```
Account(Account other) { … }
```

在创建账户对象 my 时传入一个对象 t1。这时构造函数需要首先创建函数内的局部变量 other，other 首先得到 t1 的值，只有 other 创建成功才能执行函数体中的赋值操作。那么创建 other 需要做什么呢？一定会调用 Account 的构造函数，而且一定是拷贝构造函数，因为 other 是要成为 t1 的副本，这时不会调用默认构造函数。于是在创建 other 对象的拷贝构造函数中，相同的一幕发生了，需要首先创建另一个也称为 other 的局部对象……于是陷入死循环。而引用传递就不会发生这种情况，因为引用只是链接到外部对象，不会创建新对象。

无论是用户自定义的构造函数还是默认构造函数都有以下特点：

(1) 在对象被创建时自动执行，且仅执行一次。

(2) 构造函数的函数名与类名相同。

(3) 没有返回值类型，也没有返回值。

(4) 构造函数不能像普通函数那样被显式调用。

构造函数的调用将在后面章节讲解。

1.4.2　函数重载与构造函数

在一个类中，可以没有构造函数。若有构造函数，则默认构造函数、带参构造函数和拷贝构造函数可以出现一种或多种，带参构造函数也可以有多个不同版本。出现多个函数名相同，但参数不同的函数，这就是 C++ 语言中的函数重载现象。下面首先介绍函数重载的概念。

在 C/C++ 中不同的变量和函数有不同的作用域，或者称为作用范围。例如，函数内

的变量仅在函数内部有效，即局部变量。而类的函数是属于某个类的，在类的范围之外不能直接使用。而不属于任何类的变量是全局变量，不属于任何类的函数是全局函数，它们的作用域是整个程序。

在C++中函数重载是指在相同的作用域中的函数名称相同，而参数表不同的多个函数并存的现象。在这种情况下，编译系统通过函数的参数表而非函数名来区分函数。注意，只有形式参数个数或类型不同的函数才是重载函数，而仅有函数返回值不同的函数是不能作为重载函数的。即函数重载只看参数个数和类型，与返回值无关。

函数重载是C++的专有概念。在传统C语言中，如果要定义在两个整数中、三个整数中、两个实数中、若干整数中求最大的函数，可定义如下：

```
int Max2(int,int);                      //返回两个整数中的最大值
int Max3(int,int,int);                  //返回3个整数中的最大值
double MaxD2(double,double);            //返回两个实数中的最大值
int MaxArray(int A[],int n);            //返回数组A前n个元素的最大值
```

这里都是求最大值，但必须定义成不同的函数名，这使得记忆和理解上都不太方便。而在C++中则可以定义成：

```
int Max(int,int);                       //返回两个整数中的最大值
int Max(int,int,int);                   //返回3个整数中的最大值
double Max(double,double);              //返回两个实数中的最大值
int Max(int A[],int n);                 //返回数组A前n个元素的最大值
```

这里利用了函数重载使得程序更好理解了。

当使用这些重载函数的时候，只需直接写出实际的函数调用语句即可。系统会根据参数的个数和类型自动选择最合适的函数版本。例如，如果函数调用语句为

```
double a, b;
⋮
y=Max(a, b);
```

则此时系统会选择参数为double的函数版本。

构造函数的重载是十分普遍的现象。例如创建一个账户对象时，我们可能知道用户信息，也可能不知道用户信息。另外，也可能会利用现有对象生成新对象。于是在一个账户类中可能出现下面3个构造函数：

```
Account();
Account(int ID, char Name[], float balance);
Account(Account &other);
```

1.4.3 如何调用构造函数

构造函数是类的公有成员函数，但是不能通过“对象.函数名(参数)”的形式调用。构造函数是在定义时自动被执行的。例如，可以在主函数添加下面几个语句：

```
int main()
{
    char name[20]="Jack";
    ⋮
    Account a1(10112,name,600.0);                //调用带参构造函数
    Account a2(a1);                              //调用拷贝构造函数
    Account a3;                                  //调用默认构造函数
    ⋮
}
```

也就是说，在上面3个语句执行时，系统自动选择合适的构造函数执行。注意上面调用默认构造函数的第3条语句，变量a3后不要有括号，即不要写成a3()。

如果要定义对象数组，则可使用先定义数组，再为每个对象赋值的方法。下面的语句创建长度为3的账号户数组并赋值：

```
Account C[3];                               //创建每个对象都调用默认构造函数
C[0]=Account(10101,name,500.0);             //生成新对象并赋给 C[0]
C[1]=Account(10102,name,1600.0);
C[2]=Account(10103,name,900.0);
```

也可以写成下面的形式：

```
Account C[3]={
    Account(10101,name,500.0),
    Account(10102,name,1600.0),
    Account(10103,name,900.0)
};
```

注意，这种写法在早期的C++编译器中可能是错误的。

有的人仿照定义单个对象的方法，希望将参数放在数组变量后面。于是写出下面错误的初始化语句。

错误初始化语句1：

```
Account C[3]((10101,name,500.0),
             (10102,name,1600.0),
             (10103,name,900.0));
```

错误初始化语句2：

```
Account C[3](Account(10101,name,500.0),
            Account(10102,name,1600.0),
            Account(10103,name,900.0));
```

上面第一种写法参数太多，无法分辨这些参数属于哪个对象。第二种写法不符合C++语言规定。

在本章指针部分讲到了动态创建对象，例如：

```
Account * pA;
pA=new Account;                              //动态创建一个对象,调用默认构造函数
```

还可以动态创建对象数组,例如:

```
Account * pB;
pB=new Account[10];                          //动态创建 10 个对象,调用默认构造函数
```

事实上,上面两个 new 语句在创建对象时都是调用了默认构造函数。用 new 方法创建单个对象时,仍然可以利用有参数的构造函数或拷贝构造函数。例句如下:

```
Account * pA, * pB;
pA=new Account(10001,name,500.0);  //调用带参的构造函数
pB=new Account(* pA);               //调用拷贝构造函数
```

到此为止,已经为银行账户 Account 类添加了 set、get 函数以及构造函数,在下面的例子中完整地展示了这个类。

【例 1-3】 完整的银行账户类及其使用。

```
#include <iostream>                     //标准 C++的输入输出模块
#include <cstring>                      //C 语言的串(字符数组)处理模块
using namespace std;

class Account
{
private:
    int ID;                             //账户 ID
    char Name[20];                      //姓名
    float balance;                      //余额
public:
    Account();
    Account(int ID, char Name[], float balance);
    Account(Account &other);

    int withdraw(float m);              //取出数量为 m 的钱,返回-1 表示失败
    void deposits(float m);             //存入数量为 m 的钱

    int getID() {
        return ID;
    }
    void setID(int id) {
        ID=id;
    }
    float getBalance() {
        return balance;
    }
```

```
    void setBalance(float amount) {
        balance=amount;
    }
    void getName(char * res) {
        strcpy(res, Name);
    }
    void setName(char * name) {
        strcpy(Name, name);
    }
    void showMe() {                    //显示信息的函数
        cout<<ID<<" "<<Name<<" "<<balance<<endl;
    }
};
Account::Account()
{
    ID=-1;
    strcpy(Name, "XXXX");
    balance=0.0;
}
Account::Account(int ID, char Name[], float balance)
{
    this->ID=ID;
    strcpy(this->Name, Name);
    this->balance=balance;
}
Account::Account(Account &other)
{
    ID=other.ID;
    strcpy(Name, other.Name);
    balance=other.balance;
}
int Account::withdraw(float m)      //取出数量为m的钱,返回-1表示失败
{
    if(balance>m) { balance=balance -m; return 1; }
    else return -1;
}
void Account::deposits(float m)    //存入数量为m的钱
{
    balance=balance+m;
}
int main()
{
    char name[]="Jack";
    Account my(10112,name,600.0);  //调用带参构造函数
```

```
    my.withdraw(500.0);
    my.showMe();
    Account other(my);                    //调用拷贝构造函数
    other.showMe();
    Account other2;                       //调用默认构造函数
    other2.showMe();
    other2.setID(11266);
    other2.setName("王立");
    other2.setBalance(500.);
    other2.showMe();
    return 0;
}
```

运行结果如下：

```
10112  Jack  100
10112  Jack  100
-1  XXXX  0
11266  王立  500
```

输出结果中，第一行是利用带参构造函数创建的对象的信息；第二行是利用拷贝构造函数复制了第一个对象，而后输出的信息；第三行是利用默认构造函数创建的对象的信息；最后，利用 set 函数修改了第三个对象，并输出信息。这里 3 个构造函数的实现都放到了类的外部。

1.4.4 构造函数的初始化列表

对象中的数据成员除了在构造函数的函数体中进行初始化外，还可以通过调用初始化列表来完成初始化。初始化列表是构造函数特有的初始化变量的方式，被放在构造函数形式参数表最后的右小括号")"后面，函数体起始位置的左大括号"{"之前。

在使用初始化列表对数据成员进行初始化时使用":"号作为前导，示例如下：

```
//声明一个点类
class Point
{
    int yPos, xPos;                 //没有 private 标识，这里变量默认为私有成员
public:
    Point(int x=0, int y=0) : xPos(x), yPos(y)        //使用初始化表
    {
        //xPos=x; yPos=y; 这是在函数体内初始化的形式
    }
    ⋮
}
```

在 Point 构造函数头的后面，通过单个冒号":"引出的就是初始化表。初始化的内容为 Point 类中 int 型的 xPos 成员和 yPos 成员，其效果和函数体内的 xPos＝x；yPos＝y；

是相同的。

与在构造函数体内进行初始化不同的是，使用初始化列表进行初始化是在构造函数被执行以前就完成的。每个成员在初始化表中只能出现一次，并且初始化的顺序不是取决于数据成员在初始化表中出现的顺序，而是取决于在类中声明的顺序。例如这里声明顺序是 yPos、xPos，所以在初始化列表中先执行 yPos 初始化，再执行 xPos 初始化。

此外，一些通过构造函数无法进行初始化的数据类型可以使用初始化列表进行初始化，例如引用成员。示例代码如下：

```
class A {
private:
    int i;
    int &ref;
public:
    A(int outside) : ref(outside)
    {
        //不能写成 ref=outside;
    }
};
```

在执行构造函数前要先执行初始化列表的内容，然后才能执行构造函数体内的其他语句。在初始化列表中加入 ref(outside)，相当于执行下面语句：

```
int &ref=outside;
```

这是正确的引用定义方式。而如果去掉初始化列表，在函数体内添加

```
ref=outside;
```

这就相当于执行了下面的错误语句：

```
int &ref;
ref=outside;
```

这样定义引用显然是错误的，引用必须在定义时赋值。

初始化引用类型数据成员的唯一机会就是在构造函数的初始化列表中。而对于内置类型的数据成员(如 int、float、double 等)，则既可以放在初始化列表中初始化，也可放在构造函数的函数体内初始化。

1.4.5 析构函数的定义及作用

与构造函数相反，析构函数是在对象被撤销时被自动调用，用于对成员撤销时的一些清理工作，例如前面提到的手动释放使用 new 或 malloc 申请的内存空间。析构函数具有以下特点：

(1) 析构函数函数名与类名相同，紧贴在名称前面用波浪号～与构造函数进行区分，例如～Point()。

(2) 析构函数没有返回类型，也不能指定参数，因此析构函数只能有一个，不能被

重载。

(3) 当对象被撤销时析构函数被自动调用,与构造函数不同的是,析构函数可以被显式地调用,以释放对象中动态申请的内存。

当用户没有显式定义析构函数时,编译器同样会为对象生成一个默认的析构函数,但默认生成的析构函数只能释放类的普通数据成员所占用的空间,无法释放通过 new 或 malloc 申请的空间,因此有时需要显式地定义析构函数对这些申请的空间进行释放,避免造成内存泄漏。下面的示例代码展示了析构函数的使用:

```
class SqList                              //账户列表类
{
    Account *as;
public:
    SqList (int m)                        //构造函数
    {
        as=new Account[m];
        ⋮
    }
    ~SqList ()                            //析构函数
    {
        delete []as;                      //释放通过 new 申请的空间
    }
    ⋮
};
int main()
{
    int k;
    cout<<"请输入账户数上限:";
    cin>>k;
    SqList accounts(k);
    return 0;
}
```

在以上代码中 SqList 是账户列表类,其中包含若干个账户,但是账户数量不知道,所以只定义了 Account 类的指针 as,以后将在构造函数中根据传入的参数 m 的大小动态建立对象数组。在 main 函数中用户输入账户数目后,创建一个 SqList 对象,并根据用户要求的数量在构造函数中动态申请一块数组空间,as 就可以像对象数组一样使用了。

最后,当 SqList 的对象生命周期结束时,析构函数会被调用,这时使用 new 所申请的空间就会被正常释放。对象何时将被销毁取决于对象的生存周期,例如全局对象是在程序运行结束时被销毁,普通对象是在程序离开其作用域时被销毁。

如果需要显式调用析构函数来释放对象中动态申请的空间,只需按照一般的调用方式调用析构函数即可。

1.5 类的静态成员

当说明一个某类的对象时，系统为该对象分配一块内存用来存放类中的所有数据成员。也就是说，在每一个对象中都有其所属类中所有数据成员的副本。但在有些应用中，希望程序中同类对象共享某个数据。一种解决方法是将所要共享的数据说明为全局变量，但全局变量并不是属于一个类，而是属于变量的全局作用域(及整个文件)。较好的解决办法是将要共享的数据说明成类的静态成员。

类中用关键字 static 修饰的数据成员叫做静态数据成员。事实上，static 类型的变量不一定属于某个类，在一般函数中也可定义静态变量，只不过静态成员变量的定义位于类的定义中。例如：

```
class MyClass
{
    int x;
    static int count;             //static放在某种类型之前
};
MyClass MemberX, MemberY;
MyClass::m_nCount=0;
```

类 MyClass 中有两个数据成员 x 和 count。前者为普通数据成员，在对象 MemberX 和 MemberY 中都存在各自的数据成员 x；后者为静态数据成员，所有类 MyClass 对象中的该成员实际上是同一个变量。C++ 编译器将静态数据成员存放在静态存储区，该存储区中的数据为类的所有对象所共享。在使用静态数据成员之前，一般要对静态数据成员初始化。上例中的最后一行就是对静态数据成员 count 的初始化，初始化的形式为

数据类型类名::静态数据成员名=初值;

注意，静态数据成员只能在类的声明的外部进行初始化，也不应放到类的任何函数中。

与数据成员一样，成员函数也可以被说明成静态的。例如：

```
class MyClass
{
    ⋮
public:
    static int sfunc();
};
//静态成员函数在类外实现时无须加 static,否则出错
int MyClass:: sfunc()
{ … }
```

静态成员函数与其他成员函数一样，也可以说明为内联的。静态成员函数属于全体对象共享，因此不能使用指向某个对象的 this 指针调用静态函数。同时，静态成员函数

不了解每个对象各自的普通成员变量的情况(因为不属于任何具体对象),因此静态成员函数只能直接访问类中的静态成员变量,如果要访问类中的非静态成员,必须借助对象名或指向对象的指针。

反过来,类中所有非静态成员函数均可以直接访问静态的和非静态的数据成员。通常,如果类中有静态数据成员,则将访问该成员的函数说明成静态的。

调用静态成员函数的方式有两种:

(1) 通过类名加作用域符号::直接调用,例如:

```
MyClass::sfunc();
```

(2) 通过对象或指向对象的指针来调用。例如:

```
MemberX.sfunc();                    //被大家共享,所以可以访问
```

习题 1

1. 建立一个时钟类,具有私有属性时、分、秒,它们用 3 个整型变量表示。同时具有显示和设置时间的公有函数 display 和 settime(int h1,int m1,int s1)。该类还具有有参数构造函数。请设计时钟类,并在 main 函数中验证之。

2. 定义并实现 Ellipse 类。采用椭圆的外接矩形左上角和右下角坐标表示椭圆(4 个私有参数),具有计算面积的公有函数、带参数的构造函数。函数形式自己定义。在主函数中使用构造函数初始化,计算椭圆的面积并输出。在 main 函数中验证类的正确性。

3. 定义并实现三角形类,其成员变量包括 3 个边长变量,成员函数包括构造函数、计算面积函数以及是否构成直角三角形、锐角三角形和钝角三角形等函数。

- 若两短边平方和等于最长边的平方,即为直角三角形。
- 若两短边平方和大于最长边的平方,即为锐角三角形。
- 若两短边平方和小于最长边的平方,即为钝角三角形。

在主函数中由用户输入 3 个边的值,先判断三角形是否合法,若合法则用构造函数生成一个对象。输出对象的面积以及三角形的类型。

以下是运行样例。

输入:3　4　5

输出:面积 6,是直角三角形

4. 定义并实现一个有理数类 Rational。该类包括如下特征信息:

- 私有成员分子 top 和分母 bottom。
- 有参数构造函数。
- 当前对象加另一个有理数 other 的函数 Add(Rational other),加法的结果保存在当前对象中。
- 当前对象减另一个对象 other 的函数 Sub(Rational other),减法的结果保存在当前对象中。
- 以"分子/分母"的形式输出有理数的函数 Print。

在 main 函数中验证类的正确性。

5. 定义大整数类 BigInt，用 int dat[200]存储数据的每一位。定义下列函数：

```
//接收外部输入放入整型数组(作为字符输入，再将每一位转成整数)
void input(char * d)
//将另一个对象 other 中的数据加到当前对象上
void Add(BigInt &other)
```

在主函数中分别创建两个对象 Big1 和 Big2，将 Big2 的数据加到 Big1 中。

以下是运行样例。

输入：91234567890

输入：91111111111

相加后：182345679001

第2章 类的继承和多态

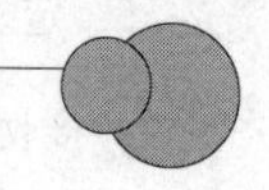

2.1 继承和多态的概念

继承是定义新类的一种机制，使用这种机制创建新类时只需要声明新类和已创建类之间的差别。对于一个特定的继承关系，一般将创建的新类称为子类，被继承的原始类称为基类或父类。子类可以使用父类定义的属性和方法，也可以自己定义新的属性和方法。父类的特征不会受到子类的影响。

使用了继承之后，子类不需要将父类代码重复定义，从而减少了代码冗余，也减轻了改进或重写代码的负担。同时，子类会比不使用继承时更加简洁。通过继承可以不加修改地重用和扩展已经彻底测试的代码，这避免了工程性的组装对已经完成测试的代码的影响。最好的一点，即使没有已有类的源代码，仍然可以从已有的类中派生出新类，只要我们拥有那个类编译后的字节码。

有了继承的机制，程序员们彻底告别了过去那个事必躬亲的时代。20 世纪 90 年代初期，正在加州大学埃尔文分校攻读博士学位的 Douglas Schmidt 在观察了他所参与的软件项目开发实践之后，得出一个结论，即未来的软件开发将越来越多地体现为整合，而不是传统意义上的编程。换言之，被称为“软件开发者”的这个人群将越来越明显地分化：一部分人开发核心构件和基础平台，而更多的人将主要是配置和整合现有构件以满足客户的需求。整合依靠的技术中的一项正是继承。

多态性是指类的对象在接收同样的消息时所做出的响应不同。因为“接收同样的消息”，所以这些对象将调用名称相同的成员函数；“所做出的响应不同”指函数实现的功能不同。例如，当兔子遇到了狼时，兔子的防御方式是动如脱兔；而当兔子遇到老鹰时，兔子的防御方式是兔子蹬鹰。同样是防御，由于输入的对象（狼、老鹰）不同，兔子的防御方法的内容（即函数内容）也不同。再看另一种情形，打电话时，所做的操作都是输入号码、按下呼叫键，即可尝试建立连接。而实际上，电话可能是脉冲式电话、音频式电话或其他工作方式的电话，它们建立连接的方式不同（即函数内容不同），但都可以传送声音，使用户能顺利通话。这两种情形的共同点是：对象都调用了相同的函数，但函数内容不同。所有的兔子都调用防御函数，而防御方式不同；所有的电话用户都调用了建立连接函数，而连接方式不同。换句话说，多态使得消息发送者能给一组具有公共接口的对象（各个兔子、各种电话）发送相同的消息，接收者根据情况做出相应的回应。多态性增强了代码的可读性、灵活性、可扩充性和操作的透明性。

2.2　类的继承

继承和派生其实是一回事，只是说法不同。子类一般也称为派生类。

2.2.1　派生类的定义

派生类的定义格式为

```
class 派生类：继承方式 基类 1,…,继承方式 基类 n
{
    派生类增加的成员声明;
};
```

其中，定义中的基类必须是已有的类的名称，派生类则是新建的类。一个派生类可以只有一个基类，这种情形称为单继承；也可以同时有多个基类，这种情形称为多继承。派生类也可作为基类继续派生子类。

“继承方式”有3种，即公有继承(public)、私有继承(private)和保护继承(protected)。不同继承方式下，派生类对象对基类成员访问控制权限不同，以后将详细介绍继承方式的作用。这里先通过例子说明单继承和多继承的使用方式。

第一个例子是关于Person类(人员)及其派生的Employee类(雇员)。Person类具有姓名等最基本的属性，而Employee类则扩展了人员类的属性。类定义如下：

```
//人员类定义
class Person
{
    char m_strName[10];                    //姓名
    char m_nSex[6];                        //性别
public:
    void ShowMe()                          //显示数据成员
    {cout<<m_strName<<"\t"<<m_Sex<<"\n";}
};
//雇员类定义
class Employee : public Person
{
    char m_strDept[20];                    //工作部门
public:
    void ShowMe()                          //显示数据成员
    {cout<<m_strName<<"\t"<<m_Sex<<"\t"<<m_strDept <<"\n";}
};
```

这是单继承的情形。雇员类拥有姓名、性别、工作部门3个属性，并改造了基类的成员函数ShowMe。

第二个例子是关于 Seaplane 类(水上飞机)、Plane 类(飞机)及 Boat 类(船)。水上飞机类(Seaplane)公有继承飞机(Plane)类及船(Boat)类。类定义如下:

```
//飞机类
class Plane
{
    float propeller;                              //螺旋桨
public:
    void flight();                                //飞行方法
};
//船类
class Boat
{
    float helm;                                   //舵
public:
    void voyage();                                //航行方法
};
//水上飞机类
class Seaplane : public Plane, public Boat
{ };
```

这是多继承的情形。水上飞机类拥有螺旋桨和舵两个属性,同时有飞行和航行两个成员函数。

派生类一经声明,就继承了基类除构造函数和析构函数以外的所有成员,实现了代码重用。派生类在继承基类成员的基础上一般都会有所变化。这些变化主要体现在两个方面:一方面是增加新的成员,另一方面是改造基类的成员函数。

(1) 派生类对基类的扩充。增加新的成员是派生类对基类的扩充方式。在本节中派生类 Employee 公有继承 Person 类,并增加了数据成员 m_strDept,显然是扩充了基类的内容。派生类 Seaplane 虽然没有直接增加新的成员,但它将 Plane 类和 Boat 类的成员集中在一起,也是对基类扩充的一种方式。

(2) 派生类对基类成员的改造。主要是指派生类可以对基类成员函数进行重定义。如果派生类定义了一个与基类函数名称相同,而参量表不同的成员函数,则称派生类重载了基类成员函数。这和同一个类中函数重载的情况一样,系统会根据调用参量的不同而调用不同函数版本。如果派生类定义的成员函数名称和参量表与基类的成员函数完全一致,则称派生类覆盖了基类同名成员函数,如上面 Person 类与 Employee 类中的 ShowMe 函数就是这样。派生类对基类成员函数的重载或同名覆盖与多态性关系密切。

2.2.2 类的公有继承方式

继承方式不同,派生类对象对基类成员的访问控制权限也不同。这种访问控制涉及两个方面:一是派生类自身的方法如何访问基类成员;二是在派生类的外部通过派生类对象如何访问从基类继承的成员。

类的公有继承方式,即 public 继承方式创建的派生类对基类成员访问权限如下：

(1) 基类公有成员转化为派生类的公有成员,派生类自身的成员函数可直接访问从基类继承的公有成员。

(2) 基类保护成员转化为派生类的保护成员,派生类自身的成员函数可以直接访问从基类继承的保护成员。

(3) 基类的私有成员成为派生类中更加封闭的私有成员,即使派生类的方法也无法直接访问。派生类的函数必须通过基类公有成员或保护成员函数间接访问从基类继承的私有成员。

(4) 在派生类之外,可能通过派生类对象直接访问从基类继承的公有成员。

下面的例子进一步说明了这些约束条件的含义。

【例 2-1】 人员(Person)类及其子类雇员类(Employee)的定义及使用。

```
#include<iostream>                                    //基本 I/O 库
#include<cstring>                                     //处理字符数组的函数库
using namespace std;
class Person                                          //人员类定义
{
    char m_strName[10];                               //姓名
    int m_nAge;                                       //年龄
    int m_nSex;                                       //性别
protected:
    void Register(char * name, int age, char sex) //设置私有数据成员
    {
        strcpy(m_strName, name);
        m_nAge=age;
        m_nSex=(sex=='m'?0:1);
    }
public:
    void GetName(char * name)                         //取姓名
    { strcpy(name, m_strName); }
    char GetSex()                                     //取性别
    { return m_nSex==0?'m':'f'; }
    int GetAge()                                      //取年龄
    { return m_nAge; }
    void ShowMe()                                     //显示数据成员
    {
        char name[15];
        GetName(name);
        cout<<name<<"\t"<<GetSex()<<"\t"<<GetAge()<<"\t";
    }
};
class Employee: public Person                         //雇员类定义
{
```

```
    char m_strDept[20];                     //工作部门
    float m_fSalary;                        //月薪
public:
    Employee()
    { Register("XXX",0,'m',"XXX",0); }
    void Register(char * name, int age, char sex, char * dept, float salary);
    void ShowMe();                          //显示雇员信息
};
void Employee::Register(char * name, int age, char sex, char * dept, float salary)
{
    Person::Register(name,age,sex);
    strcpy(m_strDept, dept);
    m_fSalary=salary;
}
void Employee::ShowMe ()
{
    char name[15];
    GetName(name);
    cout<<name <<"\t"<<GetSex()<<"\t"<<GetAge()<<"\t";
    cout<<m_strDept<<"\t"<<m_fSalary<<endl;
}
//主函数
int main()
{
    Employee emp;
    emp.ShowMe();
    emp.Register("张莉",40,'f',"图书馆",2000);
    emp.ShowMe();
    cout<<"调用基类 GetAge()返回值为: "<<emp.GetAge()<<endl;
    return 0;
}
```

运行结果如下：

```
XXX    m    0    XXX     0
张莉   f    40   图书馆  2000
调用基类 GetAge()返回值为: 40
```

代码分析：

对象 emp 调用了默认构造函数生成对象，而 Employee 的默认构造函数在执行过程中调用了 Register 函数，并间接调用基类保护成员 Register。说明派生类自身可以访问基类保护成员。Employee 类必须通过 Person::Register(…)调用基类同名函数，没有父类名 Person 则是调用自身 Register 函数。

第一行输出表明派生类 Employee 的成员函数 ShowMe 通过调用基类的公有成员函

数 GetName、GetAge、GetSex，从而得到基类所有私有数据成员。说明派生类自身可以访问基类公有成员。

第二行输出是重新用 Register 函数赋值后再调用 ShowMe 函数，同样是说明派生类使用者可以访问基类公有成员。

第三行输出表明通过派生类对象 emp 可直接调用基类的公有成员函数 GetName，此成员函数返回的是基类私有成员。

可见，派生类都是通过基类公有或保护方法最终间接访问了基类私有成员。

另外，派生类自身的成员函数也无法直接访问基类私有成员。例如，下面的程序段是有问题的。

```
void Employee emp::ShowMe()
{
    cout<<m_strName<<"\n";          //错误,m_strName 为基类私有成员
    …
}
```

这说明从父类继承的私有成员不同于子类自身的私有成员，而是更加封闭的私有成员。同时，派生类使用者(例如 main 函数)也无法通过 Employee 对象 emp 访问基类私有成员，下面的程序段是有问题的。

```
void main()
{   Employee emp
    ⋮
    cout<<emp.m_ Name<<"\n";        //错误,m_strName 为基类私有成员
    ⋮
}
```

还有一点值得注意，派生类成员函数可以自由地访问自身的保护成员以及基类的保护成员(如同访问公有成员一样)；但是派生类的外部使用者(例如 main 函数)仍无法通过派生类对象访问保护成员。所以在 main 中使用 emp. Register(name，sex，age)语句仍然是错误的，这一点和通过 emp 访问私有成员一样。

公有继承是使用最多的一种继承方式。

2.2.3　类的私有继承方式

类的私有继承，即 private 继承方式创建的派生类对基类各种成员访问权限如下：

(1) 基类公有成员和保护成员都作为私有成员被派生类继承，派生类自身的函数可直接访问它们，但是派生类对象则只能通过本类的公有函数间接地访问它们。

(2) 基类的私有成员成为派生类中更加封闭的私有成员，派生类内部成员函数也无法直接访问它们。派生类的函数只能通过调用基类的公有或保护成员函数访问它们。

(3) 在派生类之外，无法通过派生类对象直接访问从基类继承的任何成员。

在 Person-Employee 的例子中，如果派生类 Employee 私有继承 Person 类，那么例 2-1 的程序能否顺利执行呢？

考察例 2-1 中的 main 函数中的 3 条语句：

```
emp.Register("张莉",40, 'f',"图书馆",2000);
emp.ShowMe();
cout<<"调用基类 GetName()返回值为："<<emp.GetName()<<endl;
…
```

第一句 emp 对象调用 Employee 类的公有函数 Register，在其中调用了由基类继承而来的作为派生类私有成员的 Person::Register 函数，能顺利执行编译。

第二句 emp 对象调用 Employee 类的公有成员函数 ShowMe，函数中调用了由基类继承来的作为派生类私有成员的函数 GetName、GetAge、GetSex，也可以编译通过。

第三句 emp 对象直接调用由基类继承来的作为派生类私有成员的 GetName，这违反了私有成员的访问规则（在外部不能通过对象直接访问私有成员），不能编译通过。

所以当 Employee 类私有继承 Person 类时，为使主函数顺利执行，可将最后一句删去。经过修改的 Person-Employee 的例子如下。

【例 2-2】 人员类（Person）的私有派生子类雇员类（Employee）的使用。

```
#include<iostream>                              //基本 I/O 库
#include<cstring>                               //包含字符串操作函数的库
⋮
                                                //Person 类定义同例 2-1
⋮
class Employee: private Person                  //雇员类定义
{
    char m_strDept[20];                         //工作部门
    float m_fSalary;                            //月薪
public:
    Employee()
    { EmployeeRegister("XXX",0,'m',"XXX",0); }
    void EmployeeRegister(char * name, int age, char sex, char * dept, float salary);
    void ShowMe();                                          //显示雇员信息
    void GetEmployeeName(char * name) { GetName(name); }    //取姓名
    char GetEmployeeSex() { return GetSex(); }              //取性别
    int GetEmployeeAge() { return GetAge(); }               //取年龄
};
void Employee::EmployeeRegister(char * name, int age, char sex, char * dept,
float salary)
{
    Register(name,age,sex);
    strcpy(m_strDept, dept);
    m_fSalary=salary;
}
void Employee::ShowMe()
{
```

```
        char name[20];
        GetName(name);                          //调用私有成员 GetName 函数
        cout<<name<<"\t";
        cout<<GetAge()<<"\t";                   //调用私有成员 GetAge 函数
        cout<<GetSex()<<"\t";                   //调用私有成员 GetSex 函数
        cout<<m_strDept<<"\t"<<m_fSalary<<endl;
    }
    //主函数
    int main()
    {
        Employee emp;
        emp.EmployeeRegister("张三",40,'m', "图书馆",2000);
        emp.ShowMe();
        char name[20];
        emp.GetEmployeeName(name);
        cout<<"调用 GetEmployeeName()得到结果为:"<<name<<"\n";
        cout<<"调用 GetEmployeeSex()返回值为: "<<emp.GetEmployeeSex()<<"\n";
        cout<<"调用 GetEmployeeAge()返回值为: "<<emp.GetEmployeeAge()<<"\n";
        return 0;
    }
```

运行结果如下:

```
张三    40    m    图书馆  2000
调用 GetEmployeeName()返回值为: 张三
调用 GetEmployeeSex()返回值为: m
调用 GetEmployeeAge()返回值为: 40
```

代码分析:

这里将例 2-2 中与例 2-1 不同的代码加粗表示。首先是派生类的 EmployeeRegister 函数中调用父类 Register 函数时,没有使用 Person::Register(…)的格式,而是直接使用调用 Register 函数。这是因为基类和子类函数不重名,不需要显示调用。同时,Register 函数在基类是保护成员,通过 private 继承后相当于子类自己的私有成员,所以 EmployeeRegister 函数可以直接使用。

另外,在私有继承后,基类的 GetName、GetSex、GetAge 函数都是派生类私有成员,于是在派生类外部使用 emp. GetAge()的语句就不允许。所以在派生类中增加了函数 GetEmployeeName、GetEmployeeAge、GetEmployeeSex,它们则各自调用基类的 GetName、GetAge、GetSex 函数最终获得信息。在主函数中,必须使用 emp. GetEmployeeName、emp. GetEmployeeSex 和 emp. GetEmployeeAge 的方式获取信息。

派生类可以继续派生子类。如果派生类本身是通过私有继承产生的,则基类的公有及保护成员都已成为当前派生类的私有成员。所以,当由派生类继续派生子类时,顶层基类的公有及保护成员就会成为新子类难于访问的特殊的私有成员。例如在例 2-2 中,为了访问基类私有成员,就已经增加了若干取值函数。这大大限制了派生类的作用的发挥。

实际应用中，私有继承方式使用得较少。

2.2.4 类的保护继承方式

以保护继承方式(protected)创建的派生类对基类各种成员访问权限如下：

(1) 基类的公有成员和保护成员都作为保护成员被派生类继承，派生类自身及其子类的成员函数可直接访问它们，但是派生类对象只能通过本类的公有函数间接访问它们。

(2) 基类的私有成员成为派生类中更加封闭的私有成员，派生类内的成员函数也无法直接访问它们。派生类的函数只能通过基类的公有或保护成员函数访问它们。

(3) 在派生类之外，无法通过派生类对象直接访问从基类继承的任何成员。

从以上描述可知，保护继承与私有继承的差别在当前派生类进一步派生的子类中体现。在当前派生类这一层次的使用上，保护继承和私有继承没有差别。

例如，如果A类保护派生B类，B类公有派生C类。示意性代码如下：

```
class A                          //基类定义
{
   int myPrivate;                //私有成员
protected:
   int myProtect;                //保护成员
public:
   int myPublic;                 //公有成员
};
class B : protect A              //保护派生类 B
{  void SetNum();  };
class C : public B               //二级派生类 C
{  void SetNum();  };
```

同时由A类私有派生B1类，B1类公有派生C1类。示意性代码为：

```
class B1 : private A             //私有派生类 B1
{  void SetNum();  };
class C1 : public B1             //二级派生类 C1
{  void SetNum();  };            //这个函数不成立
```

假定所有SetNum的函数都是如下形式：

```
void 类名:: SetNum()             //类名可能是 B、B1、C、C1
{
   myProtect=1;
   myPublic=1;
}
```

因为不论A类的成员作为B类的保护成员或B1类的私有成员，都可以被B或B1类的函数成员访问，所以B类和B1类的成员函数SetNum都是成立的(在函数中直接访问myProtect和myPublic)；同时，B类和B1类的使用者都不可能通过B或B1类的对象直接访问 A 类中被继承的成员。例如，在某个函数中有如下代码段：

```
B b1;
B1 b2;
b1.myPublic=2;                    //错误,myPublic 为 B 类保护成员
b2.myPublic=2;                    //错误,myPublic 为 B1 类私有成员
```

上面两行赋值语句都是错误的，这是由保护和私有属性决定的。因此，B 和 B1 类在使用上并无差别。

但是，C 类和 C1 类却有很大差别。A 类中被 B 类继承的保护成员在 C 类中仍为保护成员，所以 C 类的成员函数 SetNum 是成立的。C1 类却不能直接访问 A 类中被 B1 类私有继承的成员，因为它们在 B1 类中变为私有成员，所以 C1 类的成员函数 SetNum 是不成立的。

表 2-1 总结了 3 种继承方式产生的派生类对于 3 种类型的基类成员的访问权限。

表 2-1　基类成员在派生类中的访问属性

基类中的成员	在公有派生类中的访问属性	在保护派生类中的访问属性	在私有派生类中的访问属性
公有成员	公有	保护	私有
保护成员	保护	保护	私有
私有成员	不可直接访问	不可直接访问	不可直接访问

2.2.5　类成员访问方式小结

在前面的 3 种继承方式中，对于类的成员的访问权限已经作了介绍。这里再做一下总结。

类的公有成员可以在类内部被自己的成员函数访问，在类外部的程序中可以通过“对象.成员”或“对象指针－>成员”方式访问公有成员。

类的私有成员可以在类内部被自己的成员函数访问，但是在类外部的程序中无法通过“对象.成员”或“对象指针－>成员”的方式访问私有成员。

类的保护成员可以在类内部被自己的成员函数访问，但是在类外部的程序中无法通过“对象.成员”或“对象指针－>成员”的方式访问保护类型成员。

以上所谓的类的外部是指除了类的声明代码以及在类声明外成员函数的定义代码之外的代码。

在上面访问权限的描述中，类的保护成员与私有成员没有任何差异。事实上，类的保护成员与私有成员的差异体现在派生类的访问权限中。总结如下：

保护成员在 public 或 protected 方式派生的子类中仍然是保护成员，子类的函数可直接使用；保护成员在 private 方式派生的子类中是私有成员，子类的函数也可以直接使用。

私有成员在任何方式派生的子类中不可直接访问的私有成员。子类的函数必须调用基类公有成员函数或保护成员函数间接地使用基类私有成员。

一般而言，在基类中如果有一种方法需要在多个子类中使用，但是这种方法不会在类

的外部通过“对象.成员”或“对象指针－＞成员”的方式使用，那么这种方法就应该被定义为 protected 类型。

2.2.6 派生类的构造和析构函数

基类的构造函数和析构函数不能被继承。在派生类中，如果对派生类新增的成员进行初始化，就必须加入新的构造函数。与此同时，对所有从基类继承下来的成员的初始化工作还是由基类的构造函数完成，必须在派生类中对基类的构造函数所需要的参数进行设置。同样，对派生类对象的扫尾、清理工作也需要加入析构函数。

首先看下面的例子，假定派生类 B 公有继承基类 A，其示意代码如下：

```
class A                        //默认构造函数为空
{
public:
    int x;
};
class B : public A             //默认构造函数为空
{
public:
    int y;
};
```

当创建 B 类对象 b1 后，对象 b1 可以访问 x、y 这两个成员。那么是否可以认为 b1 实际上是下面 C 类的对象呢？

```
class C
{
public:
    int x, y;
};
```

若利用 C 类创建对象 c1，从成员访问权限上看，对象 b1 和 c1 没有差别。但是 b1 的 x 和 c1 的 x 不同，它继承自父类。由于派生类不能继承父类的构造函数和析构函数，因此对象 b1 的 x 占据的内存区域只能通过父类构造函数初始化。同样，销毁对象时，b1 的 x 占据的内存也只能由父类析构函数进行清理。而对象 c1 的 x 是由 C 类构造函数初始化，由 C 类析构函数进行清理工作的。因此 b1 和 c1 仅仅是表面相似而已。由于派生类构造过程涉及父类构造函数的调用，因此其构造函数比较复杂。

1. 构造函数

派生类构造函数的一般形式为

```
派生类::派生类(参数总表):基类1(参数表1),…,基类n(参数表n),
    内嵌对象1(对象参数表1),…,内嵌对象m(对象参数表m)
{
```

```
	派生类新增加成员的初始化;
}
```

这个声明形式较为复杂，应注意以下几点：

(1) 对于从基类继承的数据成员，应采用基类构造函数初始化，并且应放在派生类构造函数的初始化列表中，不应放到构造函数体中初始化。上面的函数定义中，最后一个冒号后面的基类和内嵌对象列表就是第 1 章讲过的构造函数的初始化列表。

(2) 参数总表包含全部基类和全部内嵌对象的所有参数，同时也包含派生类新增数据成员的初始化参数。最后一个冒号后面的基类和内嵌对象的参数全部取自前面的参数总表。

(3) 当派生类使用基类无参数的默认构造函数初始化继承的数据成员时，初始化列表中就不存在"基类(参数表)"的初始化部分。

(4) 当派生类中无内嵌对象或者内嵌对象使用无参数的默认构造函数时，初始化列表中就不存在"内嵌对象(参数表)"的初始化列表部分。

(5) 当基类有带参数的构造函数时，派生类应当定义构造函数，提供一个将参数传递给基类构造函数的途径。

派生类构造函数的执行次序为：首先执行基类构造函数，其次执行内嵌对象的构造函数，最后执行派生类构造函数体中的内容。

2. 析构函数

析构函数的功能是在类对象消亡之前释放占用资源(如内存)的工作。由于析构函数无参数、无类型，因而派生类的析构函数相对简单得多。

派生类与基类的析构函数没有什么联系，彼此独立，派生类或基类的析构函数只作各自类对象消亡前的善后工作。因而在派生类中有无显式定义的析构函数与基类无关。

派生类析构函数执行过程恰与构造函数执行过程相反。首先执行派生类析构函数，然后执行内嵌对象的析构函数，最后执行基类析构函数。

下面的例子对前文 Person-Employee 例子中的类进行了简化，并重新定义了构造和析构函数。

【例 2-3】 派生类构造函数和析构函数的执行。

```
#include <iostream>                //基本 I/O 库
#include <cstring>                 //处理字符数组的函数库
using namespace std;
class Person
{
    char m_strName[10];            //姓名
    int m_nAge;                    //年龄
public:
    Person(char* name,int age)
    {
        strcpy(m_strName, name);
```

```
        m_nAge=age;
        cout<<"constructor of person"<<m_strName<<endl;
    }
    ~Person() { cout<<"deconstrutor of person"<<m_strName<<endl;}
};
class Employee : public Person
{
    char m_strDept[20];
    Person Wang;
public:
    Employee(char * name, int age, char * dept, char * name1, int age1)
        : Person(name,age) , Wang(name1,age1)
    {
        strcpy(m_strDept, dept);
        cout<<"constructor of Employee"<<endl;
    }
    ~Employee() { cout<<"deconstrucor of Employee"<<endl; }
};
int main()
{
    Employee emp("张三",40,"人事处","王五",36);
    return 0;
}
```

运行结果如下：

```
constructor of person 张三
constructor of person 王五
constructor of Employee
deconstrucor of Employee
deconstrutor of person 王五
deconstrutor of person 张三
```

代码分析：

从输出结果可以清楚地看出，构造函数执行顺序为先祖先(Person 张三)，后客人(Person 王五)，最后是自己(Employee)。这里 Wang 是 Person 类的一个对象，被派生类 Employee 所拥有。

同时，从上述输出结果中可以看出，析构函数的执行次序恰好与构造函数相反，先执行自身(Employee)的析构函数，而后是客人(Person 王五)的析构函数，最后执行祖先(Person 张三)的析构函数。

注意：调用 Person 类构造函数并不是创建基类对象，而是对 Employee 对象部分继承的成员变量进行初始化。

2.3 类的多态性

2.3.1 多态性的两种形式

在C++中,多态性有两种不同的形式——编译时多态性(或称静态绑定)和运行时多态性(或称动态绑定)。

编译时多态性指对象在不同情况下调用同名函数的不同版本。编译时多态通过函数重载实现,包括前面学过的普通函数重载、类成员函数重载和后面将要讲到的运算符的重载都属于这一类。编译时多态是指程序编译前就知道在程序什么地方应该调用哪个版本的函数,所以编译时就将每个特定版本的函数调用确定下来。

运行时多态性是指同属于某一基类的不同派生类对象调用同名成员函数时的行为不同。例如同样是餐厅的员工,可以细分为厨师类人员、前台类人员、保洁类人员,在收到领班发出的"开工"指令后,所做的行为各不相同。以后将看到,运行时多态主要通过虚函数来实现。之所以称为运行时多态,是指收到一条指令后到底执行哪一个函数要等到程序执行到这一条指令时才能确定。

编译时多态由于在程序何处调用哪个版本的函数是预先确定的,因此这种调用效率高(不会比普通函数调用更费时)。然而这种机制存在明显不足。例如,假定draw是绘制某种图形类的重载函数,我们可能编写了绘制线段类的函数draw(Line),还编写了绘制圆形类的函数draw(Circle),然后将程序编译并交付使用。然而后来又出现了一种新的图形类——矩形类Rect,而这种类型的绘图函数以前并没有编写。这时只有重新编写一个重载函数draw(Rect),并且重新编译才能正常处理新型图形类的绘图。因此编译时多态不支持代码进化。

运行时多态性则可以更好地解决上面绘图函数draw所遇到的问题。在运行时多态的处理逻辑中,发出指令者并不关心接收指令的对象具体是什么子类,只要接收者都属于一个共同的父类即可。例如餐厅领班发出开工指令,接收对象是员工,而不管到底是厨师还是收银员。再考虑上面的绘图问题,程序员发出draw指令,接收对象应该是Shape(图形)类,而不应管它到底是圆、线段还是矩形。这样一来,只需定义Shape类及其子类Line、Circle和Rect,并在各自的类中实现绘制方法draw。在程序中不要使用Circle或Rect的对象调用draw函数,而是使用Shape对象调用draw函数。运行时多态就会在执行时动态确定这个Shape对象到底是Line类、Circle类还是Rect类,并调用具体子类的draw函数。这种动态绑定无须重新编译整个程序(只编译新编的部分)就能够实现扩展,灵活性更大。动态绑定的主要不足是运行时间开销稍大于静态绑定。几乎所有的面向对象的语言都实现动态绑定,它是面向对象的环境所期望的关键特征之一。

为了加深对这两种多态性的理解,下面将绘图的例子写成伪代码的形式。

(1) 静态绑定,draw函数重载的情形。

```
//定义 Line 类
class Line
```

```
{
    ⋮
    //线段类内容
};
//定义 Circle 类
class Circle
{
    ⋮
    //圆形类内容
};
//定义下列全局函数或在某个类中定义下列函数
void draw(Line line) { … }
void draw(Circle circle) { … }
⋮
//在某处使用 draw 函数
Line L1(…);                              //定义直线
Circle C1(…);                            //定义圆形
draw(L1);                                //绘制线段
draw(C1);                                //绘制圆形
⋮
```

这就是函数重载。当调用 draw 函数时,传入的参数是 Line 或 Circle 的对象,是在编码时就确定的,不会改变。因而在代码编译时使用哪一个版本的函数也可以确定。这种多态性就是编译时的多态性。

另外,当新增一个 Rect 矩形类后,假定 R1 为矩形类对象,则在绘图代码部分需要添加 draw(R1)来绘制矩形 R1。同时全部代码需要重新编译才可以正确运行。

(2) 动态绑定,利用 draw 函数实现。

```
//定义 Shape 类
class Shape
{
public:
    void draw() { … };                        //绘制
};
//定义 Line 类
class Line : public Shape
{
public:
    void draw() { … };                        //绘制自身直线
};
//定义 Circle 类
class Circle : public Shape
{
public:
```

```
        void draw() { … };                         //绘制自身圆形
    };
    ⋮
    Shape *p;                                      //定义 Shape 类指针
    Line L1;                                       //定义 Line 对象
    Circle C1;                                     //定义 Circle 对象
    ⋮
    //根据执行时的实际情况执行下列两段代码之一，
    //即 Shape 类指针动态地指向 Line 对象或 Circle 对象并调用绘图函数
    //代码段 1
    p=&L1;
    p->draw();                                     //希望能绘制直线
    //代码段 2
    p=&C1;
    p->draw();                                     //希望能绘制圆形
```

这里定义了基类 Shape 的指针 p。按照我们的设想：指针 p 应根据实际情况指向 Line 类或 Circle 类对象；最后，语句 p－＞draw()调用的应该是 p 所指向派生类的绘图函数。按照这种设想，程序在编译阶段并不知道指针 p 将指向什么对象，所以在编译阶段就无法确定 p 将调用哪个类的 draw 函数。只有在运行阶段才能确定 p 的具体内容，从而动态决定调用哪一个类的 draw 成员函数。这正是运行时多态性的典型形式。

当新增一个 Rect 矩形类后，假定 R1 为矩形类对象，那么为了绘制矩形 R1，只需将指针 p 指向 R1 即可(即只要实现 p＝&R1)。而绘图代码部分代码仍然是 p－＞draw()，不需要做任何修改。因此整个程序只需要做少量修改。

然而，上面的程序段并不会按照我们的设想运行。实际上，上面的程序段执行时，不论指针 p 所指对象是 Shape 类还是其派生类，p－＞draw()只能调用基类(Shape 类)的绘图方法。这是由派生类替代基类对象的原则所决定的。因此，为了学习运行时多态性的实现机制，需要首先了解派生类对象转换为基类对象的原则。

2.3.2 派生类对象转换为基类对象

本节仅考察公有继承产生的派生类。公有派生类全盘继承了基类的成员及其访问权限，因此公有派生类对象可以替代基类对象做本来由基类对象所做的事情。

派生类对象转换为基类对象的常见形式有以下 3 种：

(1) 派生类对象给基类对象赋值。

(2) 派生类对象初始化基类对象的引用。

(3) 令基类的指针指向派生类对象。

下面的例子综合说明了这 3 种情形。

【例 2-4】 派生类对象转换为基类对象使用。

```
#include <iostream>
using namespace std;
```

```
class Shape                          //基类
{
public:
    void draw()
    { cout<<"Draw something."<<endl; }
};
class Line : public Shape             //派生类
{
public:
    void draw()
    { cout<<"Draw a line."<<endl; }
};
class Circle : public Shape           //派生类
{
public:
    void draw()
    { cout<<"Draw a circle."<<endl; }
};
int main()
{
    Shape *p, obj;                    //基类对象指针 p1,基类对象 obj
    Line L1;
    obj=L1;                           //用 Line 类对象给 Shape 类对象赋值
    obj.draw();
    Shape &p1=L1;                     //以 Line 类对象初始化 Shape 类引用
    p1.draw();
    p=&L1;                            //用 Line 类对象地址给基类指针赋值
    p->draw();
    p=new Circle;                     //用 Circle 类对象地址给基类指针赋值
    p->draw();
    return 0;
}
```

运行结果如下：

```
Draw something.
Draw something.
Draw something.
Draw something.
```

代码分析：

在主函数中，直线类对象 L1 给基类对象 obj 赋值，而后通过 obj 调用 draw 函数，得到第一行输出。

直线类对象 L1 初始化基类引用 p1 后，通过 p1 调用 draw 函数，输出第二行。

将直线对象 L1 地址赋值给基类指针 p，再通过 p 调用 draw 函数，输出第三行。

令p指向动态生成的子类Circle对象,再通过p调用draw函数,输出第四行。

显然,不论是将派生类对象赋值给基类对象,还是用派生类为基类引用或指针赋值,都是可以正常运行的,然而这3种方式(直接赋值、引用、指针)调用的却都是基类draw函数。因而可以得到下面的重要结论:利用赋值、引用或指针的形式将派生类对象转化为基类对象后,只能当作基类对象来使用。不论派生类是否存在同名的成员函数,这样得到的基类对象所访问的成员都只能来自基类。

2.3.3 虚函数定义及使用

根据派生类转换为基类对象的原则,可以用基类指针指向派生类对象,但只能访问基类的成员,这样就限制运行时多态的实现。例如在例2-4中,程序员让Shape类指针p指向Line类对象,是希望在执行p－＞draw()语句时调用Line子类的draw函数,而不是基类的draw函数。为了实现多态性,也就是能够通过指向派生类的基类指针调用派生类中的同名成员函数,需要将基类的同名函数声明为虚函数。

虚函数的语法为

```
virtual  返回类型  函数名(参数表)
{
    函数体
}
```

也就是说,只需要简单地在基类同名函数前加上virtual关键字,就可以将函数设置为虚函数。

下面的例子将2.3.2节绘图的例子用多态的方式实现。

【例2-5】 虚函数实现多态性。

```
#include <iostream>
using namespace std;
class Shape                          //基类
{
public:
    virtual void draw()
    { cout<<"Draw something."<<endl; }
};
class Line : public Shape            //派生类
{
public:
    virtual void draw()
    { cout<<"Draw a line."<<endl; }
};
class Circle : public Shape          //派生类
{
public:
    void draw()
```

```
    { cout<<"Draw a circle."<<endl; }
};
int main()
{
    Shape * p, obj;                  //基类对象指针 p1, 基类对象 obj
    Line L1;
    obj=L1;                          //用 Line 类对象给 Shape 类对象赋值
    obj.draw();
    Shape &p1=L1;                    //以 Line 类对象初始化 Shape 类引用
    p1.draw();
    p=&L1;                           //用 Line 类对象地址给基类指针赋值
    p->draw();
    p=new Circle;                    //用 Circle 类对象地址给基类指针赋值
    p->draw();
    return 0;
}
```

运行结果如下：

```
Draw something.
Draw a line.
Draw a line.
Draw a circle.
```

代码分析：

本段代码与例 2-4 的不同仅仅是在 Shape 类和 Line 类的 draw 函数前添加了 virtual 标志。为什么没有在 Circle 类的 draw 函数前添加 virtual 标志？请看后面的虚函数使用规则。

在本例的主函数中首先将子类 L1 赋值给基类对象 obj，再利用 obj 调用 draw 函数，结果调用的是基类函数输出第一行。

接着用子类 L1 为基类引用 p1 赋值，然后使用 p1 调用 draw 函数，成功调用了子类 Line 的 draw 函数输出第二行。

然后让基类指针 p 依次指向 Line 和 Circle 子类对象后再调用 draw 函数。结果成功调用了 Line 和 Circle 子类的 draw 函数，输出了第三、四两行。

显然，只有使用基类指针或引用指向的派生类对象时，才能实现多态性。

使用虚函数时，应遵循以下使用规则：

(1) 应通过指针或引用调用虚函数，而不要以对象名调用虚函数。

从转换原则出发，派生类对象可以赋值给基类对象。例如，在例 2-5 中以派生类对象 L1 赋值给基类对象 obj 之后，语句 obj. draw()虽然仍可以顺利执行，但是所调用的函数却是基类的绘图函数。所以在 C++ 中一定要用指针或引用来调用虚函数，才能保证多态性的实现。

需要注意，引用类型被初始化后不能修改。所以采用引用实现多态的方式显然不够灵活，最好的方式是使用指针方式。

（2）在派生类中重定义的基类虚函数仍为虚函数，同时可省略 virtual 关键字。

虚函数的重定义与一般函数重载不同，一般函数重载只要求函数名称相同，而虚函数重定义要求更加严格。虚函数重定义时，函数的名称、返回类型、参数类型、参数个数及顺序必须与原函数完全一致。

如果修改例 2-5 中 Line 类的 draw 函数为

```
void draw(Line L) { … }
```

则此函数就变为一般函数重载，这时如果执行下列程序段：

```
Line L1;
Shape * p=&L1;
p->draw();                //调用基类虚函数
```

最后一句就是调用基类的成员。

（3）不能定义虚构造函数，可以定义虚析构函数。

多态性是指对象对同一消息的不同反应。在对象产生之前或消亡之后，多态性都没有意义。而构造函数只在对象产生之前调用一次，所以虚构造函数没有意义。而析构函数的作用是在对象消亡之前进行资源回收等收尾工作。因而定义虚析构函数是有意义的，其语法为

```
virtual ~类名();
```

定义了虚析构函数，可以利用多态性，保证基类类型指针能调用适当的析构函数对不同的对象进行善后工作。

2.3.4 纯虚函数和抽象类

类是从相似对象中抽取共性而得到的抽象数据类型。类的抽象化程度越高，离现实中的具体对象就越远，同时也就能概括更大范围事物的共同特性。有时候，从软件使用者的角度看，某个软件只需要用到一些具体事物的类，例如例 2-5 中的 Line（直线）类、Circle（圆形）类等。但从软件设计者的角度看，增加一个更加抽象的基类效果更好，例如例 2-5 中的 Shape（形状）类。通过设置基类，实现了代码重用。同时，当基类的抽象化程度提高之后，某些成员函数在基类中的实现变得没有意义了，但成员函数在基类中的声明仍有意义。例如在例 2-5 中，draw 函数的声明实现了多态性，但 draw 函数在 Shape（形状）类里的具体实现并无实际意义，因为抽象的形状是无法绘制的。有没有办法将这样的成员函数在基类中只作声明，而将其实现留给派生类呢？在 C++ 中，这样的办法是有的。就是利用纯虚函数将基类改造为抽象类。

1. 纯虚函数

纯虚函数的语法定义为

```
virtual  返回类型  函数名(参数表)=0;
```

容易看出,纯虚函数与虚函数的不同,就是在虚函数的最后加上=0。纯虚函数在基类声明后,不能定义其函数体。纯虚函数的具体实现只能在派生类中完成。纯虚函数是为了实现多态性而存在的。

2. 抽象类

至少包含一个纯虚函数的类称为抽象类。抽象类为其所有子类提供了统一的操作界面。使其派生类具有一系列统一的方法。

关于抽象类的使用有几点要求:

(1) 抽象类不能实例化,即不能声明抽象类对象。如果 Shape 为抽象类,则无法用 Shape 定义对象。

(2) 抽象类只作为基类被继承,无派生类的抽象类毫无意义。

(3) 可以定义指向抽象类的指针或引用,将来这个指针或引用必然指向派生类对象。从而实现多态性。

实际上,只要将例 2-5 中 Shape 类的 draw 函数声明修改为如下形式:

```
virtual void draw()=0;
```

并且去掉 draw 函数在 Shape 类中的具体实现,就可将 Shape 类改为抽象类。修改后程序运行结果不变。

下面的例子在例 2-5 的基础上做了一点修改,不再绘图,而是计算图形面积。

【例 2-6】 抽象 Shape 类的实现及使用。

```
#include <iostream>
using namespace std;
class Shape                                    //基类
{
public:
    virtual float Area()=0;                    //纯虚函数
};
class Rect : public Shape                      //矩形类
{
    float left, top;
    float width,height;
public:
    Rect() {                                   //默认构造函数
        left=0;
        top =0;
        width=0;
        height=0;
    }
    Rect(float x, float y, float w, float h) {
        left=x;
        top=y;
```

```
        width=w;
        height=h;
    }
    virtual float Area()
    { return width * height; }
};
class Circle : public Shape                 //圆形类
{
    float xCenter, yCenter, radius;
public:
    Circle() {                              //默认构造函数
        xCenter=0;
        yCenter=0;
        radius =0;
    }
    Circle(float x, float y, float R) {
        xCenter=x;
        yCenter=y;
        radius=R;
    }
    virtual float Area()
    { return 3.1415 * radius * radius; }
};
int main()
{
    Shape *p;                               //基类对象指针 p
    Rect R1(2,1,3.3,2.0);                   //创建矩形对象
    p=&R1;                                  //用 R1 类对象地址给基类指针赋值
    cout<<"矩形面积: "<<p->Area()<<endl;
    p=new Circle(0,0,2.0);                  //令 p 指针指向动态生成的 Circle 类对象
    cout<<"圆形面积: "<<p->Area();
    return 0;
}
```

运行结果如下：

```
矩形面积: 6.6
圆形面积: 12.566
```

代码分析：

抽象类 Shape 有一个纯虚函数 Area。由抽象类 Shape 派生的子类 Rect 和 Circle 实现了 Area 函数。抽象类指针指向具体图形类对象后，调用 Area 函数可计算出矩形或圆形的面积。

抽象类为子类提供了统一的接口。除了纯虚函数，抽象类可以同时拥有其他类型的函数以及属性。例如可在 Shape 中增加属性 x 和 y，它们可在 Rect 类中存储左边界和上

边界，可在 Circle 类中存储圆心坐标。那样一来，在 Rect 和 Circle 类中就不必再定义这些属性了。

2.3.5 运算符重载

在 C++ 中，运算符和函数一样，也可以重载。运算符重载主要用于对类的对象的操作。与函数的重载和虚函数一样，运算符重载也从一个方面体现了 OOP 技术的多态性。

重载一个运算符，必须定义该运算符的具体操作。为了使程序员能像定义函数的具体操作一样来重载一个运算符，C++ 提供了 operator 函数。该函数的一般形式为：

```
<类型><类名>::operator <操作符>(<参数表>)
{
    ⋮
}
```

其中，<类型>为函数的返回值，也就是运算符的运算结果值的类型；<类名>为该运算符重载所属类的类名。

几乎所有的运算符都可以重载。具体包含：

- 算术运算符：+，-，*，/，%，++，--。
- 位操作运算符：&，|，~，^，<<，>>。
- 逻辑运算符：!，&&，||。
- 比较运算符：<，>，>=，<=，==，!=。
- 赋值运算符：=，+=，-=，*=，/=，%=，&=，|=，^=，<<=，>>=。
- 其他运算符：[]，()，->，,（逗号运算符），new，delete，new[]，delete[]，->*。

【例 2-7】 定义一个复数类，并重载加法运算符以适应对复数运算的要求。

```
//复数类
#include <iostream>
using namespace std;
class Complex
{
    double m_fReal, m_fImag;
public:
    Complex(double r=0, double i=0): m_fReal(r), m_fImag(i){}
    double Real(){return m_fReal;}
    double Imag(){return m_fImag;}
    Complex operator +(Complex&);
    Complex operator +(double);
    Complex operator =(Complex);
};
Complex Complex::operator+(Complex &c)          //重载运算符+
```

```
{
    Complex temp;
    temp.m_fReal=m_fReal+c.m_fReal;
    temp.m_fImag=m_fImag+c.m_fImag;
    return temp;
}
Complex Complex::operator+ (double d)               //重载运算符+
{
    Complex temp;
    temp.m_fReal=m_fReal+d;
    temp.m_fImag=m_fImag;
    return temp;
}
Complex Complex::operator= (Complex c)              //重载运算符=
{
    m_fReal=c.m_fReal;
    m_fImag-c.m_fImag;
    return *this;
}
//测试主函数
int main()
{
    Complex c1(3,4),c2(5,6),c3;
    cout <<"C1=" <<c1.Real() <<"+j" <<c1.Imag() <<endl;
    cout <<"C2=" <<c2.Real() <<"+j" <<c2.Imag() <<endl;
    c3=c1+c2;
    cout <<"C3=" <<c3.Real() <<"+j" <<c3.Imag() <<endl;
    c3=c3+6.5;
    cout <<"C3+6.5=" <<c3.Real() <<"+j" <<c3.Imag() <<endl;
    return 0;
}
```

运行结果如下：

```
C1=3+j4
C2=5+j6
C3=8+j10
C3+6.5=14.5+j10
```

代码分析：

在本例中，对运算符＋进行了两次重载，分别用于两个复数的加法运算和一个复数与一个实数的加法运算。

可以看出，运算符重载事实上也是一种函数重载，但运算符重载的参数个数有限制。例如，对于双目运算符的重载需有且仅能有一个参数，该参数即为运算的右操作数，而左操作数则为该类的对象本身。这一点可以从函数的定义中清楚地看出。

在运算符重载函数的定义中，由程序员给出了该运算符重载的具体操作。该具体操作并不要求与所重载的运算符的意义完全相同。

一个重载的运算符虽然其具体操作发生了变化，但其用法与该运算符的原始定义完全一样。应当说明的是：无论运算符重载的具体定义如何，重载的运算符的优先级与结合性仍与其原始运算符相同。

最后需要说明的是，对于双目运算符(即本例中的加法、减法运算符)重载为类的成员函数时，一般有两种形式。第一种是函数只显式说明一个参数，该形参是运算符的右操作数；第二种是将双目运算符重载为类的友元函数，同时函数显式说明两个参数，其中第一个参数为左操作数，第二个参数为右操作数。假定 s1、s2 为两个虚数对象，那么采用第一种方式重载运算符，则 s1＋s2 或 s1－s2 操作就是将 s2 的数据作用到 s1 上，结果是在 s1 中存储了运算结果；若采用第二种方式重载运算符，则一般要定义新的变量(例如 s3)，用新变量存储运算结果，可以写作 s3＝s1＋s2 或 s3＝s1－s2。本例采用第一种方式重载运算符。关于第二种定义方式以及友元的作用可参考其他专门讲解 C++ 的书籍。

习题 2

1. 定义点类与彩色点类。

定义一个空间中的点类 Point 作为基类，包括 3 个坐标值私有成员变量(整形变量 x、y、z)和公有构造函数，并增加显示变量值的公有成员函数 Show。

定义一个空间中的彩色点类 ColorPt 作为派生类，并且包括一个颜色值私有成员变量(用字符数组表示)和公有构造函数，再增加显示变量值的公有成员函数 Show。

最后在主函数中定义点类和彩色点类的各一个对象，点类对象用(2,3,5)初始化，彩色点用(10,20,30,"red")初始化，调用 Show 函数显示信息。

运行样例如下。

```
输入：(无输入)
输出：2 3 5
      10 20 30 red
```

2. 创建基类 Cellphone(普通手机类)及其子类 Smartphone(智能手机类)。基类包含品牌、本机号码两个私有属性，包括设置和获取属性值的函数(即 set*** 和 get*** 函数)，还包括接听电话、拨打电话的方法，其函数原型为

```
void PickUp(int telNum);                  //接听来自 telNum 的电话
void Callsomebody(int telNum);            //呼叫号码为 telNum 电话
```

上面两个函数仅显示一条动作信息，例如“接到 1234568 打来的电话”。

子类中还含有存储容量大小、屏幕大小属性，具有相应的设置和获取属性值的函数，还有一个播放音乐的函数，原型如下：

```
void PlayMusic(char* mName);              //播放音乐 mName
```

这个函数也是仅显示一条动作信息。

在主函数中分别创建 Cellphone 及其 Smartphone 类的对象，验证上述方法。

3. 修改例 2-6 的内容，在基类定义计算周长的纯虚函数，在子类中实现计算周长的函数，并在主函数中使用这一功能。

4. 虚函数综合练习。

定义基类——图形类 Geometry 及其派生类——矩形类、等腰直角三角形类。矩形类有两个参数 H 和 V，代表高和宽。等腰直角三角形类有参数 E，代表直角边的长度。基类中包括一个绘制图形的公有成员虚函数 Draw，并且在派生类中分别实现函数 Draw，在该函数中用符号 * 显示图形。最后在主函数中定义子类的各一个对象并调用构造函数(请自己定义)初始化，再利用 Draw 函数分别显示它们的字符形状图。

5. 运算符号重载。

建立一个三维向量类，包含 x、y、z 3 个整数属性，利用符号重载实现加号和减号的函数。

运行样例如下。

```
输入 s1 内容:
  第 0 个: 10
  第 1 个: 20
  第 2 个: 30
输入 s2 内容:
  第 0 个: 9
  第 1 个: 8
  第 2 个: 7
(s1-s2)内容为: 1 12 23
(s1+s2)内容为: 19 28 37
```

第3章

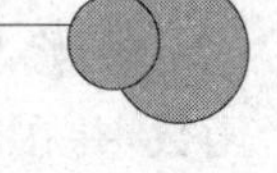

初识Qt开发框架

3.1 Qt的历史渊源

Qt是1991年由挪威的奇趣科技(Trolltech)公司开发的跨平台C++图形用户界面(GUI)应用程序开发框架。2008年,奇趣科技公司被诺基亚公司收购,Qt也因此成为诺基亚公司旗下的编程语言工具,曾称霸一时的Symbian手机操作系统就是基于Qt开发的。2012年,Qt被芬兰软件公司Digia收购。

Qt最早在Linux系统上大放异彩,它是Linux著名的桌面系统KDE的开发平台。后来又被很多软件公司用来开发重量级产品,其中包括三维动画软件Maya、办公套件WPS、即时通信软件Skype等。它既可以开发GUI程序,也可用于开发非GUI程序。

目前Qt在不同的行业中都取得了不小的成绩,例如能源、医疗、军工和国防、汽车、游戏动画和视觉效果、芯片、消费电子、工业自动化、计算机辅助设计和制造等。以华为公司、中石油公司为代表的客户已经说明了Qt实力的雄厚。

历经二十多年不断发展进步,Qt已经发展成为一个完善的C++开发框架,可以开发出强大的、互动的并且独立于平台的应用程序。Qt的应用程序可以在本地桌面、嵌入式和移动主机系统上运行,其具有的性能远远优于其他跨平台的应用程序开发框架。

Qt具有下列突出优点:

- 优良的跨平台特性。Qt支持的操作系统包括Microsoft Windows、Apple Mac OS X、Linux/X11,Embedded Linux、Windows Embedded、RTOS以及手机上的Android、IOS等。
- 面向对象。Qt的良好封装机制使得Qt的模块化程度非常高,可重用性较好,对于用户开发来说是非常方便的。Qt提供了一种称为signal/slot(信号/槽)的通信机制,这使得各个元件之间的协同工作变得更为简单和安全。
- 丰富的API。Qt包括多达250个以上的C++类,除了用于用户界面开发,还可用于文件操作、数据库处理、网络通信、2D/3D图形渲染、XML操作等。

3.2 安装Qt开发系统

3.2.1 Qt系统下载

Qt系统可以在官方下载网站http://download.qt.io/archive或者中文的Qtcn开发

网 http://www.qtcn.org 上下载。

本书采用的是 qt-opensource-windows-x86-mingw482_opengl-5.3.2.exe 软件包，也就是 Qt 5.3.2 版本，其官方下载界面如图 3-1 所示。由于在 Qt 发展过程中，其结构有时会有较大变动，因此在本书学习过程中，请尽量选用 Qt 5.3 或更新的版本。

Qt Downloads　　Qt Home　Bug Tracker　Code Review　Planet Qt　Qt Downloads　Search

Name	Last modified	Size	Metadata
Parent Directory		-	
submodules/	15-Sep-2014 10:48	-	
single/	15-Sep-2014 10:46	-	
qt-opensource-windows-x86-winrt-5.3.2.exe	15-Sep-2014 10:20	649M	Details
qt-opensource-windows-x86-msvc2013_opengl-5.3.2.exe	15-Sep-2014 10:19	559M	Details
qt-opensource-windows-x86-msvc2013_64_opengl-5.3.2.exe	15-Sep-2014 10:19	573M	Details
qt-opensource-windows-x86-msvc2013_64-5.3.2.exe	15-Sep-2014 10:18	575M	Details
qt-opensource-windows-x86-msvc2013-5.3.2.exe	15-Sep-2014 10:17	561M	Details
qt-opensource-windows-x86-msvc2012_opengl-5.3.2.exe	15-Sep-2014 10:16	555M	Details
qt-opensource-windows-x86-msvc2010_opengl-5.3.2.exe	15-Sep-2014 10:16	539M	Details
qt-opensource-windows-x86-mingw482_opengl-5.3.2.exe	15-Sep-2014 10:15	737M	Details
qt-opensource-windows-x86-android-5.3.2.exe	15-Sep-2014 10:14	817M	Details
qt-opensource-mac-x64-ios-5.3.2.dmg	15-Sep-2014 10:13	913M	Details
qt-opensource-mac-x64-clang-5.3.2.dmg	15-Sep-2014 10:12	456M	Details
qt-opensource-mac-x64-android-ios-5.3.2.dmg	15-Sep-2014 10:12	1.0G	Details

图 3-1　Qt 系统官方下载界面

Qt 本质上是一套 C++ 类库，用于编写 C++ 源程序。Qt 本身没有 C++ 的编译系统，而是采用开源的 MinGW（基于 gcc、gdb）或者微软公司的 msvc 编译系统。本书采用整合 MinGW 的软件包，该软件包无须微软公司的 VC 2012 或 VC 2013 开发环境的支持。

在安装过程中有一步是选择组件，这时一定要将 Tools 中的 MinGW 4.8.2 选中，如图 3-2 所示。另外，在选择软件授权协议的界面，选择 LGPL 协议（GNU 宽通用公共许可证）即可。其他步骤可按默认方式操作。安装完成后，Qt 类库、集成开发环境 Qt Creator、官方例程以及 MinGW 系统就一并安装好了。

图 3-2　在 Qt 安装界面上选择组件

3.2.2　Qt Creator 简介

除了可以用手工方式编写基于 Qt 的程序代码，也可以使用官方开发的集成开发环境 Qt Creator。Qt Creator 提供了图形化的界面设计器 Qt Designer，该工具提供了 Qt 基本的窗体部件，如 QWidget（基本窗口）、QLabel（标签）、QPushButton（按钮）等，可以在设计器中通过鼠标直接拖曳这些窗口部件并将其布置到窗口界面中，从而实现所见即所得的设计。

Qt Creator 启动界面如图 3-3 所示。它的中间部分是主窗口，上部是菜单栏，左侧工具栏主要是模式选择器和一些常用按钮。

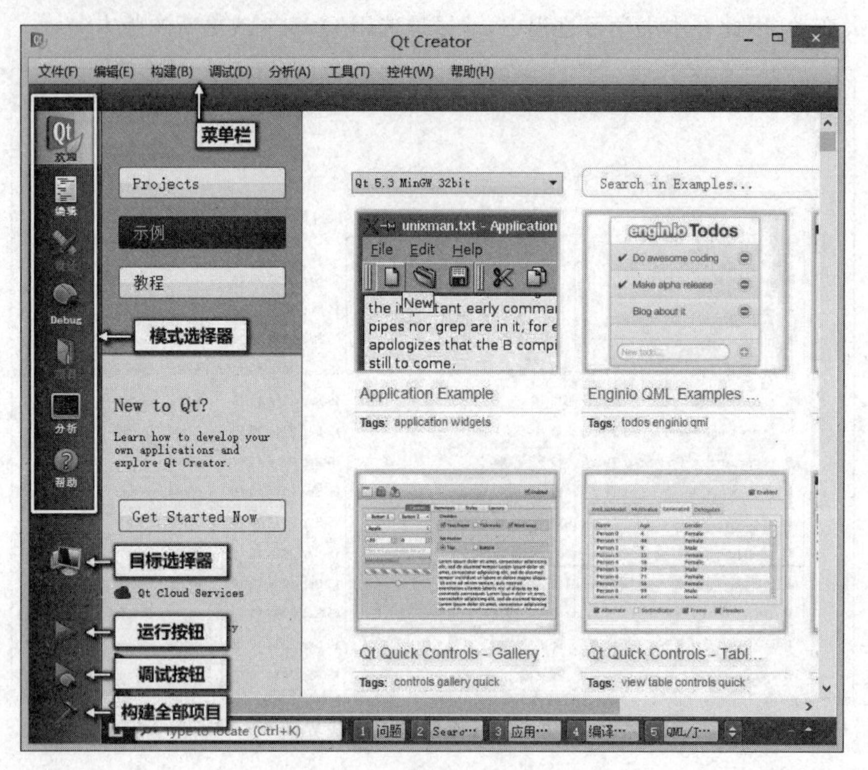

图 3-3 Qt Creator 启动界面

1. 菜单栏(Menu Bar)

菜单栏包括以下 8 个菜单。

- “文件”菜单：包含新建、打开、关闭项目和文件，打印文件和退出等基本功能。
- “编辑”菜单：包含撤销、剪切、复制、查找等常用功能，在高级菜单中还有标示空白符、折叠代码、改变字体大小等功能。
- “构建”菜单：包含构建和运行项目等相关的功能。
- “调试”菜单：包含调试程序等相关的功能。
- “分析”菜单：包含 QML 分析器、Valgrind 内存分析器等功能菜单。QML 是 Qt 开发团队创立的一种脚本语言，可以通过描述的方式创建窗体程序。QML 分析器可以分析一段脚本执行过程中出现的问题。而 Valgrind 是一个免费的工具包，用来检测程序运行时内存泄露、越界等问题。
- “工具”菜单：提供了快速定位菜单、版本控制工具菜单和界面编辑器菜单等。其中的“选项”菜单中包含 Qt Creator 各个方面的设置选项，包括环境设置、快捷键设置、编辑器设置、帮助设置、Qt 版本设置、Qt 设计师设置和版本控制设置等。

- “控件”菜单：包含设置窗口布局的一些菜单项，如全屏显示和隐藏边栏等。
- “帮助”菜单：包含 Qt 帮助、Qt Creator 版本信息和插件管理等菜单项。

2. 模式选择器（Mode Selector）

Qt Creator 包含欢迎、编辑、设计、调试(Debug)、项目、分析和帮助 6 个模式，各个模式完成不同的功能。也可以使用快捷键来更换模式，对应的快捷键依次是 Ctrl＋1～6。下面简单介绍主要的几种模式。

- 编辑模式：主要用来查看和编辑程序代码，管理项目文件。Qt Creator 的编辑器具有关键字特殊颜色显示、代码自动补全、声明定义间快捷切换、函数原型提示、Fl 键快速打开相关帮助和在项目中进行查找等功能。
- 设计模式：整合了 Qt 设计师的功能。可以在这里设计图形界面，进行部件属性设置、信号和槽设置、布局设置等操作。
- 调试模式：Qt Creator 默认使用 gdb 进行调试，支持设置断点、单步调试和远程调试等功能，包含局部变量、监视器、断点、线程以及快照等查看窗口。
- 项目模式：包含对特定项目的构建设置、运行设置、编辑器设置和依赖关系等页面。构建设置中可以对项目的版本、使用 Qt 的版本和编译步骤进行设置；编辑器设置中可以设置文件的默认编码。

3. 常用按钮

Qt Creator 启动界面左下角包含目标选择器、运行按钮、调试按钮和构建全部项目 4 个按钮图标。目标选择器用来选择要构建哪个平台的项目，这对于多个 Qt 库的项目很有用。还可以选择编译项目的 debug 版本或 release 版本。运行按钮可以实现项目的构建和运行。调试按钮可以进入调试模式。构建全部项目按钮可以构建所有打开的项目。

3.3　创建一个简单程序

本节以手工编码和图形化操作方式建立两个同样的“Hello Qt!”程序。

注意：在建立项目时，项目的路径和名称都不要使用中文。

3.3.1　手工编码方式

【例 3-1】　利用手工编码方式建立“Hello Qt!”程序。

第 1 步，利用 Qt Creator 的菜单“文件→新建文件或项目”打开新建对话框，选择“其他项目→空的 Qt 项目”建立一个名为 3_1 的工程。这时工程中除了名为 3_1.pro 工程文件外无任何其他文件。

第 2 步，再次打开新建对话框，选择 C++ 项目下的 C++ Source File，添加一个 C++ 源程序 q1.cpp(名称可以任取)。

第 3 步，单击打开工程文件 3_1.pro，在末尾行添加文字：QT ＋＝widgets。这样便可以在工程中使用可视化的部件。

第 4 步，在源程序 q1.cpp 中添加如下代码：

```
1  #include <QApplication>
2  #include <QDialog>
3  #include <QLabel>
4  int main(int argc, char * argv[])
5  {
6      QApplication a(argc,argv);
7      QDialog w;
8      QLabel label(&w);
9      label.setText("Hello Qt!");
10     label.setGeometry(10,10,100,100);
11     w.show();
12     return a.exec();
13 }
```

至此，一个完整的 Qt 程序就完成了。单击运行按钮(图标为▶，对应快捷方式为 Ctrl＋R 键)，即可得到图 3-4 所示的窗体。

图 3-4　工程 3_1 运行界面

代码说明：

第 1～3 行包含了头文件。其中 2、3 两行说明可使用对话框类和标签类。

第 4 行是 C++ 中的 main 函数，它有两个参数，用来接收命令行参数。

第 6 行新建 QApplication 类对象，用于管理应用程序的各种设置，并执行事件处理工作，任何一个 Qt GUI 程序都要有一个 QApplication 对象。该对象需要 argc 和 argv 两个参数。

第 7 行新建一个 QDialog 对象，实现一个对话框界面。

第 8 行新建了标签 QLabel 对象，并将 QDialog 对象 w 作为参数，表明对话框 w 是它的父窗口，也就是说这个标签放在对话框窗口中。

第 9 行给标签设置要显示的字符。

第 10 行设置标签相对于对话框的位置和大小，使用了函数 void setGeometry(int x, int y, int w, int h)，其中 x、y 设置标签在对话框中的坐标，w 为宽，h 为高。GUI 控件都有这个函数。

第 11 行将对话框显示出来。在默认情况下，窗口部件对象是不可见的，要使用 show 函数让它们显示出来。

第 12 行的 exec 函数让 QApplication 对象进入事件循环，这样 Qt 应用程序在运行时便可以接收产生的事件，例如鼠标单击和键盘按下等事件。

3.3.2　无 UI 的向导方式

所谓 UI 是指程序界面描述文件，可用于可视化界面设计。

【例 3-2】　利用无 UI 的应用程序向导建立“Hello Qt!”程序。

第 1 步，建立无 UI 的工程。

利用 Qt Creator 的菜单的“文件→新建文件或项目”打开新建对话框，选择其中“应用程序”项目的 Qt Widgets Application 选项建立名为 3_2 的工程。在设置类信息的界面(图 3-5)中选择类名为 QDialog，同时取消勾选“创建界面”项目。其他设置采用默认值，最终将建立工程 3_2，其结构如图 3-6 所示。

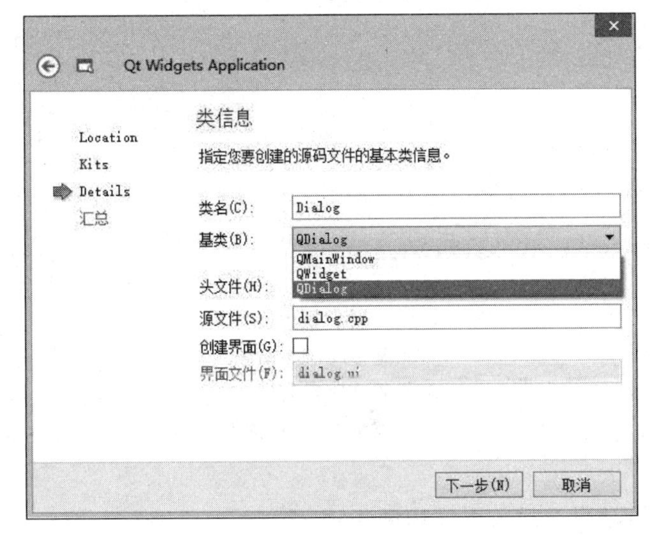

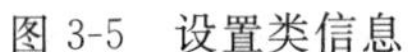
图 3-5　设置类信息

图 3-6　工程 3_2 的结构

从图 3-5 中会发现向导为窗体程序提供了 3 个基类，分别为 QMainWindow、QWidget、QDialog，3 个基类的区别说明如下。

- QMainWindow 类提供一个有菜单栏、工具栏和一个状态栏的应用程序窗口。
- QWidgt 类是所有用户界面对象的基类。它从窗口系统接收鼠标、键盘和其他事件，并且在屏幕上绘制自己。
- QDialog 类是对话框窗口的基类。对话框窗口是主要用于短期任务以及和用户进行简要通信的顶级窗口。

工程建立完毕后，有 4 个文件：3_2. pro、dialog. h、dialog. cpp、main. cpp。其中头文件 dialog. h 和源文件 dialog. cpp 共同实现了仅属于本项目的对话框类 Dialog。类 Dialog 派生自 Qt 的基本对话框类 QDialog。双击图 3-6 中任一文件即可在主窗口编辑器中打开。

在 main 函数头部可找到如下语句：

```
#include "dialog.h"
```

这样在 main 函数中就可以使用向导自动生成的 Dialog 类。事实上，在主函数中的确定义了 Dialog 类对象 w，并将其显示出来。这些均是自动生成的。

有了派生类 Dialog，只需在其中添加控件即可。

第 2 步，在派生类 Dialog 中添加控件。

修改头文件 dialog. h 如下：

```
#include <QDialog>
#include <QLabel>                                        //添加头文件
class Dialog : public QDialog
{
    Q_OBJECT
    QLabel * label;                                      //添加标签指针
public:
    Dialog(QWidget * parent=0);
    ~Dialog();
};
```

在 dialog.cpp 中修改构造函数：

```
Dialog::Dialog(QWidget * parent) : QDialog(parent)
{
    resize(150,150);                                    //设定对话框大小
    label=new QLabel(this);                             //新建 QLabel 对象
    label->setText("Hello Qt!");                        //设置文字内容
    label->setGeometry(0,0,100,100);                    //设置标签位置、大小
}
```

至此，程序编写完毕，编译运行即可。运行界面和例 3-1 一致。

利用无可视化设计界面的向导生成的工程比手工方式多了一个类。这样使得控件的添加、设定都在这个类中进行，程序模块化更好一些。

3.3.3 Qt 设计器方式

借助 Qt 设计器(Qt Designer)可以以所见即所得的方式构建 GUI 程序。

【例 3-3】 利用 Qt 设计器建立"Hello Qt!"程序。

第 1 步，建立含有 UI 的工程。

本步骤与例 3-2 中建立工程的步骤唯一的不同是在"设置类信息"界面(图 3-5)中保持"创建界面"为勾选状态。

建立的工程为 3_3，其中有 5 个文件：3_3.pro、dialog.cpp、dialog.h、main.cpp、dialog.ui。其中 dialog.h 和 dialog.cpp 共同实现了 Dialog 类。dialog.ui 是用于可视化工具 Qt 设计器的文件。

dialog.ui 实质是一个 XML 文件，用于描述 GUI 界面。双击 UI 文件就启动了 Qt 设计器，如图 3-7 所示。

Qt 设计器主要有以下 6 个区域(分别对应图 3-7 中的①～⑥)。

(1) 设计区：就是图 3-7 正中间的部分，主要用来布置各个窗口部件。

(2) 部件列表窗：这里分类罗列了各种常用的标准部件，可以使用鼠标将这些部件拖入主设计区中，放到主设计区的界面上。

(3) 对象查看器：这里列出了界面上所有部件的对象名称和父类，而且以树形结构显示了各个部件的所属关系。可以在这里单击对象来选中某个部件。

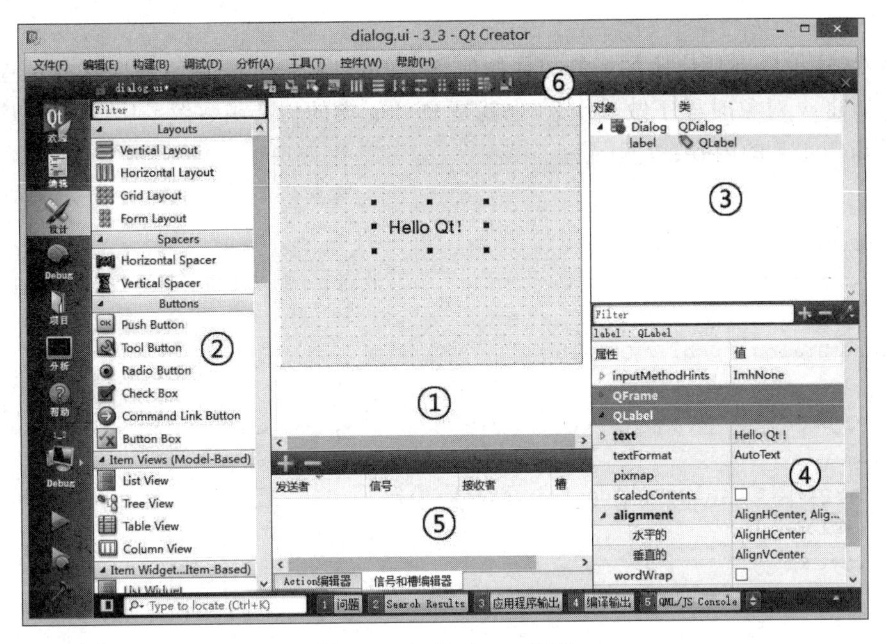

图 3-7　Qt Designer 界面

(4) 属性编辑器：这里显示了各个部件的常用属性信息，可以在这里更改部件的一些属性，如大小、位置等。这些属性按照从祖先继承的属性、从父类继承的属性和自己的属性的顺序进行了分类。

(5) Action(动作)编辑器、信号和槽编辑器：这些和菜单命令、控件事件响应等相关，放到以后使用时再介绍。

(6) 常用功能工具栏：该工具栏中前 4 个按钮用于进入相应的模式，分别是窗口部件编辑模式(这是默认模式)、信号/槽编辑模式、伙伴编辑模式和 Tab 顺序编辑模式。后面几个按钮用来实现添加布局管理器以及调整控件大小等功能。

第 2 步，在对话框中添加控件。

从部件列表窗中拖曳一个 Label(标签)到主窗体中，可以在标签属性编辑器中修改字体、对齐方式等属性，如图 3-7 所示。

程序编写完成，编译运行即可。

在这一过程中 Qt 设计器究竟做了哪些工作呢？下面就一探究竟。

首先看一下系统自动生成 main. cpp 的内容：

```
#include "dialog.h"
#include <QApplication>
int main(int argc, char * argv[])
{
    QApplication a(argc, argv);
    Dialog w;                   //创建一个用设计器设计的对话框对象
    w.show();
    return a.exec();
```

```
}
```

显然，这里没有任何添加标签控件的信息。但可以看出，要搞清程序执行过程，关键是搞清创建 w 对象时程序做了什么，也就是 Dialog 类的构造函数做了什么。所以下面先看一下 dialog.h 的内容：

```
#include <QDialog>
namespace Ui {
    class Dialog;                                  //放到 Ui 中以便和下面的 Dialog 类区分
}
class Dialog : public QDialog
{
    Q_OBJECT
public:
    explicit Dialog(QWidget *parent=0);
    ~Dialog();
private:
    Ui::Dialog *ui;
};
```

在 Dialog 类中，仍然没有标签控件的踪迹。这里比例 3-2 的 Dialog 类多了 namespace Ui 的声明，是因为在后面的构造函数中要调用 Ui 中的 Dialog 类，也就是 Ui::Dialog 类。注意此 Ui::Dialog 和 Dialog 是完全不同的两个类。这里的变量 ui 指针将指向一个 Ui::Dialog 类对象。

这个 ui 指向的对象是如何被使用的呢？先看看 dialog.cpp 中的内容：

```
#include "dialog.h"
#include "ui_dialog.h"
Dialog::Dialog(QWidget *parent) :
    QDialog(parent),
    ui(new Ui::Dialog)                             //创建 Ui::Dialog 类对象
{
    ui->setupUi(this);                             //调用 Ui::Dialog 中的函数
}
Dialog::~Dialog()
{
    delete ui;
}
```

这里，源程序 dialog.cpp 首先包含了头文件 ui_dialog.h(该文件定义了 Ui::Dialog 类)。然后在构造函数中创建了一个 Ui::Dialog 类对象，其指针就是 ui。指针 ui 在构造函数中立即调用了 Ui::Dialog 中的函数 setupUi。

于是问题的关键是类 Ui::Dialog 是什么，它做了什么事情。在工程的结构图中找不到 Ui::Dialog 类或者 ui_dialog.h 文件。于是我们在 Windows 资源管理器中打开与工程 3_3 目录并列的 build-3_3-Desktop_Qt_5_3_MinGW_32bit-Debug 目录(这个目录用于

生成编译的结果文件),在该目录下发现了文件 ui_dialog.h,其内容如下:

```
/********************************************************************
** Form generated from reading UI file 'dialog.ui'
** Created by: Qt User Interface Compiler version 5.3.2
** WARNING! All changes made in this file will be lost when recompiling UI file!
********************************************************************/
#ifndef UI_DIALOG_H
#define UI_DIALOG_H
#include <QtCore/QVariant>
#include <QtWidgets/QAction>
#include <QtWidgets/QApplication>
#include <QtWidgets/QButtonGroup>
#include <QtWidgets/QDialog>
#include <QtWidgets/QHeaderView>
#include <QtWidgets/QLabel>
QT_BEGIN_NAMESPACE
class Ui_Dialog
{
public:
    QLabel *label;
    void setupUi(QDialog *Dialog)
    {
        if (Dialog->objectName().isEmpty())
          Dialog->setObjectName(QStringLiteral("Dialog"));
        Dialog->resize(323, 271);                       //对话框设置大小
        label=new QLabel(Dialog);                       //新建标签对象
        label->setObjectName(QStringLiteral("label"));
        label->setGeometry(QRect(100, 100, 121, 51));   //设置标签位置和大小
        QFont font;
        font.setFamily(QStringLiteral("Arial"));        //设置标签字体
        font.setPointSize(14);
        label->setFont(font);
        label->setAlignment(Qt::AlignCenter);           //设置标签字体对齐方式
        retranslateUi(Dialog);
        QMetaObject::connectSlotsByName(Dialog);
    } //setupUi
    void retranslateUi(QDialog *Dialog)
    {
        Dialog->setWindowTitle(QApplication::translate("Dialog", "Dialog", 0));
        label->setText(QApplication::translate("Dialog","Hello Qt\357\274\
        201", 0));
    } //retranslateUi
};
```

```
namespace Ui {
    class Dialog: public Ui_Dialog {};                    //这里是 public 继承
} //namespace Ui
QT_END_NAMESPACE
#endif //UI_DIALOG_H
```

通过这个文件，可以知道以下几点：

(1) ui_dialog. h 是由 Qt 设计器自动生成的。

(2) 在 ui_dialog. h 中定义了 Ui 命名空间，其中定义了 Ui::Dialog 类，该类实质就是上面文件中的 Ui_Dialog 类。

(3) 在 Ui_Dialog 类中可以发现利用设计器生成的对象。例如 label 就是放入标签控件后自动产生的。

(4) 在 Ui_Dialog 类的 setupUi 函数中传入了一个窗体(即 main 中的对话框 w)，并在其中设置了控件的大小、位置等。

至此，Qt 设计器所做的工作就全清楚了。

首先，Qt 设计器自动生成 Ui::Dialog 类。

然后，在 main 函数被执行时，要创建一个 Dialog 对象，利用如下语句创建：

```
Dialog w;
```

而在创建 w 的时候调用了 Dialog 类的构造函数，其中包含创建 Ui::Dialog 类对象(即 ui 所指向的对象)的语句。

特别注意，在生成 Ui::Dialog 对象时，对话框 Dialog 对象 w 将自身指针(即 this)传递给这个 Ui::Dialog 对象。

最后，Ui::Dialog 对象执行 setupUi 函数，该函数设置了主函数中 Dialog 对象 w 的属性，同时生成各种控件并将其布置在对象 w 中。

与前面利用无 Ui 文件的向导创建工程的不同之处是：前面是直接在 Dialog 类中添加控件，而这里是利用 Ui::Dialog 对象添加控件。由于 GUI 设计器需要自动生成代码，所以才有了 Ui::Dialog 类。注意，它并不是可视化窗体类，而是一个辅助窗体布置控件的类。它有效分离了自动生成的代码和人工输入的代码。

3.4 信号和槽通信机制

信号和槽机制是 Qt 的核心机制，可以让编程人员将互不相关的对象绑定在一起，实现对象之间的通信。

声明了信号的对象，当其状态改变时，信号就由该对象发送出去，而且该对象只负责发送信号，它不知道另一端是谁在接收这个信号。槽用于接收和处理信号，一个槽并不知道是否有任何信号与自己相连接。槽实际上只是普通的对象成员函数。当一个信号被发射时，与其相关联的槽将被立刻执行，就像一个正常的函数调用一样。信号与槽机制完全独立于任何 GUI 事件循环。

3.4.1 信号

信号(signal)的声明是在一个类的头文件中进行的,Qt 的 signals 关键字指出进入了信号声明区,随后即可声明自己的信号。例如,下面的语句定义了一个信号:

```
signals:
    void stateChanged(int nNewVal);          //定义信号
```

这里 signals 是 Qt 的关键字,而非 C++ 的关键字。信号函数 stateChanged 定义了信号 stateChanged,这个信号带有参数 nNewVal。

信号函数应该满足以下语法约束:

(1) 函数返回值是 void 类型,因为触发信号函数的目的是执行与其绑定的槽函数,无须信号函数返回任何值。

(2) 开发人员只能声明而不能实现信号函数,Qt 的 moc 工具会实现它。

(3) 信号函数被 moc 自动设置为 protected,因而只有包含一个信号函数的那个类及其派生类才能使用该信号函数。

(4) 信号函数的参数个数、类型由开发人员自由设定,这些参数的职责是封装类的状态信息,并将这些信息传递给槽函数。

(5) 只有 QObject 及其派生类才可以声明信号函数。

3.4.2 槽

槽(slot)函数和普通的 C++ 成员函数一样,可以被正常调用,槽唯一的特殊性就是很多信号可以与其相关联。当与其关联的信号被发送时,这个槽就会被调用。槽可以有参数,但槽的参数不能有默认值。关键字 slots 表明进入了槽函数声明区。

槽的声明也是在头文件中进行的。例如,下面声明了一个槽:

```
public slots:                                  //此语句说明后面是槽函数
    void Function(int nNewVal)
    {
        qDebug() <<"new Values=" <<nNewVal;   //显示变量
    }
```

槽函数的返回值是 void 类型,因为信号和槽机制是单向的:信号被发送后,与其绑定的槽函数会被执行,但不要求槽函数返回任何执行结果。和信号函数一样,只有 QObject 及其派生类才可以定义槽函数。

既然槽函数是普通的成员函数,因此与其他的函数一样,它们也有存取权限(public、protected、private)。也就是说,人们能够控制其他类能够以怎样的方式调用一个槽函数。而且这些关键字并不影响 QObject::connect 函数(该函数关联信号和槽)。可以将 protected 甚至 private 的槽函数和一个信号函数绑定。当该信号被发射后,即使是 private 的槽函数也会被执行。从某种意义上讲,Qt 的信号和槽机制破坏了 C++ 的存取控制规则,但是这种机制带来的灵活性远胜于可能导致的问题。

3.4.3 关联信号与槽

通过调用 QObject::connect 函数可以绑定一个信号函数和一个槽函数，该函数最常用的格式如下：

```
connect(sender, SIGNAL(signal_func()),receiver,SLOT(slot_func()))
```

其中 sender 及 receiver 都是指向 QObject(或其子类)对象的指针，前者指向发送信号的对象，后者指向处理信号的对象，两者分别被称为“发送者”及“接收者”。signal_func 以及 slot_func 分别是这两个对象中定义的信号函数和槽函数。当指定信号 signal 时一般使用 Qt 的宏 SIGNAL，当指定槽函数时必须使用宏 SLOT。

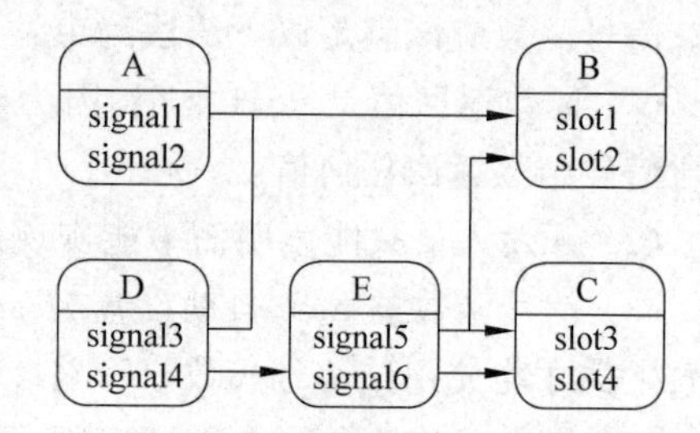

图 3-8 信号函数与槽函数的各种对应关系

一个信号函数可以和多个槽函数绑定。例如在图 3-8 中，对象 E 的 signal5 和 B 的 slot2 以及 C 的 slot3 绑定，当 signal5 被发送时，两个槽函数都会被执行。

多个信号函数可以和一个槽函数绑定。图 3-8 中对象 A 的 signal1 以及 D 的 signal3 都和 B 的 slot1 绑定，其中任何一个信号被发送，槽函数就会被执行。Qt 的信号和槽机制甚至支持两个信号函数之间的绑定。例如 D 的 signal4 和 E 的 signal6 绑定，后者再和 C 的 slot4 绑定。当 signal4 被发送时，signal6 也会随即被发送，导致 slot4 被执行。

使用信号和槽机制时应注意以下问题：

(1) 信号和槽机制与普通函数的调用一样，如果使用不当，在程序执行时也有可能产生死循环。因此，在定义槽函数时一定要注意避免间接形成无限循环，即在槽中再次发送所接收到的同样信号。

(2) 如果一个信号与多个槽相联系，那么当这个信号被发送时，与之相关的槽被激活的顺序将是随机的。

(3) 宏定义不能用在信号和槽的参数中。

(4) 信号和槽的参数个数与类型必须一致。

3.4.4 信号和槽举例

【例 3-4】 无图形用户界面的简单信号和槽的例子。

信号和槽机制并不需要 GUI 界面，只要发送和接收信号的类都从 CObject 继承即可，同时在类的声明部分要加入 Q_OBJECT 宏。

第 1 步，利用 Qt Creator 的菜单“文件→新建文件或项目”打开新建对话框，选择“其他项目→空的 Qt 项目”建立一个名为 3_4 的工程。

第 2 步，再次打开新建对话框，选择 C++ 项目下的 C++ Header File，添加一个 C++ 头文件 exampleA. h，修改其内容为

```
#include <QCoreApplication>
class CExampleA : public QObject
{
    Q_OBJECT
public:
    CExampleA() { m_Value=0; }
    void SetValue(int nNewVal)
    {
        if(m_Value ==nNewVal)
        {
            return ;
        }
        m_Value=nNewVal;
        emit stateChanged(m_Value);                          //①
    }
signals:
    void stateChanged(int nNewVal);                          //②
private:
    int m_Value;
};
```

第 3 步，再次打开新建对话框，选择 C++ 项目下的 C++ Header File，添加一个 C++ 头文件 exampleB. h，修改其内容为

```
#include <QDebug>
#include <QCoreApplication>
class CExampleB : public QObject
{
    Q_OBJECT
public:
    CExampleB() {  }
public slots:                                                //③
    void Function(int nNewVal)
    {
        qDebug() <<"new Values=" <<nNewVal;
    }
};
```

第 4 步，再次打开新建对话框，选择 C++ 项目下的 C++ Source File，添加一个 C++ 主函数文件 main. cpp，修改其内容为

```
#include "exampleA.h"
#include "exampleB.h"
int main()
{
```

```
    CExampleA a;
    CExampleB b;
    QObject::connect(&a,SIGNAL(stateChanged(int)),&b,SLOT(Function(int)));
    a.SetValue(100);
    return 0;
}
```

编译运行后，在输出窗口看到运行结果如下：

```
Starting F:\QT_learn\a1\build-1_4-Desktop_Qt_5_3_MinGW_32bit-Debug\debug\
1_4.exe...
new Values=100
F:\QT_learn\a1\build-1_4-Desktop_Qt_5_3_MinGW_32bit-Debug\debug\1_4.exe
exited with code 0
```

代码分析：

类 CExampleA 在行②使用 Qt 的关键字 signals 定义了信号函数 stateChanged，当类 CExampleA 的状态改变时，行①"调用"这个信号函数。此处的调用格式与一般情形下的不同，行①使用了 Qt 的关键字 emit，可将其称为"发送"一个信号。

对于 Qt 的关键字 signals、emit 及 slots 等，Qt 的预处理器 moc 会将此处的关键字 emit 转换为符合 C++ 语法标准的语句。在使用信号和槽机制的时候，要确保包含信号和槽的类必须是类 QObject 的派生类。而且在定义该类时应该在首部嵌入宏 Q_OBJECT。尤其需要注意的是，应该把这个类的声明放置在单独的头文件中(而不是潜入在源文件中)，否则链接阶段会报错。

槽函数的定义则非常简单，如行③所示，只是在该函数的存取控制关键字后面加上 Qt 关键字 slots 即可。

在工程 main 函数中调用 QObject 的静态成员函数 connect，绑定上述信号和槽。当修改类 CExampleA 的对象 a 的值时，行①发送信号 stateChanged，与其绑定的对象 b 的槽函数 Function 会被执行，在控制台上输出对象 a 新的值。

qDebug 函数可用于在"应用程序输出"窗口输出变量信息，这个函数的用法在 3.5 节还有介绍。

【例 3-5】 使用控件内部定义好的信号和槽。

很多 GUI 窗口控件(例如按钮、标签、列表、编辑框等)都预先定义好了若干信号，例如单击按钮就会发出 clicked 信号，还有诸如双击(doubleClicked)、进入(entered)、按下(pressed)等信号都是预先在控件内部定义好的。同时控件中也有一些预先定义好的槽，例如 close、clear 等。

这个例子在对话框上添加标签和按钮两个控件，当单击按钮时标签控件消失。

第 1 步，建立无 UI 文件的工程。

利用 Qt Creator 的菜单的"文件→新建文件或项目"打开新建对话框，选择其中"应用程序"项目的 Qt Widgets Application 选项建立名为 3_5 的工程。在设置"类信息"的界面选择基类名为 QDialog，同时取消勾选"创建界面"项目。

第 2 步，在对话框中添加控件。

在 dialog.h 文件头部添加包含文件，加入如下代码：

```
#include <QLabel>
#include <QPushButton>
```

在 dialog.h 文件尾部添加如下声明：

```
private:
    QLabel * label;
    QPushButton * btn;
```

在 dialog.cpp 文件的构造函数添加如下代码，从而生成控件：

```
resize(300,300);
label=new QLabel("label",this);
btn=new QPushButton("Click Me",this);
label->move(150,150);
btn->move(125,110);
```

第 3 步，关联按钮的信号和标签的槽。

在 dialog.cpp 文件的构造函数添加如下代码：

```
connect(btn,SIGNAL(clicked()),label,SLOT(close()));
```

至此就完成了程序编写，保存、编译、运行之后单击按钮即可看到标签控件消失了。

3.5　如何发现程序的错误

程序中的错误有两种：编码语法错误、程序逻辑错误。

(1) 编码语法错误问题。如果有这类问题，编译系统根本无法完成程序的编译，因为有一些它不认识的语法。这时编译系统会给出具体的错误提示。在图 3-9 中，编程人员误将标签 QLabel 写成 QLable，这时系统会给出错误指示，如图 3-9 所示。在 QtCreator 下部的问题窗口可以双击错误条目，从而显示错误的具体信息。这种错误需要程序员分析代码的语法，找到写错的地方。

(2) 程序逻辑错误问题。如果有这类问题，有时候程序编译可以完成，但是运行结果不对。这时就要分析程序的逻辑，看看是算法问题还是代码实现有缺陷。

一种简单直接的查找错误的方法是：在适当的程序段落中加入一些输出语句，看看这些输出和预想的结果是否一致。可以在程序文件头部加入下列语句：

```
#include <QDebug>
```

而后在需要输出的位置用下面的语法输出：

```
qDebug()<<x<<"  "<<y;
```

这里 x、y 为输出的变量，中间加入一些空格使得结果看起来更清楚。

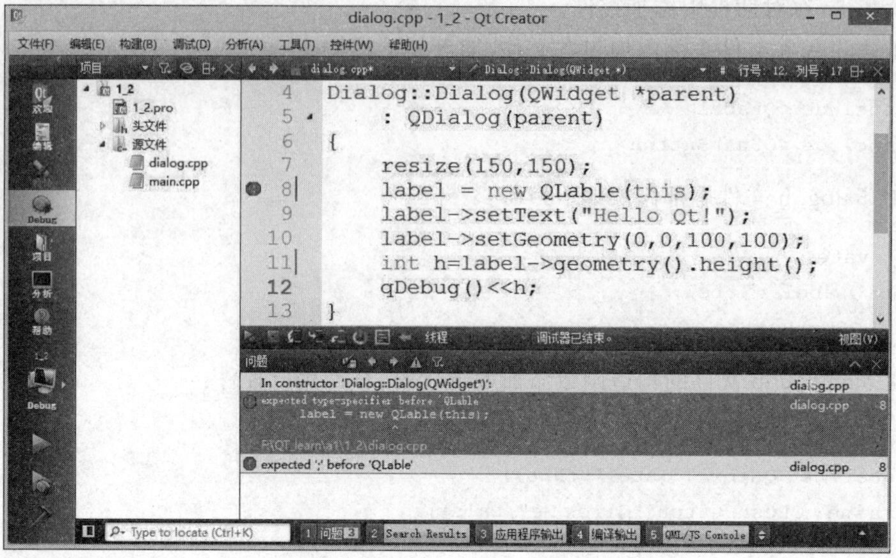

图 3-9　编译无法通过的情况

前面的例 3-4 就用了这种方法。

3.6　字符类和字符串类

Qt 对基本的字符类型和字符串进行了包装，将它们包装成两个功能全面的类——QChar 类和 QString 类。利用类中定义的方法，程序员可以快速实现目标。本节简单介绍这两个类。

3.6.1　字符类 QChar

QChar 类是 Qt 中用于表示一个字符的类，包含在 QtCore 共享库中。QChar 类用两个字节的 Unicode 编码来表示一个字符。

1. 构造函数

QChar 类提供了多个不同原型的构造函数以方便使用，例如：

QChar()，构造一个空字符，即'\0'。

QChar(char ch)，由字符数据 ch 构造。

QChar(uchar ch)，由无符号字符数据 ch 构造。

QChar(ushort code)，由无符号短整形数据 code 构造，code 是 Unicode 编码。

QChar(short code)，由短整形数据 code 构造，code 是 Unicode 编码。

QChar(uint code)，由无符号整型数据 code 构造，code 是 Unicode 编码。

QChar(int code)，由整型数据 code 构造，code 是 Unicode 编码。

实际使用时很少直接构造 QChar 类的对象，而是把这些构造函数当做类型转换来用，让编译器自动构造所需的 QChar 类对象。也就是说，在所有需要 QChar 类作为参数的地方都可以安全地使用各种整数类型。

2. 判断字符某种特性的函数

QChar 类提供了很多成员函数，可以对字符的类型进行判断，例如：

bool isDigit() const，判断是否十进制数字('0'～'9')。

bool isLetter() const，判断是否字母。

bool isNumber() const，判断是否数字，包括正负号、小数点等。

bool isLetterOrNumber()，判断是否字母或数字。

bool isLower() const，判断是否小写字母。

bool isUpper() const，判断是否大写字母。

bool isNull() const，判断是否空字符'\0'。

3. 字符转换函数

QChar 类提供了一些成员函数进行数据的转换，例如：

char toAscii() const，得到字符的 ASCII 码。

QChar toLower() const，转换成小写字母。

QChar toUpper() const，转换成大写字母。

ushort unicode() const，得到 Unicode 编码。

注意，这几个函数都不会改变对象自身，转换的结果通过返回值得到。

4. 字符比较

QChar 对象可以直接使用符号!=、<、<=、==、>、>=比较两个对象的大小，这一点和 C/C++ 语言完全一样。比较的结果等同于两个对象转换成 ASCII 码后的比较结果，例如有如下定义：

```
QChar c1('x'), c2('y');
char ch1='x', ch2='y';
```

则 c1<c2 和 ch1<ch2 的结果相同，都是 false。

3.6.2 字符串类 QString

因为本书很多程序的输出都涉及字符串，所以这里着重讲一下 QString 类，该类用于表示和操作字符串。字符串是很常用的一个数据结构，在很多编程语言中，例如 Java、Python 甚至脚本语言中，都把字符串类作为一种基本的类来实现。在 C++ 标准中的标准模板库(STL)里也定义了字符串 string 类，而 Qt 本身就是基于 C++ 的，在编程时当然可以使用 string 类型(要包含相应的头文件)，但是由于历史及其他方面的原因，在使用 Qt 编程时，Qt 库中的 QString 类更为常用。

QString 中每个字符以 16 位 Unicode 进行编码。平常用的 ASCII 等一些编码集都是 Unicode 编码的子集。在使用 QString 的时候，不需要担心内存分配以及关于是否以'\0'结尾的问题(C 语言字符串，即字符数组以'\0'结尾)，QString 类自身会解决这些问题。与 C 语言风格的字符串不同，用 QString 表示的字符串中间可以包含'\0'符号，而 length 函数则会返回整个字符串的长度，而不是从开始到'\0'的长度。

1. 字符串初始化

QString 初始化常用方式如下：

```
QString str;                    //空串
QString str="Hello";            //初始化为 Hello
QString str('A');               //用一个字符初始化
QString str(str2);              //用另一个字符 str2 初始化 str,复制到 str 中
```

2. 字符串赋值

利用＝可以将一个串赋值给另一个变量，例如：

```
QString str="Hello", str2;
str2=str;                       //等价于 str2="Hello"
```

3. 利用[]取得或修改一个字符

对于字符串 str，str[0]，str[1]，…就是字符串在下标位置 0，1，…位置的字符，可以获取或修改某个位置的数据，例如：

```
QString str="abcd";
str[0]='x';                     //变为"xbcd"
str[1]=str[0] ;                 //变为"xxcd"
```

4. 字符串比较大小

如果要比较两个字符串的大小，可以使用 ＞、＜、＞＝、＜＝、＝＝，例如：

```
if(str ==str2) { … }
```

或者

```
if(str >str2) { … }
```

判断字符串大小的方式和 C/C++ 语言一样，都是按照字典序比较(前面小，后面大)。

5. 加法运算

QString 重载了＋和＋＝运算符。这两个运算符可以把两个字符串连接到一起。QString 可以自动地对占用的内存空间进行扩充。下面是这两个操作符的使用：

```
QString str="Jiaotong ";
```

```
str +="University"+"\n";      //str 为 "Jiaotong University\n"
```

6. 在头部、尾部添加字符串

append 函数在字符串尾部添加另一个串，例如：

```
QString str="Jiaotong ";
str.append("University\n"); //str 为 "Jiaotong University\n"
```

prepend 函数则在字符串头部添加另一个串，例如：

```
QString str="Jiaotong University";
str. prepend ("Xi'an ");       //str 为 "Xi'an Jiaotong University"
```

7 插入子串

insert 函数用于在某个下标位置插入一个串，例如：

```
QString str="Meal";
str.insert(1, QString("ontr"));          //在下标 1 处插入
```

结果 str 为"Montreal"。

8. 删除子串

remove 函数用于删除字符串中的一部分，例如：

```
QString s="Montreal";
s.remove(1, 4);                  //s 结果是"Meal"
```

这里删除从下标 1 开始的 4 个字符。

9. 替换子串

replace 函数可以将字符串的一部分替换为其他字符串，例如：

```
QString str="rock and roll";
//将第 5 号下标位置开始的 3 个字符去掉，换为"&"
str.replace(5, 3, "&");         //str 为"rock & roll"
```

或者

```
QString str="colour behaviour flavour neighbour";
str.replace(QString("ou"), QString("o"));     //将所有 ou 换成 o
```

结果 str 为"color behavior flavor neighbor"。

10. 获取子串

mid 函数可以截取子串，例如：

```
QString x="Nine pineapples";
QString y=x.mid(5, 4);            //y=="pine"
QString z=x.mid(5);               //z=="pineapples"
```

mid 函数接受两个参数,第一个是起始位置,第二个是取串的长度。如果省略第二个参数,则会从起始位置截取到末尾。正如上面的例子显示的那样。

left 函数和 right 函数也可以截取一段子串,都接受一个 int 类型的参数 n。不同之处在于,left 函数从左侧截取 n 个字符,而 right 从右侧开始截取。下面是 left 的例子:

```
QString s1="Pineapple";
QString s2=s1.left(4);            //s2 为 "Pine"
```

11. 查找子串位置

indexOf 函数返回子串在原始字符串中的位置,例如:

```
QString x="sticky question";
QString y="sti";
x.indexOf(y);                     //返回第一个子串下标 0
x.indexOf(y, 1);                  //从 1 之后查找 y,返回第二个子串下标 10
x.indexOf(y, 11);                 //从 11 之后查找 y,未找到返回 -1
```

12. 检测字符串是否以特定的串开始或结尾

函数 startsWith 和 endsWith 可以检测字符串是否以某个特定的串开始或结尾,例如:

```
if (url.startsWith("http:") && url.endsWith(".png")) {   …   }
```

这段代码等价于

```
if (url.left(5) =="http:" && url.right(4) ==".png") {   …   }
```

13. 字符串格式化

QString 提供了 sprintf 函数,可以将一些变量或数据进行格式化并写入字符串,例如:

```
str.sprintf("%s %.1f%%", "perfect ratio: ", 96.3);
```

该语句执行后 str 变为"perfect ratio: 96.3%"。这里引号内的格式同 C 语言的 printf 的格式一样,例如%d 表示输出整数,%s 表示输出字符串,%f 表示输出浮点数,%%表示输出一个百分号。不过 QString 还提供了另一个格式化字符串输出的函数 arg,例如:

```
str=QString("%1 (%2s-%3s)").arg("society").arg(1950).arg(1970);
```

这段代码中%1、%2、%3 作为占位符,将被后面的 arg 函数中的内容依次替换,例如%1

将被替换成 society，%2 将被替换成 1950，%3 将被替换成 1970。最后，这句代码输出为 society (1950s-1970s)。arg 函数比 sprintf 更安全，因此建议使用 arg 函数。

14. 数字型字符和数字之间相互转换

使用静态函数 number 可以把数字转换成字符串。例如：

```
QString str=QString::number(54.3);
```

而一系列 to 开头的函数则可以将字符串转换成其他基本类型，例如 toInt、toDouble、toLong 等。这些函数都接受一个 bool 指针作为参数，函数结束之后将根据是否转换成功将该 bool 变量赋值为 true 或者 false，返回值为数字，例如：

```
QString str="3.1415";
bool ok;
//str 被转换成数字,ok 为 true 表示转换成功
double d=str.toDouble(&ok);        //d 为 3.1415
```

15. 去掉左右两端的空格

trimmed 函数去除字符串两侧的空白字符。注意，空白字符包括空格、制表符(tab)以及换行符，而不仅仅是空格。用法为 str.trimmed()。

16. 字符大小写转换

toLower 和 toUpper 函数会将字符串分别转换成小写和大写字符串。用法为 str.toLower()和 str.toUpper()。

17. 判断是否为空串

isEmpty 函数判断一个串是否为空，即是否为""。用法为 str.isEmpty()。

18. 空白字符缩减

simplified 函数可以将串中所有连续的空白字符替换成一个，并且把两端的空白字符去除，例如" \t "会返回一个空格" "。用法为 str.simplified()。

19. 求长度

length 函数用于求一个 QString 对象的长度。用法为 str.length()。

习题 3

1. 请对比用无 UI 向导方式和用有 UI 的向导自动建立基于 QDialog 的程序时，编译运行后工程目录中各有哪些不同的文件，哪些文件是自动生成的，这些自动生成的文件是如何被 main 函数使用的。

2. 例 3-5 中的标签 QLabel 对象可以通过 setText 函数设置显示内容，并且 setText 函数本身是一个槽函数，可以接收信号。仿照例 3-5 编写程序，标签对象初始显示 0，每次单击标签对象后，其显示内容就加 1，依次变为 1、2、3 等。

3. QString 练习。从键盘输入一些字符串，有小写字母串、大写字母串以及多个数字形式的字符串，将它们分别变为大写、小写、整数、实数类型，并将数字全部相加。利用 QDebug 输出转换结果。

4. QString 练习。输入一个有空格的串 S，利用函数去掉左右的空格，再输入一个子串 t，查找 S 中包含的所有 t 的起始位置，再从 S 中删除所有的子串 t。

第4章 基本窗口及控件

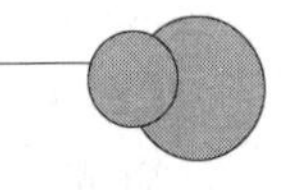

4.1 基本窗口类 QWidget

QWidget 是所有窗体部件的基类，例如对话框类、主窗体类，以及其他诸如按钮、编辑框、标签等都由 QWidget 派生得到。QWidget 拥有的方法往往都可以在其他子类中使用。

窗体的几何尺寸分为包含边框和标题、不包含边框与标题两种。图 4-1 给出了详细说明。其中 x 轴向右为正向，y 轴向下为正向，原点在窗体左上角。

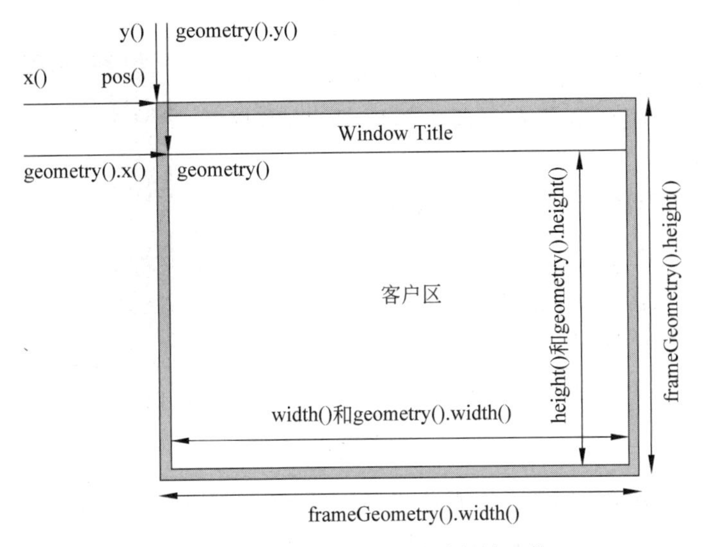

图 4-1　窗口位置与几何尺寸相关函数

以下是一些常用函数。

(1) 包括窗框(即整个窗口)的函数。

x()，y()，pos()：获取左上角坐标。

frameGeometry()：获取窗体尺寸(返回一个矩形 QRect)。

move()：移动窗体到某个位置。

(2) 不包括窗框(即客户区域)的函数。

geometry()：获取客户区尺寸(返回一个矩形 QRect)。

width()，height()：获取客户区宽度、高度。

setGeometry()：设置窗体在屏幕中的位置。

【例 4-1】 窗体几何尺寸的设置和获取。

首先，建立一个基于 QWidget 的无 UI 设计界面的 Qt Widgets Application 应用。在 main. cpp 文件头部添加

```
#include <QDebug>
```

然后，修改主函数 main. cpp 文件如下：

```
int main(int argc, char *argv[])
{
    QApplication a(argc, argv);
    Widget w;
    w.show();
    w.setGeometry(50,50,200,200);          //设置窗体客户区位置、大小
    qDebug()<<w.x()<<" "<<w.y();
    qDebug()<<w.geometry().width()<<" "<<w.frameGeometry().width();
    qDebug()<<w.geometry().height()<<" "<<w.frameGeometry().height();
    return a.exec();
}
```

运行上面的程序，会显示一个窗口，如图 4-2 所示。它的客户区左上角距离屏幕左上角边界均为 50，客户区长和宽均为 200。

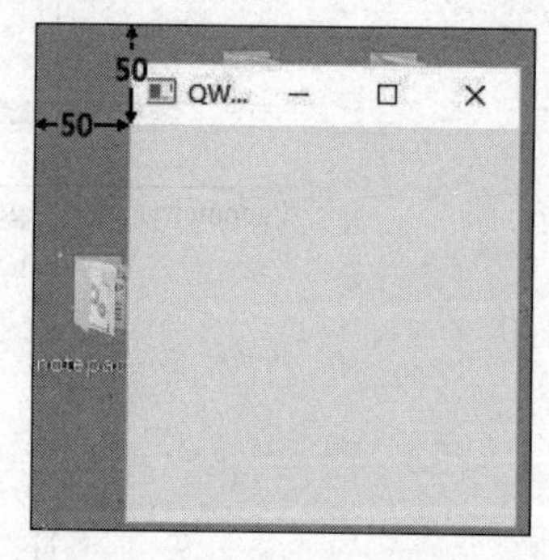

图 4-2 窗口在屏幕上的位置

除此之外，在 Qt Creator 的信息输出区得到下列输出：

```
Starting F:\a2\build-ww1-Desktop_Qt_5_3_MinGW_
32bit-Debug\debug\21.exe...
42 19
200 216
200 239
```

这里(42，19)是窗体框架左上角的坐标，它在客户区的左上角(50,50)的左上方。而显示器左上角是原点。setGeometry 函数设置客户区在屏幕上的位置以及宽度、高度。

下面的例子说明了如何设置窗体的标题及最大、最小尺寸。

【例 4-2】 窗口标题及大小控制。

首先，建立一个基于 QWidget 的有 UI 设计界面的 Qt Widgets Application 应用。然后，修改 Widget. cpp 文件的构造函数如下：

```
Widget::Widget(QWidget *parent) : QWidget(parent), ui(new Ui::Widget)
{
    ui->setupUi(this);
    this->setWindowTitle("Qt5.3 窗体应用");        //窗体标题
```

```
    this->setMaximumSize(400,400);                //窗体最大 400×400
    this->setMinimumSize(300,300);                //窗体最小 300×300
}
```

这里的 setWindowTitle、setMaximumSize、setMinimumSize 一般仅用于主窗口设置。

4.2 窗口控件类概览

Qt 设计师中提供了大量窗体控件，从而使开发者可以很方便地利用可视化方式设计图形用户界面。表 4-1 列出了一些主要的控件，它们主要分为以下几类：

(1) 按钮类，如 Push Button、Tool Button、Radio Button、Check Box 等。

(2) 输入控件类，如 Combo Box、Font Combo Box、Line Edit、Text Edit、Spin Box、Horizontal Scroll Bar、Vertical Scroll Bar、Horizontal Slider、Vertical Slider 等。

(3) 信息展示类，如 Label、Progress Bar、LCD Number 等。

(4) 项目浏览类，如 List Widget、Table Widget、Tree Widget 等。

表 4-1 主要控件的图标、名称及其对应的类

图标	英文名称	中文名称	C++ 类名
	Push Button	(下压)按钮	QPushButton
	Tool Button	工具栏按钮	QToolButton
	Radio Button	单选按钮	QRadioButton
	Check Box	复选框	QCheckBox
	Combo Box	组合框	QComboBox
	Font Combo Box	字体选择框	QFontComboBox
	Line Edit	单行文本框	QLineEdit
	Text Edit	多行文本编辑框	QTextEdit
	Spin Box	数字旋钮	QSpinBox
	Horizontal Scroll Bar	水平滚动条	QScrollbar
	Vertical Scroll Bar	垂直滚动条	QScrollbar
	Horizontal Slider	水平滑杆	QSlider
	Vertical Slider	垂直滑杆	QSlider
	Label	标签控件	QLabel
	Progress Bar	进度条	QProgressBar
	List Widget	列表控件	QListWidget
	Tree Widget	树形控件	QTreeWidget
	Table Widget	表格控件	QTableWidget

续表

图标	英文名称	中文名称	C++ 类名
	LCD Number	LCD 数字显示框	QLCDNumber
	Group Box	分组控件	QGroupBox
	Tool Box	工具箱控件	QToolBox
	Tab Widget	选项卡窗体	QTabWidget
	Dock Widget	停靠窗体	QDockWidget

每一种控件都有一个 C++ 控件类与之对应，如表 4-1 所示。每次拖动一个控件到设计器主窗体中，就意味着向主窗体对象添加了一个控件类对象。当然，控件对象也可以通过编写代码的方式添加到主窗口。

4.3 标签

标签(QLabel)一般用于显示简单的文本。例如：

```
QLabel * label=new QLabel(this);
label->setGeometry(10,10,150,80);
label->setText("Label");
//设置文本对齐方式。多个参数用"|"分隔
label->setAlignment(Qt::AlignHCenter|Qt::AlignVCenter);
```

标签文本对齐方式定义如下：

AlignTop，将文本添加到 QLabel 对象的上部。

AlignButton，将文本添加到 QLabel 对象的下部。

AlignLeft，沿着 QLabel 对象的左边添加文本。

AlignRight，沿着 QLabel 对象的右边添加文本。

AlignHCenter，将文本添加到 QLabel 对象水平中心的位置。

AlignVCenter，将文本添加到 QLabel 对象的垂直中心位置。

AlignCenter，与 AlignVCenter 和 AlignHCenter 的设置结果相同。

也可以使用 QLabel 显示位图。这一功能由 QLabel::setPixmap 函数实现。setPixmap 可以显示 X11 系统(UNIX 和 Linux 上的常见视窗系统)中标准的 xpm 位图。

【例 4-3】 用标签显示位图。

第 1 步，建立一个基类为 QWidget 的应用。

第 2 步，修改 main 函数如下：

```
#include "widget.h"
#include <QApplication>
#include <QLabel>
#include <QImage>
```

```
int main(int argc, char *argv[])
{
    QApplication a(argc, argv);
    Widget w;
    QLabel *pTag=new QLabel(&w);                                   //创建标签
    QImage image("d:/img.jpg");                                    //创建 image 对象
    pTag->setPixmap(QPixmap::fromImage(image));                    //设置标签位图
    pTag->setGeometry(0,0,image.width(),image.height()); //设置大小
    w.show();
    return a.exec();
}
```

编译运行结果如图 4-3 所示。

图 4-3　用标签显示位图

这个例子用 QImage 对象载入 D 盘根目录下的 jpg 文件，再利用 QPixmap::fromImage 静态函数将 jpg 格式转换为 xpm 格式，然后用 setPixmap 函数设置标签位图。

4.4　按钮

对于普通按钮(QPushButton)而言，可以设置图标、文字、显示状态等。

【例 4-4】　按钮的使用。

第 1 步，建立一个基类为 QDialog 的应用，在创建过程中取消 UI 界面设计文件。

第 2 步，修改 dialog.h 文件如下：

```
#include <QDialog>
#include <QPushButton>              //添加头文件
class Dialog : public QDialog
{
    Q_OBJECT
    //添加两个按钮指针
    QPushButton *pushButton1;
    QPushButton *pushButton2;
```

```
    ...                                  //其余不变
};
```

第3步，打开“新建”菜单，选择Qt→“Qt资源文件”，在工程项目中添加资源文件，这里命名为button.qrc(可任取)。

第4步，在工程目录中添加文件夹rc，然后将两个图标文件open.ico、play.ico放入其中(ico图标文件可以用专门软件生成)。

第5步，在button.qrc项目上右击，在弹出的菜单选择“添加现有文件”(见图4-4)，将rc目录下的图标open.ico、play.ico分别添加到工程项目中。

第6步，修改dialog.cpp文件的Dialog类构造函数：

```
Dialog::Dialog(QWidget *parent) : QDialog(parent)
{
    resize(150,150);                                //设置主窗体大小
    pushButton1=new QPushButton(this);              //新建按钮
    QIcon icon1(":/rc/play.ico");                   //定义图标对象
    pushButton1->setIcon(icon1);                    //设置按钮的图标
    pushButton1->setGeometry(20, 20, 70, 40);
    pushButton2=new QPushButton(this);
    QIcon icon2(":/rc/open.ico");
    pushButton2->setIcon(icon2);
    pushButton2->setFlat(true);                     //将按钮设置为平面显示
    pushButton2->setText("Open");                   //设置按钮的文本信息
    pushButton2->setGeometry(20, 70, 70, 40);
}
```

编译运行，结果如图4-5所示。这里play图标背景为透明，所以看到的三角形周边颜色与背景一致。而open图标背景有颜色，因而看出open图标周围的颜色与背景不同。

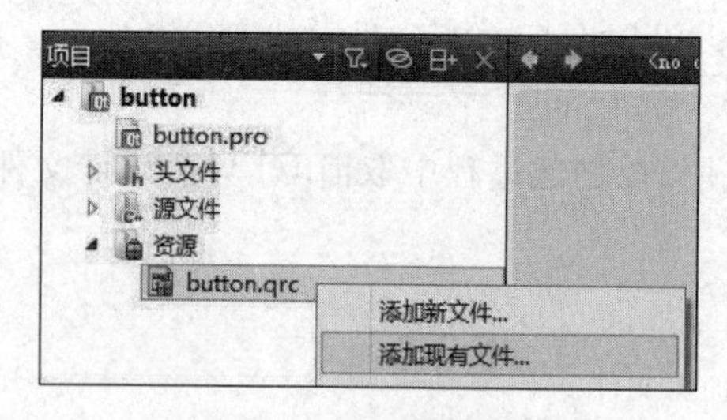

图4-4 添加资源文件

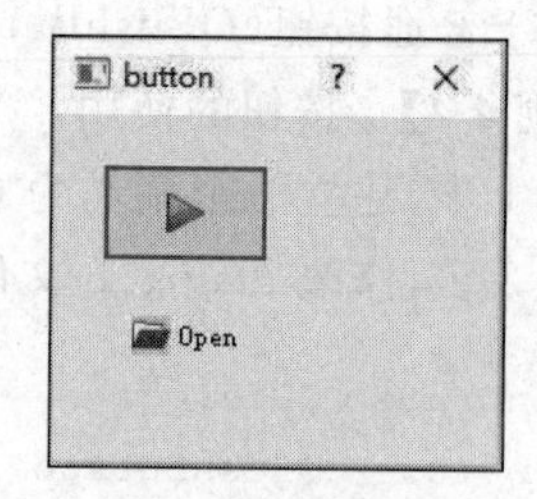

图4-5 按钮示例

有些时候，需要使用两种状态的按钮，即按一次按钮下压，再按一次按钮恢复。如果要使按钮2变为这种按钮，只要在dialog.cpp的构造函数尾部添加下面的语句即可：

```
pushButton2->setCheckable(true);
```

4.5 单选按钮、复选框

单选按钮(QRadioButton)用于在众多选项中选择一项,复选框(QCheckBox)用于在众多选项中同时选择多项。

【例4-5】 单选按钮、复选框的使用。

第1步,建立一个基于QWidegt类的有UI设计界面的应用程序。工程中有文件main.cpp、widget.h、widget.cpp、widget.ui。

第2步,在UI设计器中放入两个单选按钮、两个复选框、两个标签,如图4-6所示。选中每一个单选按钮和复选框控件,在控件的属性窗口可以修改该控件属性。这些属性包括设置控件的最大尺寸(maximumSize)、最小尺寸(minimumSize)、对象名称(objectName)、文本显示(text)等。其中objectName就是某个控件类的对象名,在编程时使用;而text属性则可以是窗口标题、文本框初始内容、按钮上的文字、标签中的文字、单选按钮或复选框中显示的文字。

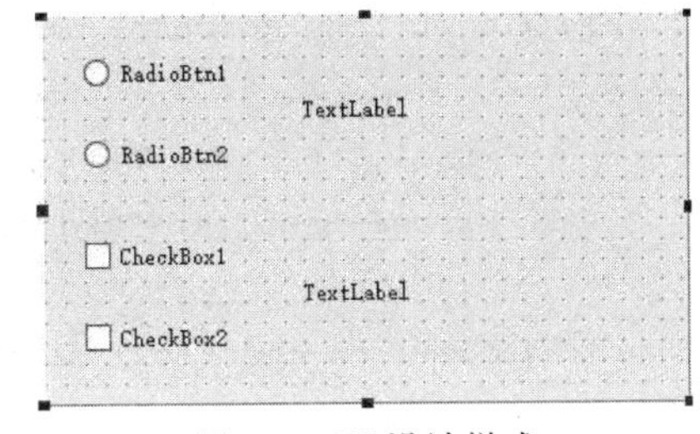

图4-6 UI设计样式

在本例中,修改单选按钮和复选框的objectName和text属性如下:

- 两个单选按钮的objectName改为radioBtn1、radioBtn2。
  两个单选按钮的文本text改为RadioBtn1、RadioBtn2。
- 两个复选框的objectName改为checkBox1、checkBox2。
  两个复选框的文本text改为CheckBox1、CheckBox2。
- 两个标签的objectName改为label、label_2。

本例实现的功能说明:

- 单击选中一个RadioButton时,Label显示选中状态。
- 单击选中一个CheckBox时,Label_2显示当前所有选中的状态。

在这里使用Qt Creator自动生成的槽函数,不再自己写信号与槽函数的映射。方法是:右击想添加槽的控件,在弹出的菜单中选中"转到槽",选择槽函数所对应的信号函数,确定后就会自动产生槽函数的声明和定义框架。例如,右击RadioBtn1,在弹出的菜单中选中"转到槽",就可在图4-7所示的对话框中选择信号。槽函数将自动生成。

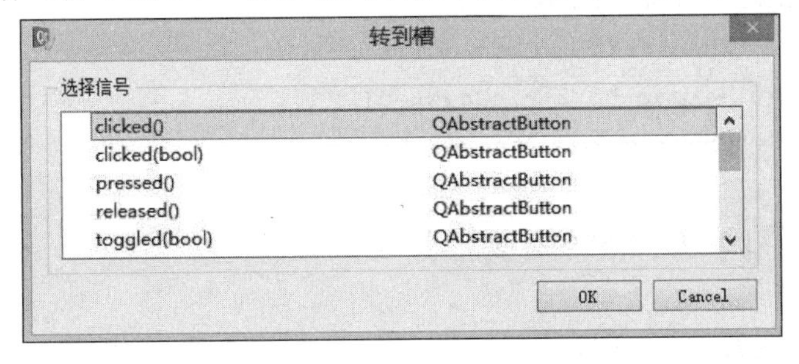

图4-7 "转到槽"对话框

按照同样的方法将其余几个单选按钮和复选框控件都添加上对应的槽，并在各个函数中添加如下代码（这些代码都包含在文件 widget.cpp 中）：

```
void Widget::on_radioBtn1_clicked()
{
    ui->radioBtn1->setChecked(true);
    ui->label->setText("RadioButton1 is checked!");
}
void Widget::on_radioBtn2_clicked()
{
    ui->radioBtn2->setChecked(true);
    ui->label->setText("RadioButton2 is checked!");
}
void Widget::on_checkBox1_clicked()
{
    this->displayCheckBox();
}
void Widget::on_checkBox2_clicked()
{
    this->displayCheckBox();
}
```

同时，在 widget.h 中添加函数说明：

```
void displayCheckBox();
```

在 widget.cpp 中添加函数实现：

```
void Widget::displayCheckBox()
{
    QString str="";
    if(ui->checkBox1->isChecked() && ui->checkBox2->isChecked())
    {
        str="CheckBox1 is Checked!\nCheckBox2 is Checked!";
    }else if(ui->checkBox1->isChecked()) {
        str +="CheckBox1 is Checked!";
    }else if(ui->checkBox2->isChecked()) {
        str +="CheckBox2 is Checked!";
    }
    ui->label_2->setText(str);
}
```

编译、运行结果如图 4-8 所示。

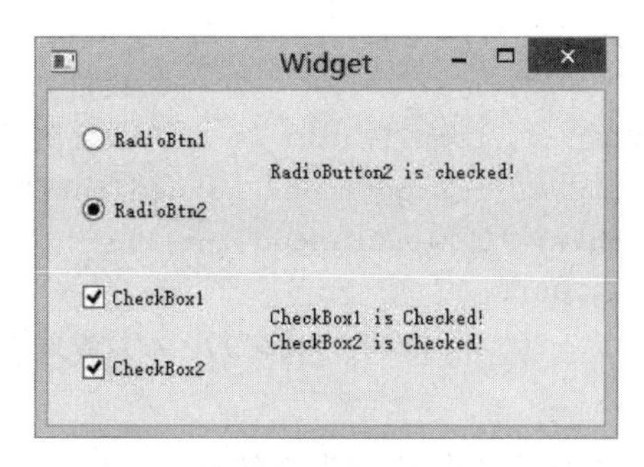

图 4-8　单选按钮、复选框应用示例

4.6　组合框

组合框(QComboBox)又称为下拉列表框，如果窗口上没有足够的空间来显示所有项目，用组合框是一种很好的选择。

【例 4-6】　组合框的使用。

第 1 步，建立一个基于 QDialog 类的应用程序。创建时取消 UI 界面文件。

第 2 步，修改 dialog. h 文件如下：

```
#include <QDialog>
#include <QComboBox>                              //添加头文件
class Dialog : public QDialog
{
   Q_OBJECT
public:
   Dialog(QWidget * parent=0);
   ~Dialog();
public slots:
   void onChanged(int index);                     //定义槽函数
private:
   QComboBox * comBox;                            //定义组合框指针
};
```

第 3 步，在工程目录下放入图标 www. ico、ftp. ico，打开“新建”菜单，选择 Qt→“Qt 资源文件”建立资源文件 net. qrc，向 net. qrc 中添加文件 www. ico、ftp. ico 图标文件。

第 4 步，在 dialog. cpp 文件中修改 Dialog 类的构造函数如下：

```
Dialog::Dialog(QWidget * parent):QDialog(parent)
{
   comBox=new QComboBox(this);                    //创建组合框
   comBox->setGeometry(20,20,100, 30);
   QIcon icon1(":/ftp.ico");
   comBox->addItem(icon1, "ftp");                 //设置图标和文字
```

```
    QIcon icon2(":/www.ico");
    comBox->addItem("www");                        //设置文字
    comBox->setItemIcon(1, icon2);                 //设置图标
    connect(comBox, SIGNAL(currentIndexChanged(int)),
                    this, SLOT(onChanged(int)));
    this->resize(200, 200);
    this->setWindowTitle("QComboBoxDemo");  //设置窗体标题
}
```

第 5 步,在 dialog. cpp 头部添加包含的头文件:

```
#include <QMessageBox>
```

在 dialog. cpp 中添加 onChanged 函数实现:

```
void Dialog::onChanged(int index)
{
    QMessageBox::warning(this, "消息", comBox->itemText(index),
                                        QMessageBox::Ok);
}
```

编译运行,结果如图 4-9 所示。当通过下拉列表框重新选择一个选项时,会产生一个 currentIndexChanged(int index)信号,该信号由槽函数 onChanged 处理,会弹出一个消息框提示你重新选择了哪一项。

这里使用了消息对话框类 QMessageBox,QMessageBox::warning 函数的参数依次是父窗口指针、标题、显示信息、按钮设定。

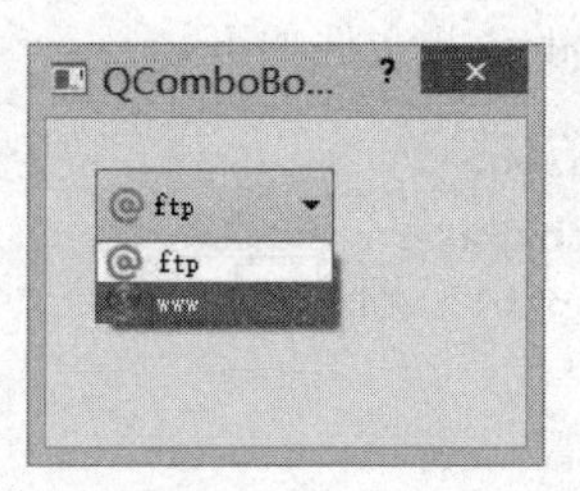

(a) 选择一个新的项目

(b) 弹出一个消息框

图 4-9 组合框应用示例

4.7 列表框

利用 QListWidget 可以展示一个列表视图。

【例 4-7】 组合框的使用。

第 1 步,建立一个基于 QWidget 类的应用程序。创建时取消 UI 界面文件。

第 2 步,在工程中建立 images 目录,添加 4 个文件:line. png、rect. png、oval. png、triangle. png。

第 3 步,打开"新建"菜单,选择 Qt→"Qt 资源文件"建立资源文件 img. qrc,向 img. qrc 中添加 images 目录下的 4 个位图文件。

第 4 步,修改 widget. h 文件如下:

```
#include <QWidget>
#include <QLabel>
```

```
#include <QListWidget>
class Widget : public QWidget
{
    Q_OBJECT
private:
    QLabel *label;                          //定义标签指针
    QListWidget *list;                      //定义列表框指针
public:
    Widget(QWidget *parent=0);
    ~Widget();
};
```

第 5 步，在 widget.cpp 文件中修改 Widget 类的构造函数如下：

```
Widget::Widget(QWidget *parent): QWidget(parent)
{
    label=new QLabel(this);                 //创建标签
    label->setFixedWidth(70);               //设置标签宽度
    list=new QListWidget(this);             //创建列表框
    //添加 4 条记录
    list->addItem(new QListWidgetItem(QIcon(":/img/line.png"), tr("Line")));
    list->addItem(new QListWidgetItem(QIcon(":/img/rect.png"), tr("Rectangle")));
    list->addItem(new QListWidgetItem(QIcon(":/img/oval.png"), tr("Oval")));
    list->addItem(new QListWidgetItem(QIcon(":/img/triangle.png"),tr("Triangle")));
    label->setGeometry(20,20,80,20);
    list->setGeometry(20,50,200,100);
    //关联列表和标签
    connect(list, SIGNAL(currentTextChanged(QString)), label, SLOT(setText
    (QString)));
}
```

编译运行，结果如图 4-10 所示。

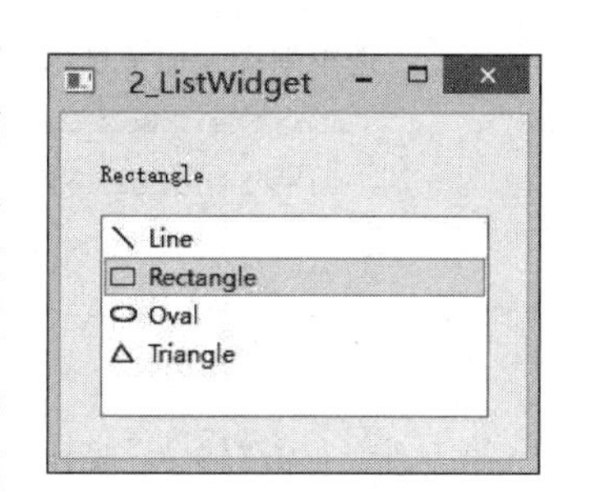

图 4-10　列表框应用示例

QListWidget 对象很简单，只需使用 new 运算符创建出来，然后调用 addItem 函数即可将 item 添加到这个对象中。添加的对象是 QListWidgetItem 的指针，它有 4 个重载的函数，我们使用的是其中的一个，它接受两个参数，第一个是 QIcon 引用类型，作为 item 的图标，第二个是 QString 类型，作为这个 item 后面的文字说明。也可以使用 insertItem 函数在特定的位置动态地增加 item，具体使用请查阅 API 文档。最后，将这个 QListWidget 对象的 currentTextChanged 信号同 QLabel 的 setText 连接起来。这样，在单击某一项的时候，label 上面的文字就可以改变了。

4.8 单行编辑框

单行编辑框(或单行文本框) QLineEdit 用于输入一行文字,可限制文字长度、设置只读方式等。

【例 4-8】 单行编辑框的使用。

第 1 步,建立一个有 UI 界面文件的基于 QWidget 类的应用程序。

第 2 步,修改 widget. ui 界面,放入两个 Check Box,在属性栏修改其显示文字为"只读""加密显示";再放入一个 Push Button(修改其文字为"输入")、一个 Line Edit 和一个 Label,界面如图 4-11 所示。

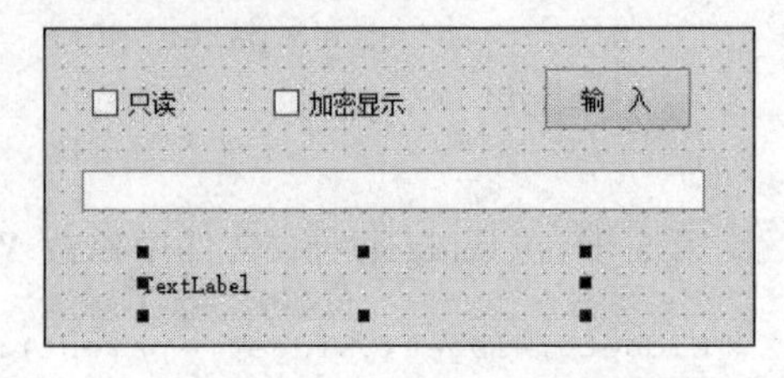

图 4-11 行编辑框示例 UI 设计界面

第 3 步,右击"只读"复选框,在弹出的菜单中选择"转到槽",在 widget. cpp 的槽函数中添加代码如下:

```
void Widget::on_checkBox_clicked()
{
    if(ui->checkBox->isChecked())
        ui->lineEdit->setReadOnly(true);      //选中则设为只读
    else
        ui->lineEdit->setReadOnly(false);     //没选中则取消只读
}
```

第 4 步,右击"加密显示"复选框,在弹出的菜单中选择"转到槽",在 widget. cpp 的槽函数中添加代码如下:

```
void Widget::on_checkBox_2_clicked()
{
    //选中则设为加密显示,否则为正常显示
    if(ui->checkBox_2->isChecked())
        ui->lineEdit->setEchoMode(QLineEdit::Password);
    else
        ui->lineEdit->setEchoMode(QLineEdit::Normal);
}
```

第 5 步,右击"输入"按钮,在弹出的菜单中选择"转到槽",在 widget. cpp 的槽函数中添加代码如下:

```
void Widget::on_pushButton_clicked()
{
    ui->label->setText(ui->lineEdit->text());       //将编辑框内容显示在标签中
}
```

编译运行,结果如图 4-12 所示。先在编辑框输入一些文字,单击“输入”按钮会将编辑框内容显示在标签中。

图 4-12 行编辑框应用示例

4.9 滑动条

滑动条(QSlider)用一个带有轨道和滑标的小窗口,让用户选择一个连续数值区间中的一个数值。滑动条可以是垂直方向的,也可以是水平方向的。也可以标注刻度。

【例 4-9】 滑动条的使用。

第 1 步,建立一个基于 QDialog 类的应用程序。创建时取消 UI 界面文件。

第 2 步,修改 dialog.h 文件如下:

```
#include <QDialog>
#include <QLabel>
#include <QSlider>
class Dialog : public QDialog
{
    Q_OBJECT
public:
    Dialog(QWidget *parent=0);
    ~Dialog();
public slots:
    void setLabelText(int pos);                    //槽函数
private:
    QLabel *label;
    QSlider *slider;
};
```

第 3 步,在 dialog.cpp 文件中修改 Dialog 类的构造函数如下:

```
Dialog::Dialog(QWidget *parent)
    : QDialog(parent)
{
    this->resize(320, 100);
    slider=new QSlider(Qt::Horizontal, this);      //新建水平方向滑动条
```

```
    slider->setMinimum(0);                                    //设置滑动条的最小值
    slider->setMaximum(300);                                  //设置滑动条的最大值
    slider->setValue(50);                                     //设置滑动条当前值
    slider->update();
    label=new QLabel (this);
    QFont font;
    font.setFamily(QStringLiteral("Arial"));                  //设置标签字体
    font.setPointSize(14);
    label->setFont(font);
    label->setAlignment(Qt::AlignHCenter);                    //对齐方式
    label->setText("50");                                     //设置字体
    label->setGeometry(20,20,50,25);
    slider->setGeometry(80,25,200,20);
    //连接信号与槽
    connect(slider, SIGNAL(valueChanged(int)), this, SLOT(setLabelText (int)));
    this->setWindowTitle("QSliderDemo");                      //设置标题
}
```

第 4 步，在 dialog. cpp 文件中添加 setLabelText 函数如下：

```
void Dialog::setLabelText(int pos)
{
    QString str=QString("%1").arg(pos);
    label->setText(str);
}
```

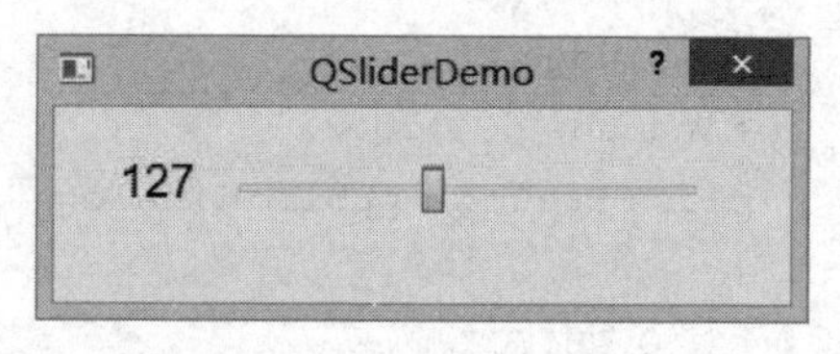

图 4-13　滑动条应用示例

编译运行，结果如图 4-13 所示。

当滑动条的值发生改变时，即产生一个 valueChanged(int) 信号，然后再调用槽函数 setLabelText 设置标签的显示文本。

4.10　进度条

进度条(QProgressBar)用于显示一件比较耗时的事情的完成情况。

【例 4-10】　进度条示例。

第 1 步，建立一个基于 QDialog 类的应用程序。创建时取消 UI 界面文件。

第 2 步，修改 dialog. h 文件如下：

```
#include <QDialog>
#include <QLabel>
#include <QPushButton>
#include <QProgressBar>
class Dialog : public QDialog
```

```
{
    Q_OBJECT
public:
    Dialog(QWidget *parent=0);
    ~Dialog();
private slots:
    void startProgress();                    //槽函数声明
private:
    QLabel *fileNum;
    QProgressBar *progressBar;
    QPushButton *startBtn;
};
```

第3步，修改 dialog.cpp 中的 Dialog 类构造函数：

```
Dialog::Dialog(QWidget *parent): QDialog(parent)
{
    setWindowTitle(tr("Progress"));
    fileNum=new QLabel(this);
    fileNum->setText(tr("复制文件数目: 0"));
    fileNum->setGeometry(20,10,200,18);
    progressBar=new QProgressBar(this);
    progressBar->setGeometry(20,35,200,10);
    startBtn=new QPushButton(this);
    startBtn->setText(tr("开始"));
    startBtn->setGeometry(20,55,80,30);
    connect(startBtn, SIGNAL(clicked()), this, SLOT(startProgress()));
}
```

第4步，在 dialog.cpp 中添加槽函数的实现如下：

```
void Dialog::startProgress()
{
    progressBar->setRange(0, 1000);
    for(int i=1; i <=1000; i++)
    {
        progressBar->setValue(i);
        QString str=QString("%1").arg(i);
        str="复制文件数目: "+str;
        fileNum->setText(str);
    }
}
```

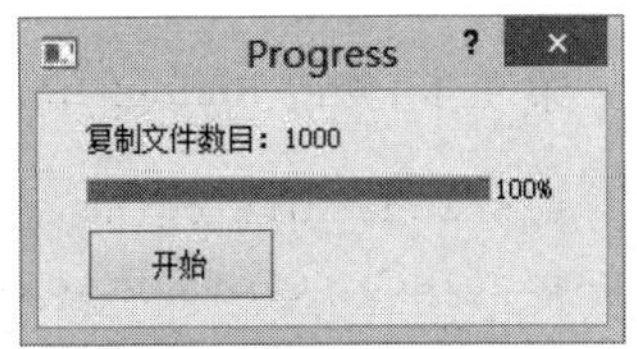

图 4-14 进度条应用示例

编译运行结果如图 4-14 所示。单击“开始”按钮后启动槽函数。在槽函数中，设置进度条从 0% 到 100%，同时标签中模拟显示复制文件数量从 0 到 1000。

4.11 抽屉效果

在微软公司的 Outlook 邮件客户端软件中有一种抽屉效果,即有若干条目并列显示,如图 4-15(a)所示;单击一个条目就将该条目下项目展开,同时其他条目下的项目隐藏,如图 4-15(b)所示。这种效果可以利用 QToolBox 实现。

(a) 启动后的初始状态

(b) 单击Stranger后的状态

图 4-15 抽屉效果示例

【例 4-11】 抽屉效果示例。

第 1 步,建立一个基于 QDialog 类的应用程序。创建时取消 UI 界面文件。

第 2 步,在工程中建立 img 目录,添加图标文件 friend. ico、friend1. ico、friend2. ico、stranger. ico、lisa. ico。打开"新建"菜单,选择 Qt→"Qt 资源文件"建立资源文件 img. qrc,向 img. qrc 中添加 img 目录下的所有图标文件。

第 3 步,修改 dialog. h 文件如下:

```
#include <QDialog>
#include <QToolBox>
class Dialog : public QDialog
{
    Q_OBJECT
    QToolBox * toolBox;                          //添加控件指针
public:
    Dialog(QWidget * parent=0);
    ~Dialog();
};
```

第 4 步,修改 dialog. cpp 中的 Dialog 类构造函数:

```
#include "dialog.h"
#include <QPushButton>
#include <QIcon>
Dialog::Dialog(QWidget * parent) : QDialog(parent)
```

```
{
    toolBox=new QToolBox(this);                    //新建一个 QToolBox
    //新建一个 QWidget,添加到 QToolBox 中
    QWidget * widget=new QWidget(toolBox);
    QIcon iconf1(":/img/friend1.ico");
    QPushButton * button1=new QPushButton(iconf1, "Wind",widget);
    QIcon iconf2(":/img/friend2.ico");
    QPushButton * button2=new QPushButton(iconf2, "Cake",widget);
    widget->setGeometry(0,0,40,80);
    button1->setGeometry(5,5,120,60);
    button2->setGeometry(5,70,120,60);
    //向 QToolBox 中添加第一个抽屉,名字为 Friend
    toolBox->addItem(widget, "Friend");
    QIcon iconFriend(":/img/friend.ico");
    toolBox->setItemIcon(0, iconFriend);      //设置第一个抽屉的图标
    //新建一个 QPushButton 添加到 QToolBox 中
    QIcon iconLi(":/img/lisa.ico");
    QPushButton * buttonStrange=new QPushButton(iconLi, "lisa");
    //向 QToolBox 中添加第二个抽屉,名字为 Strange
    toolBox->addItem(buttonStrange, "Stranger");
    QIcon iconStrange(":/img/stranger.ico");
    toolBox->setItemIcon(1, iconStrange);
    toolBox->setGeometry(0,0,130,200);
    this->resize(130, 200);
    this->setWindowTitle("QToolBoxDemo");
}
```

编译运行,结果如图 4-15 所示。

4.12 选项卡控件

选项卡控件(QTabWidget)用于在一个窗体上切换显示不同的界面。

【例 4-12】 多页面切换效果。

第 1 步,建立一个基于 QDialog 类的应用程序。创建时取消 UI 界面文件。

第 2 步,修改 dialog.h 文件如下:

```
#include <QDialog>
#include <QTabWidget>
class Dialog : public QDialog
{
    Q_OBJECT
    QTabWidget * tabWidget;
public:
    Dialog(QWidget * parent=0);
```

```
    ~Dialog();
};
```

第 3 步，修改 dialog.cpp 中的 Dialog 类构造函数：

```
#include "dialog.h"
#include <QLineEdit>
#include <QPushButton>
#include <QLabel>
Dialog::Dialog(QWidget *parent): QDialog(parent)
{
    tabWidget=new QTabWidget(this);
    //新建第一个页面的部件
    QWidget *widget=new QWidget();
    QLineEdit *lineEdit=new QLineEdit(widget);
    lineEdit->setGeometry(10,10,190,30);
    QPushButton *pushButton=new QPushButton("Test",widget);
    pushButton->setGeometry(10,45,190,30);
    //新建第二个页面的部件
    QLabel *label=new QLabel("Hello Qt");
    label->setAlignment(Qt::AlignHCenter|Qt::AlignVCenter);
    //新建第三个页面的部件
    QPushButton *pushButton3=new QPushButton("Click Me");
    //向 QTabWidget 中添加第一个页面
    tabWidget->addTab(widget, "Tab1");
    //向 QTabWidget 中添加第二个页面
    tabWidget->addTab(label, "Tab2");
    //向 QTabWidget 中添加第三个页面
    tabWidget->addTab(pushButton3, "Tab3");
    tabWidget->setGeometry(0,0,220,150);
    this->resize(220, 150);
    this->setWindowTitle("QTabWidgetDemo");
}
```

编译运行，结果如图 4-16 所示。

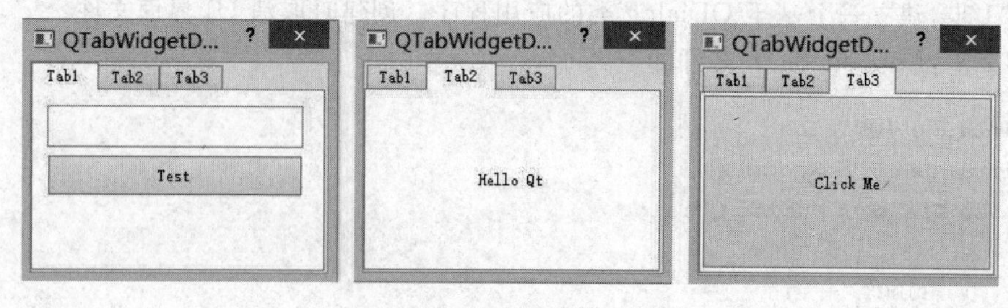

图 4-16　选项卡效果示例

如果想在 Tab1、Tab2 等标签上加图标也是可以的，可以使用 addTab 函数，格式如下：

```
AddTab(控件名,图标名,字符串)
```

图标是 ico 格式的资源。

4.13　层叠窗体

层叠窗体(QStackedWidget)是一种容器，可以将多个窗体界面叠放在一起，需要显示哪一个界面就将它显示出来。前面的选项卡控件是通过单击不同的选项卡标签来改变界面，在层叠窗体中没有这样的控制区域，一般是通过其他控件向层叠窗体发出消息，再调用层叠窗体的函数显示特定窗体界面。

【例 4-13】 层叠窗体控件的使用。

第 1 步，建立一个基于 QDialog 类的应用程序。创建时取消 UI 界面文件。

第 2 步，在 dialog.cpp 添加包含头文件如下：

```
#include "dialog.h"
#include <QListWidget>
#include <QLabel>
#include <QStackedWidget>
```

第 3 步，修改 dialog.cpp 的构造函数：

```
Dialog::Dialog(QWidget *parent): QDialog(parent)
{
    QListWidget *leftlist=new QListWidget(this);
    QStackedWidget *stack=new QStackedWidget(this);
    QLabel *label1=new QLabel("Label 1");
    QLabel *label2=new QLabel("Label 2");
    QLabel *label3=new QLabel("Label 3");
    label1->setAlignment(Qt::AlignCenter);
    //添加层叠窗体
    stack->addWidget(label1);
    stack->addWidget(label2);
    stack->addWidget(label3);
    //设置列表框
    leftlist->addItem("Label1");
    leftlist->addItem("Label2");
    leftlist->addItem("Label3");
    leftlist->setGeometry(10,10,70,200);
    stack->setGeometry(85,10,300,200);
    resize(390,220);
    //响应在 leftlist 上的选项改变事件
    connect(leftlist,SIGNAL(currentRowChanged(int)),stack,SLOT(setCurrentIndex
    (int)));
```

```
}
```

编译运行,结果如图 4-17 所示。双击左侧列表框中的任一项,则调用 QStackedWidget 类的事件响应函数 setCurrentIndex 设置当前显示的窗体对象。

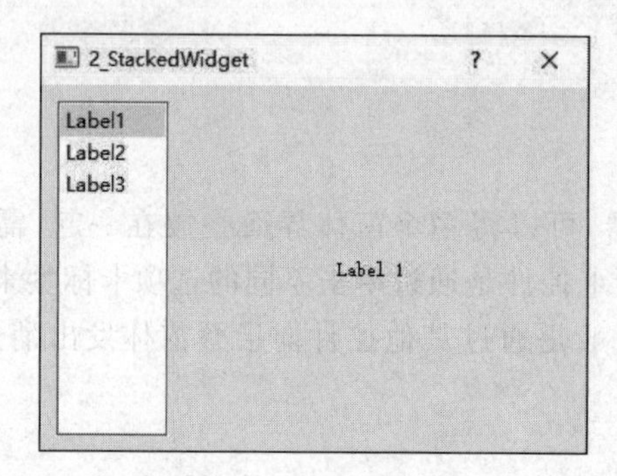

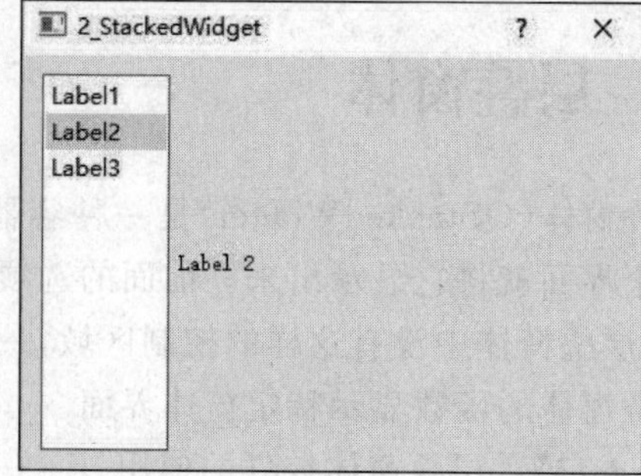

图 4-17 层叠窗体显示效果

4.14 树状控件

树状控件(QTreeWidget)用于表现有树状层次关系的数据,该控件的每一项均可添加位图或文字,可响应单击、双击、选项改变、树状显示扩展、收缩等信号。

【例 4-14】 树状显示效果。

第 1 步,建立一个基于 QDialog 类的应用程序。创建时取消 UI 界面文件。

第 2 步,修改 dialog.h 文件如下:

```
#include <QDialog>
#include <QTreeWidget>
#include <QTreeWidgetItem>
class Dialog : public QDialog
{
    Q_OBJECT
public:
    Dialog(QWidget *parent=0);
    ~Dialog();
public slots:
    void item_DblClicked(QTreeWidgetItem* item,int column);
private:
    QTreeWidget *tree;
};
```

第 3 步,修改 dialog.cpp 中的 Dialog 类构造函数:

```
#include "dialog.h"
#include <QIcon>
#include <QList>
```

```
#include <QMessageBox>
Dialog::Dialog(QWidget * parent): QDialog(parent)
{
    tree=new QTreeWidget(this);
    //设置 QTreeWidget 的列数
    tree->setColumnCount(1);
    //设置 QTreeWidget 标题头隐藏
    tree->setHeaderHidden(true);
    //创建 QTreeWidget 的"朋友"节点,父节点是 tree
    QTreeWidgetItem * Friend=new QTreeWidgetItem(tree,
                                    QStringList(QString("朋友")));
    //给 Friend 节点增加一个子节点
    QTreeWidgetItem * frd=new QTreeWidgetItem(Friend);
    frd->setText(0, "老张");
    frd->setIcon(0, QIcon(tr(":/zhang.png")));
    //创建"同学"节点
    QTreeWidgetItem * ClassMate=new QTreeWidgetItem(tree,
                                    QStringList(QString("同学")));
    //Fly 是 ClassMate 的子节点
    QTreeWidgetItem * Fly=new QTreeWidgetItem(QStringList(QString("fly")));
    //添加子节点的另一种方法
    ClassMate->addChild(Fly);
    QTreeWidgetItem * Strange=new QTreeWidgetItem(tree);
    Strange->setText(0, tr("陌生人"));
    tree->addTopLevelItem(ClassMate);
    tree->addTopLevelItem(Strange);
    //展开 QTreeWidget 的所有节点
    tree->expandAll();
    //响应鼠标在 QTreeWidget 节点上的双击事件
    connect(tree, SIGNAL(itemDoubleClicked(QTreeWidgetItem*,int)),
                this, SLOT(item_DblClicked(QTreeWidgetItem*,int)));
    this->setWindowTitle(tr("QTreeWidget 的使用"));
    this->resize(230, 200);
    tree->resize(230,200);
    //设置应用程序的图标
    this->setWindowIcon(QIcon("hahaya.png"));
}
```

第4步,实现槽函数:

```
void Dialog::item_DblClicked(QTreeWidgetItem* item,int column)
{
    QString str=item->text(column);
    QMessageBox::warning(this, "响应双击事件", "你双击了\'"+str+"\'",
```

```
        QMessageBox::Yes | QMessageBox::No, QMessageBox::Yes);
}
```

第 5 步，在工程目录添加位图 zhang. png。打开“新建”菜单，选择 Qt→“Qt 资源文件”建立资源文件 img. qrc，向 img. qrc 中添加该位图文件。

编译运行，结果如图 4-18 所示。双击任一项，则 itemDoubleClicked 信号被发出，槽函数 item_DblClicked 被调用。

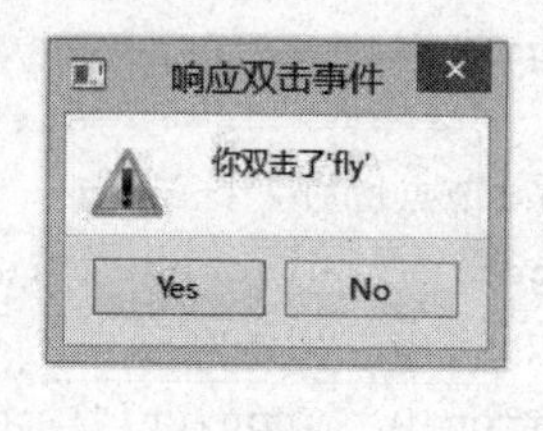

图 4-18 树状显示效果

4.15 表格控件

QTableWidget 是 QT 中常用的显示数据表格控件。Qt 中还有一个类 QTableView，QTableWidget 是 QTableView 的子类，这两者主要的区别是：QTableView 可以使用自定义的数据模型来显示内容，而 QTableWidget 则只能使用标准的数据模型，并且其单元格数据是 QTableWidgetItem 的对象来实现的。更详细的对比可以参见 Qt 帮助文档。

QTableWidgetItem 用来表示表格中的一个单元格，整个表格都需要用逐个单元格构建起来。使用 QTableWidget 就离不开 QTableWidgetItem。

【例 4-15】 表格控件显示效果。

第 1 步，建立一个基于 QWidget 类的应用程序。创建时取消 UI 界面文件。

第 2 步，修改 widget. cpp 中的构造函数：

```
#include "widget.h"
#include <QTableWidget>
Widget::Widget(QWidget *parent): QWidget(parent)
{
    //构造了一个 QTableWidget 的对象,并且设置为 10 行,5 列
    QTableWidget *tableWidget=new QTableWidget(10,5,this);
    tableWidget->setWindowTitle("QTableWidget & Item");
    tableWidget->resize(350, 200);              //设置表格
    //添加表头
    QStringList header;
    header<<"Month"<<"Name"<<"Description";
```

```
    tableWidget->setHorizontalHeaderLabels(header);
    //添加第 1 列(从 0 开始计数)
    tableWidget->setItem(0,0,new QTableWidgetItem("Jan"));
    tableWidget->setItem(1,0,new QTableWidgetItem("Feb"));
    tableWidget->setItem(2,0,new QTableWidgetItem("Mar"));
    //添加第 2 列
    tableWidget->setItem(0,1,new QTableWidgetItem(QIcon(":/rar.png"), "File1"));
    tableWidget->setItem(1,1,new QTableWidgetItem(QIcon(":/rar.png"), "File2"));
    tableWidget->setItem(2,1,new QTableWidgetItem(QIcon(":/rar.png"), "File3"));
    tableWidget->show();
}
```

第 3 步，在工程目录添加位图 rar.png。打开“新建”菜单，选择 Qt→“Qt 资源文件”，建立资源文件 img.qrc，向 img.qrc 中添加该位图文件。

编译运行，结果如图 4-19 所示。

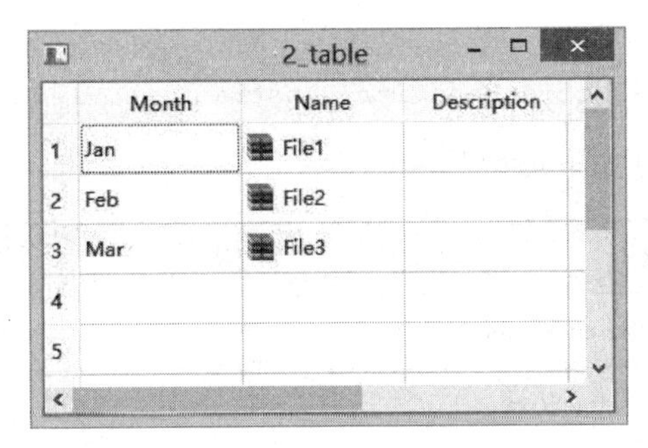

图 4-19 表格控件显示效果

也可用下面的方法构造 QTableWidget 对象：

```
QTableWidget *tableWidget=new QTableWidget;
tableWidget->setRowCount(10);           //设置行数为 10
tableWidget->setColumnCount(5);         //设置列数为 5
```

另外，删除编号为 row(从 0 开始)的行可使用下面的语句：

```
tableWidget->removeRow(row);
```

删除编号为 col(从 0 开始)的列可使用下面的语句：

```
tableWidget->removeColumn(col);
```

下面列出表格的一些控制方式。

1. 将表格变为禁止编辑

在默认情况下，表格里的字符是可以更改的，例如双击一个单元格，就可以修改原来的内容，如果想禁止用户的这种操作，让这个表格对用户只读，语句如下：

```
tableWidget->setEditTriggers(QAbstractItemView::NoEditTriggers);
```

这里，QAbstractItemView::NoEditTriggers是可选枚举项中的一个，以下都是触发修改单元格内容的条件：

参数	数值	含义
QAbstractItemView. NoEditTriggers	0	不能对表格内容进行修改
QAbstractItemView. CurrentChanged	1	任何时候都能对单元格进行修改
QAbstractItemView. DoubleClicked	2	双击单元格后开始修改
QAbstractItemView. SelectedClicked	4	单击已选中的内容后可修改

2. 设置表格为整行选择

语句如下：

```
tableWidget->setSelectionBehavior(QAbstractItemView::SelectRows);
```

这个函数的参数还有如下类型：

参数	数值	含义
QAbstractItemView. SelectItems	0	选中单个单元格
QAbstractItemView. SelectRows	1	选中一行
QAbstractItemView. SelectColumns	2	选中一列

3. 单个选中和多个选中的设置

```
//设置为可以选中一个目标
tableWidget->setSelectionMode(QAbstractItemView::SingleSelection);
//设置为可以选中多个目标
tableWidget->setSelectionMode(QAbstractItemView::ExtendedSelection);
```

该函数还有以下参数：

QAbstractItemView. NoSelection，不能选择。

QAbstractItemView. SingleSelection，选中单个目标。

QAbstractItemView. MultiSelection，选中多个目标。

QAbstractItemView. ExtendedSelection，选中多个目标。

4. 表格表头的显示与隐藏

对于水平或垂直方法的表头，可以用以下方式进行隐藏/显示的设置：

```
tableWidget->verticalHeader()->setVisible(false);      //隐藏列表头
```

```
tableWidget->horizontalHeader()->setVisible(false);  //隐藏行表头
```

【注意】 需要#include ＜QHeaderView＞。

5. 对表头文字的字体、颜色进行设置

```
//获得水平方向表头的 Item 对象
QTableWidgetItem * columnHeaderItem0=tableWidget->horizontalHeaderItem(0);
columnHeaderItem0->setFont(QFont("Helvetica"));          //设置字体
columnHeaderItem0->setTextColor(QColor(200,111,30));     //设置文字颜色
```

【注意】 需要#include ＜QHeaderView＞。

6. 在单元格里加入控件

QTableWidget 不仅允许把文字加到单元格，还允许把控件也放到单元格中。例如，把一个下拉框加入单元格，语句如下：

```
QComboBox * comBox=new QComboBox();
comBox->addItem("Y");
comBox->addItem("N");
tableWidget->setCellWidget(0,2,comBox);
```

读取 QComboBox 信息可用下面的语句：

```
QWidget * widget=tableWidget->cellWidget(0,2);      //获得 widget
QComboBox * combox=(QComboBox*)widget;              //强制转化为 QComboBox
QString string=combox->currentText();
```

7. 单元格设置背景颜色、文字颜色、字体

```
QTableWidgetItem * item=new QTableWidgetItem("Apple");
item->setBackgroundColor(QColor(0,60,10));
item->setTextColor(QColor(200,111,100));
item->setFont(QFont("Helvetica"));
tableWidget->setItem(0,2,item);
```

4.16 富文本控件

QTextEdit 是 Qt 控件中功能最复杂的一个，它可以显示富文本文档所包括的一些通用的元素，例如段落、框架、表格、列表，以及图像，还可以显示 HTML 文件。QTextEdit 也是一个“所见即所得”的编辑器。

QTextEdit 使用函数 insertHtml、insertPlainText、append、paste 插入内容，使用 setFontItalic、setFontWeight、setFontUnderline、setFontFamily、setFontPointSize、setTextColor 和 setCurrentFont 设置字体格式、大小、颜色，还可以使用 setAlignment 设

置对齐方式。

【例 4-16】 QTextEdit 简单使用。

第 1 步，建立一个基于 QWidget 类的应用程序。创建时取消 UI 界面文件。

第 2 步，修改 widget. h 文件如下：

```
#include <QWidget>
#include <QPushButton>
#include <QTextEdit>
class Widget : public QWidget
{
    Q_OBJECT
    //添加按钮和文本框控件的定义
    QPushButton * colorButton;
    QPushButton * fontButton;
    QTextEdit * edit;
public:
    Widget(QWidget * parent=0);
    ~Widget();
public slots:                                   //添加槽函数定义
    void clickedColorButton();
    void clickedFontButton();
};
```

第 3 步，修改 widget. cpp 中的构造函数：

```
Widget::Widget(QWidget * parent): QWidget(parent)
{  //创建 color 按钮和 font 按钮
   colorButton=new QPushButton("color",this);
   fontButton=new QPushButton("font",this);;
   edit=new QTextEdit(this);
   colorButton->setGeometry(30,30,80,30);
   fontButton->setGeometry(120,30,80,30);
   edit->setGeometry(30,80,220,150);
   //建立关联
   connect(colorButton, SIGNAL(clicked()),this, SLOT(clickedColorButton()));
   connect(fontButton, SIGNAL(clicked()),this, SLOT(clickedFontButton()));
}
```

第 4 步，在 widget. cpp 中添加包含如下头文件：

```
#include <QColorDialog>
#include <QFontDialog>
```

添加 clickedColorButton 和 clickedFontButton 函数的实现：

```
void Widget::clickedColorButton()
{
    QColorDialog * colorDialog=new QColorDialog(this);
    colorDialog->setCurrentColor(QColor(Qt::black));
    if(QDialog::Accepted ==colorDialog->exec())
        edit->setTextColor(colorDialog->currentColor());
}
void Widget::clickedFontButton()
{
    QFontDialog * fontDialog=new QFontDialog(this);
    fontDialog->setCurrentFont(edit->font());
    if(QDialog::Accepted ==fontDialog->exec())
        edit->setCurrentFont(fontDialog->currentFont());
}
```

编译运行。运行时，首先在文本框写入若干文字，再选中部分文字，单击 color 按钮调出颜色对话框，设定颜色后确定；单击 font 按钮调出字体对话框，设定字体后确定。结果如图 4-20 所示。

图 4-20　富文本控件显示效果

这里使用了颜色对话框和字体对话框，在第 5 章会讲到。

习题 4

1. 编程实现一个布局合理美观的员工信息输入界面，要求输入姓名、年龄、性别、学历、入职时间、工作部门、技术职称以及员工照片。要求综合使用文本框、单选按钮、复选框、标签、列表框和组合框。界面控件定位全部采用人工设定的方式。

2. 编程实现与下面的图示界面类似的界面布局。左侧是一个树形结构，右侧是一个表。单击左侧不同节点，右侧显示不同的内容。注意，仅作出示意型的内容即可。

【提示】右侧部分实现方式有两种：①每次单击左侧不同节点，表格首先清空，然后添加不同信息；②建立不同表格放到层叠窗体中，单击左侧不同节点就显示不同表格。

- 本地磁盘 (D:)
  - book
  - c
  - py
  - src
  - vc
- 本地磁盘 (E:)
- 本地磁盘 (F:)
- 本地磁盘 (G:)
- English (H:)
- learn (I:)

名称	修改日期	类型	大小
book	2015/10/3 13:59	文件夹	
c	2016/2/4 9:21	文件夹	
py	2016/1/7 23:13	文件夹	
src	2015/9/28 7:28	文件夹	
vc	2016/1/30 8:57	文件夹	
day.py	2015/7/28 16:01	Python File	3 KB
dict.py	2015/6/8 1:48	Python File	2 KB
str1.py	2015/6/23 8:48	Python File	1 KB
tt.py	2015/7/28 15:04	Python File	1 KB

3. 编程实现与下面的图示界面类似的界面布局。利用选项卡控件实现不同界面的切换,其他部分请自行选择合适的控件创建。

【提示】右侧部分实现方式有两种:①将所有控件都作为主窗体的子控件创建,切换选项卡时利用控件的 show 和 hide 方法显示不同的控件;②建立两个 QWidget 窗体,再将不同控件作为不同 QWidget 的子控件创建,单击不同选项卡就显示不同 QWidget 窗体。

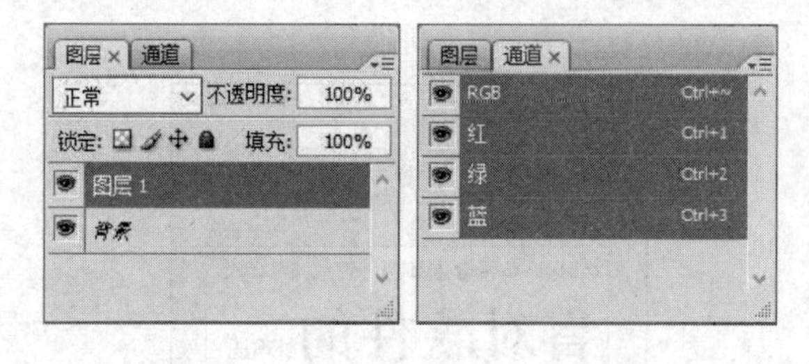

第5章 主窗口及对话框

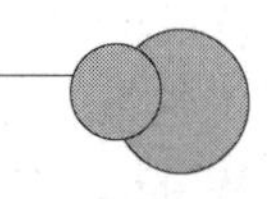

5.1 主窗口区域划分

QMainWindow 是 Qt 框架带来的一个预定义的主窗口类。所谓主窗口，就是一个普通意义上的应用程序最顶层的窗口。例如对于浏览器而言，主窗口就是这个浏览器窗口。回想一下，经典的主窗口通常由一个标题栏、一个菜单栏、若干工具栏等组成。在这些子组件之间则是用户的工作区。事实上 QMainWindow 正是这样的一种布局。

参看图 5-1，主窗口的最上面是 Window Title，也就是标题栏，通常用于显示标题和控制按钮，例如最大化、最小化和关闭等。通常，各个图形界面框架都会使用操作系统本地代码来生成一个窗口。所以在 Windows 平台上，标题栏是 Windows 风格的。如果你不喜欢本地样式，例如你希望使用 QQ 这种标题栏，则需要自己将标题栏绘制出来，这种技术称为 DirectUI，也就是无句柄绘制，这不在本书的讨论范围内。Window Title 下面是 Menu Bar，也就是菜单栏，用于显示菜单。窗口最底部是 Status Bar，称为状态栏。当鼠标滑过某些组件时，可以在状态栏显示某些信息，例如浏览器中，鼠标滑过带有链接的文字，会在底部看到链接的实际 URL 地址。

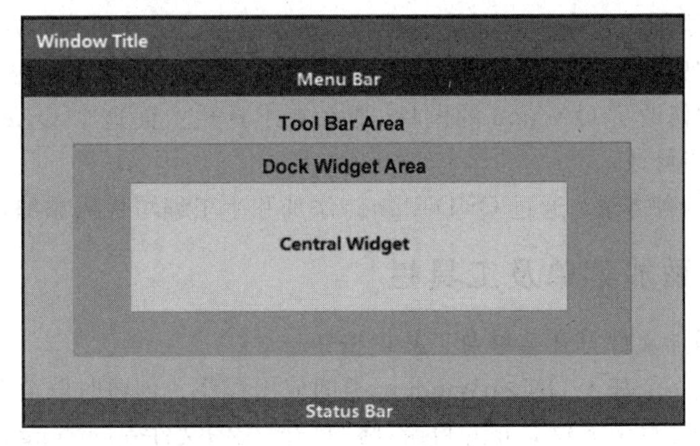

图 5-1 主窗口区域划分

除去上面说的区域，中间部分以矩形区域表示。可以看出，最外层称为 Tool Bar Area，用于显示工具条区域。之所以用矩形表示，是因为 Qt 的主窗口支持多个工具条，同时可以将工具条拖放到不同的位置，因此这里说是 Area。可以把几个工具条并排显示在上部,也可以将其分别放置(例如一个靠上,一个靠左)。在工具条区域内部是 Dock Widget Area,这是停靠窗口的显示区域。所谓停靠窗口,就像 Photoshop、AutoCAD 的工具箱一样,可以停靠在主窗口的四周,也可以浮动显示。主窗口最中间称为 Central Widget,就是程序的工作区。通常我们会将程序最主要的工作区域放置在这里,类似 Word 的稿纸等。

对于一般的 Qt 应用程序,我们所需要做的就是编写主窗口代码,主要是向其中添加各种组件,例如菜单、工具栏等,当然最重要的就是在工作区处理我们的任务。

通常程序主窗口会继承自 QMainWindow,以便获得 QMainWindow 提供的各种便利的函数。这也是选择 QMainWindow 为基类时 Qt Creator 向导生成的代码所做的事情。

5.2 菜单、工具栏和状态栏

Qt 有菜单类,但是没有专门的菜单项类,只是使用一个 QAction 类抽象出公共的动作,这些动作可以代表菜单项、工具栏按钮或者快捷键命令。这些动作可以显示在菜单中,作为一个菜单项出现,当用户单击该菜单项,就发出了相应的信号;同时这些动作也可以显示在工具栏,作为一个工具栏按钮出现,用户单击这个按钮,也可发出同样的信号。可以将动作与相关的槽函数联系起来,这样当信号发出时就可以执行相应的操作。注意,无论是出现在菜单栏还是工具栏,只要对应同一个动作,当用户选择之后,所执行的操作都是一样的。

在定义了一个 QAction 对象之后,如果将它添加到菜单,就显示成一个菜单项;如果将它添加到工具栏,就显示成一个工具按钮。用户通过单击菜单项、单击工具栏按钮或使用快捷键来激活这个动作。

QAction 对象包含了图标、菜单文字、快捷键、状态栏文字、浮动帮助等信息。当把一个 QAction 对象添加到程序中不同位置时,Qt 系统会自己选择适当的方式来显示它。同时,Qt 能够保证把 QAction 对象添加到不同的菜单、工具栏时,显示内容是同步的。例如,如果在菜单中修改了 QAction 的图标,那么在工具栏上面这个 QAction 所对应的按钮的图标也会同步修改。

添加菜单有两种方法:通过 Qt Designer 添加和手工编写代码添加,下面分别说明。

5.2.1 手工添加菜单及工具栏

【例 5-1】 添加文件打开菜单及工具栏按钮。

第 1 步,建立一个基于 QMainWindow 类的应用程序。创建时取消 UI 界面文件。

第 2 步,在工程目录下建立 img 目录,将“打开”位图文件 open.png 放入其中。在 Qt Creator 中利用“新建”菜单中的 Qt→“Qt 资源文件”加入一个资源文件 rc.qrc,在资源文件 rc.qrc 中加入 img 子目录中的位图 open.png。

第 3 步,修改 mainwindow.h,添加 QAction 对象指针及槽函数如下:

```
#include <QMainWindow>
```

```
class MainWindow : public QMainWindow
{
    Q_OBJECT
public:
    MainWindow(QWidget *parent=0);
    ~MainWindow();
private slots:
    void open();
private:
    QAction *openAction;
};
```

第 4 步，修改 mainwindow.cpp 中的 MainWindow 构造函数：

```
//添加几个头文件
#include <QAction>
#include <QMenuBar>
#include <QMessageBox>
#include <QStatusBar>
#include <QToolBar>
MainWindow::MainWindow(QWidget *parent): QMainWindow(parent)
{
    setWindowTitle(tr("Main Window"));
    //定义 QAction
    openAction=new QAction(QIcon(":/img/open.png"), tr("&Open..."), this);
    openAction->setShortcuts(QKeySequence::Open);
    openAction->setStatusTip(tr("Open an existing file"));
    connect(openAction, &QAction::triggered, this, &MainWindow::open);
    //添加菜单
    QMenu *file=menuBar()->addMenu(tr("&File"));
    file->addAction(openAction);
    //添加工具栏按钮
    QToolBar *toolBar=addToolBar(tr("&File"));
    toolBar->addAction(openAction);
    //设置状态栏信息
    QStatusBar *status=statusBar() ;
    status->addAction(openAction);
}
```

这里 setShortcuts(QKeySequence::Open)使用了 QKeySequence 类中定义的快捷方式(实际上就是 Ctrl+O 键)，也可以使用等价的 setShortcut(tr("Ctrl+O"))语句。

第 5 步，在 mainwindow.cpp 中添加 open 数，当单击打开菜单或相应的工具栏按钮时，open 函数被调用，弹出一个信息框。

```
void MainWindow::open()
```

```
{
    QMessageBox::information(this, tr("Information"), tr("Open"));
}
```

编译运行，结果如图 5-2 所示。

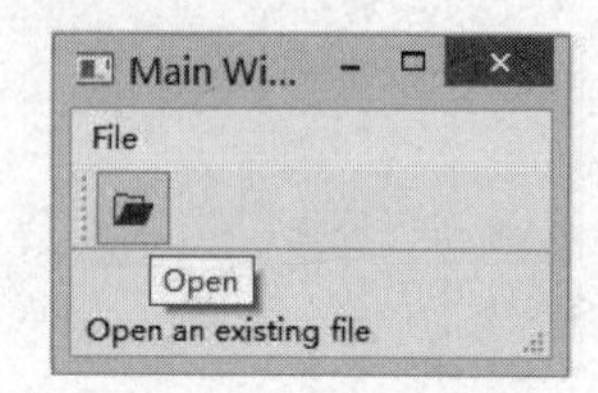

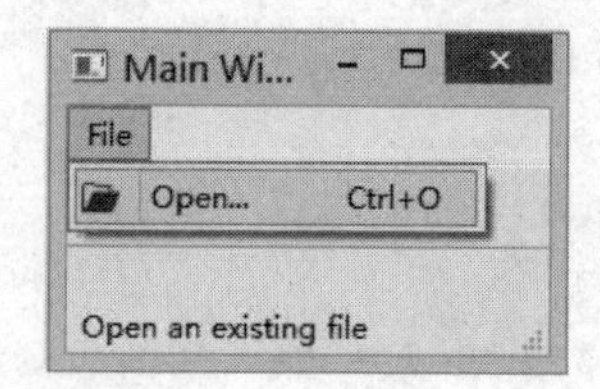

图 5-2 菜单、工具栏、状态栏示例

当鼠标移动到工具栏 Open 按钮时，会显示提示，同时在状态栏会显示"Open an existing file"。当鼠标位于 Open 菜单项上面时，状态栏也会显示同样的信息。

有些时候，需要在窗体界面设置弹出式菜单。将下面两句放在 MainWindow 构造函数中，可以实现在右击后弹出文件菜单：

```
this->addAction(openAction);
this->setContextMenuPolicy(Qt::ActionsContextMenu);
```

对 Qt 中创建菜单和工具栏需要的步骤总结如下：

(1) 建立动作(Aciton)。

(2) 创建菜单并使它与一个动作关联。

(3) 创建工具条并使它与一个动作关联。

menuBar()->addMenu()执行时会生成一个 QMenu 对象且返回它的指针。QMenu 加入一个 QAction，就可以对事件进行反应了。addToolBar 函数生成工具栏指针，statusBar 函数生成状态栏指针。一个 QAction 可以被多个地方使用。

5.2.2 用设计器添加菜单和工具栏

【例 5-2】 利用 Qt Designer 添加文件打开菜单及工具栏按钮。

第 1 步，建立一个基于 QMainWindow 类的应用程序。创建过程中，注意要勾选 UI 界面文件。

第 2 步，在设计器中单击第一个菜单，输入 File 后回车；在 File 菜单中添加一个 Open 菜单项，如图 5-3 所示。

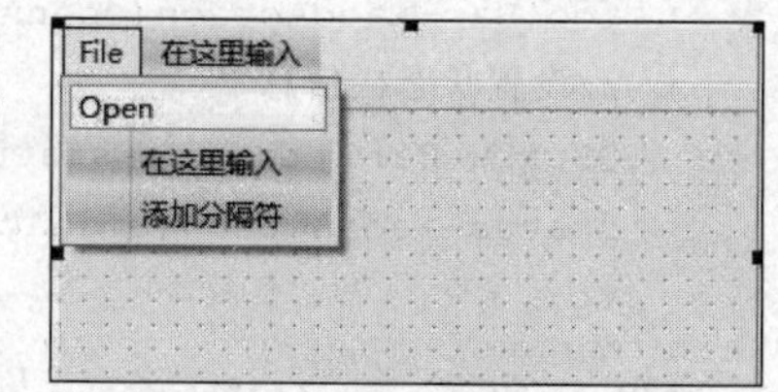

图 5-3 添加菜单项

第 3 步，在工程目录下建立 img 目录，将"打开"位图文件 open. png 放入其中。在 Qt Creator 中利用"新建"菜单中的 Qt→"Qt 资源文件"加入一个资源文件 rc. qrc，在资源文件 rc. qrc 中加入 img 子目录中的位图 open. png。

第 4 步，在中央窗口下部的"Action 编辑器"子窗口中的项目 action_Open 上双击，就打开了图 5-4 所示的"编辑动作"对话框。

在 Shortcut 文本框中按下 Ctrl＋O 键可以设定菜单项的快捷方式。另外，通过其中“图标”栏目中的下拉按钮可以为菜单项添加一个图标，图标的来源可以是位图文件或资源。这里选择刚才添加的资源。

第 5 步，在“Action 编辑器”的 action_Open 项目上按下鼠标，拖动到设计窗体的工具栏中，再松开鼠标，这样就添加了一个工具栏按钮，过程如图 5-5 所示。

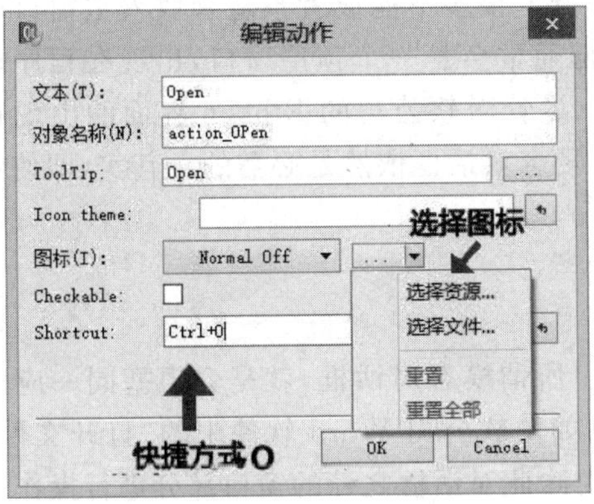

图 5-4　“编辑动作”对话框 　　　图 5-5　添加工具栏按钮

第 6 步，单击“Action 编辑器”的 action_Open 项目，在右侧部件属性栏目（见图 5-6）中修改 statusTip 属性的内容信息，这样就在状态栏中加入了提示信息。当鼠标移到工具栏按钮上时，状态栏就显示这个信息。

第 7 步，右击“Action 编辑器”的 action_Open 项目，在弹出的菜单中选择“转到槽”，就会出现图 5-7 所示的信号选择窗口。选择 triggered 信号。

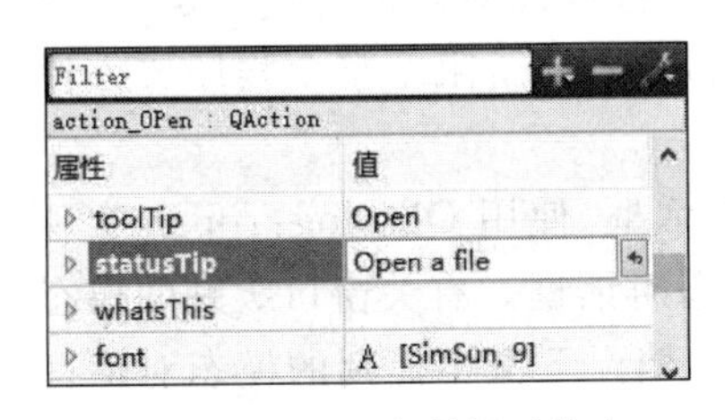

图 5-6　修改状态栏提示信息

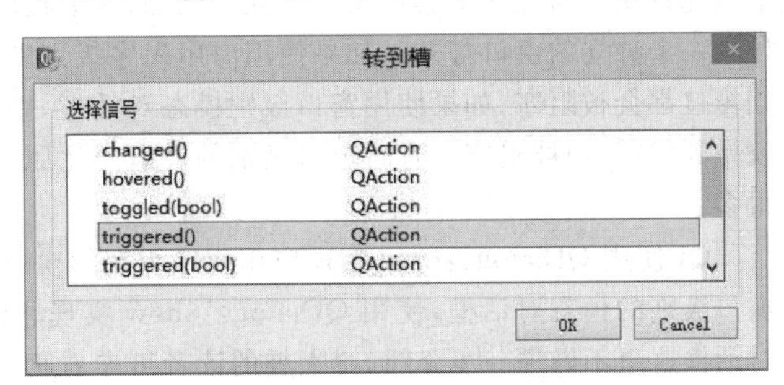

图 5-7　选择相应的信号

第 8 步，在 mainwindow.cpp 文件头部添加包含文件：

```
#include <QMessageBox>
```

在 mainwindow.cpp 文件修改槽函数 on_action_Open_triggered：

```
void MainWindow::on_action_Open_triggered()
{
    QMessageBox::information(this, tr("Information"), tr("Open"));
}
```

编译运行，可以得到一个和手工方式创建的窗体（包含菜单、工具栏、状态栏）一样的窗体程序。

5.3 对话框基础知识

对话框是GUI程序中不可或缺的组成部分。很多不能或者不适合放入主窗口的功能设置组件一般都放在对话框中设置。对话框通常会是一个顶层窗口，出现在程序最上层，用于实现短期任务或者简洁的用户交互。尽管微软公司的Ribbon界面的出现在一定程度上减少了对话框的使用机率，但在某些场合对话框依然是必需的。其实，即使在最新版本的Office中，仍然可以发现不少对话框。

5.3.1 模态和非模态对话框

对话框分为模态对话框和非模态对话框。所谓模态对话框，就是会阻塞同一应用程序中其他窗口的输入。模态对话框很常见，例如微软公司Word软件中的“打开文件”对话框，当“打开文件”对话框出现时，用户不能对除此对话框之外的窗口部分进行操作。与此相反的是非模态对话框，例如Word中的“查找和替换”对话框，用户可以在显示该对话框的同时继续对内容进行编辑。

Qt支持模态对话框和非模态对话框。Qt对话框有两种级别的模态：应用程序级别的模态和窗口级别的模态，默认是应用程序级别的模态。应用程序级别的模态是指，当该种模态的对话框出现时，用户必须首先与对话框进行交互，直到关闭对话框，然后才能访问程序中其他的窗口。窗口级别的模态是指，该模态仅仅阻塞与对话框关联的窗口，但是依然允许用户与程序中其他窗口交互。例如，一个程序可同时编辑多个文档，每个文档都使用一个独立的窗口打开。如果使用应用程序级别的模态对话框进行一些操作，所有文档窗口都会被阻塞；如果使用窗口级别模态对话框，则只有打开此对话框的那个窗口（也就是其父窗口）被阻塞。有时窗口级别的模态要比原来那种一下子阻塞整个程序要方便得多。

Qt使用QDialog::exec实现应用程序级别的模态对话框，使用QDialog::open实现窗口级别的模态对话框，使用QDialog::show实现非模态对话框。有关窗口级别的模态对话框这里不做进一步介绍，感兴趣的读者可参看相关文档。下文中提到的模态对话框均指应用程序级别的模态对话框。

【例5-3】 一个简单的模态对话框。

第1步，建立一个QMainwindow类型的主窗口程序。创建时取消UI设计界面。在文件mainwindow.h中添加下面的代码：

```
private slots:
    void setting();
private:
    QAction * setAction;
```

并且在mainwindow.cpp中添加包含文件：

```
#include <QAction>
#include <QMenuBar>
#include <QToolBar>
#include <QStatusBar>
```

修改 mainwindow. cpp 中的 MainWindow 类构造函数：

```
MainWindow::MainWindow(QWidget *parent): QMainWindow(parent)
{
    //定义 QAction
    setAction=new QAction(QIcon(":/img/setting.png"), tr("选项..."), this);
    setAction->setStatusTip(tr("环境设定"));
    connect(setAction, &QAction::triggered, this, &MainWindow::setting);
    //添加菜单
    QMenu *tool=menuBar()->addMenu(tr("工具"));
    tool->addAction(setAction);
    //添加工具栏按钮
    QToolBar *toolBar=addToolBar(tr("工具"));
    toolBar->addAction(setAction);
    //设置状态栏信息
    QStatusBar *status=statusBar() ;
    status->addAction(setAction);
    resize(300,200);
}
```

在 mainwindow. cpp 中添加槽函数：

```
void MainWindow::setting()
{ }
```

第 2 步，在工程目录建立目录 img，放入位图文件 setting. png。在本项目中添加 Qt 资源文件 rc. qrc，将位图 setting. png 作为资源加入本项目。

第 3 步，在菜单中选择“新建文件或项目”，选择 Qt→“Qt 设计器界面类”，如图 5-8 所示。选择含有底部按钮的 Dialog，单击“下一步”按钮，建立 myDialog 类。

在 myDialog 的 UI 设计界面中，修改 windowTitle 为“环境设置对话框”。

第 4 步，在主窗体 mainwindow. cpp 文件中包含 myDialog. h 头文件：

```
#include "myDialog.h"
```

修改 mainwindow. cpp 文件中的 setting 函数：

```
void MainWindow::setting()
{
    myDialog dialog(this);
    dialog.exec();
}
```

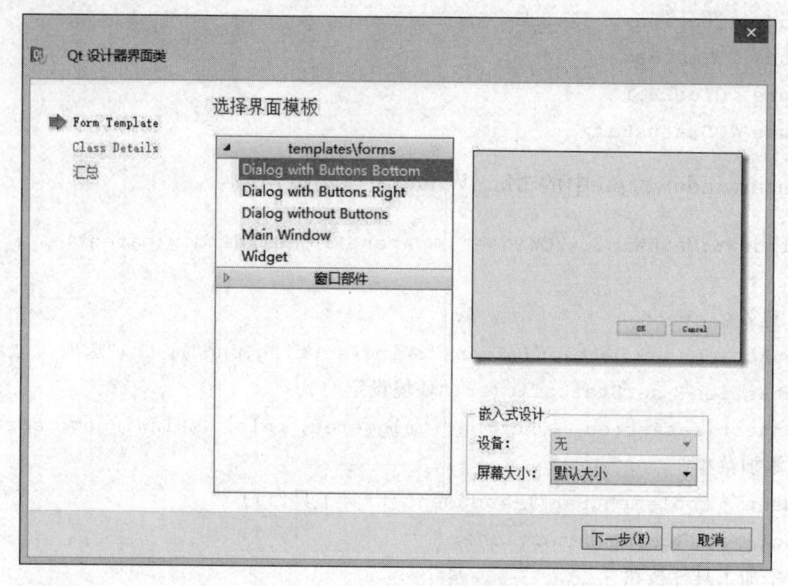

图 5-8　选择界面模板类型

编译运行，首先出现图 5-9(a)所示的主窗口，再用菜单或工具栏按钮可以启动图 5-9(b)所示的对话框。

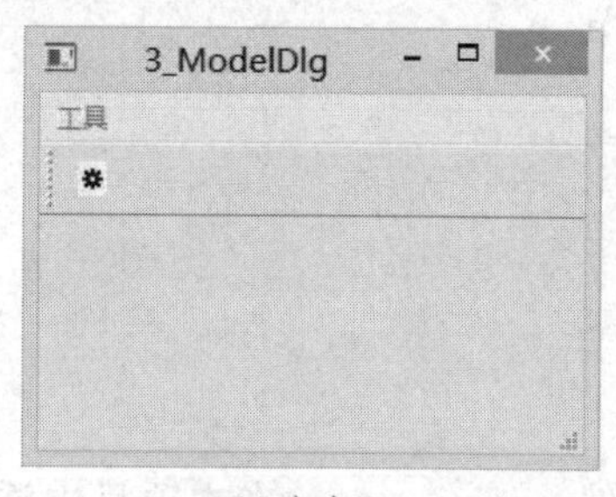

(a) 主窗口

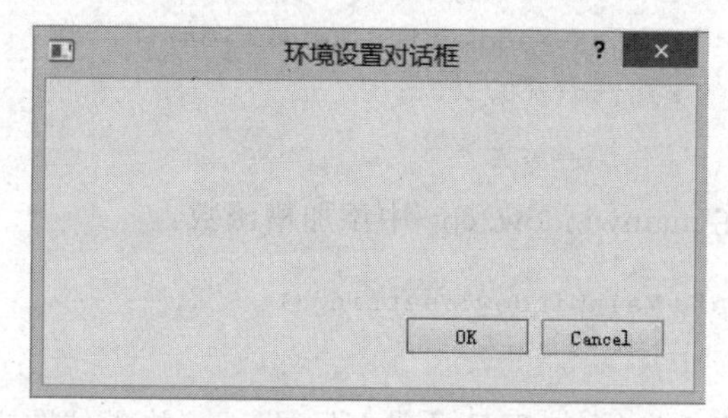

(b) 菜单命令调出的对话框

图 5-9　模态对话框示例

上面的示例中调用了 exec 将对话框显示出来，因此这就是一个模态对话框。当对话框出现时，不能与主窗口进行任何交互，直到关闭了该对话框。

下面尝试将例 5-3 的 setting 函数中的 exec 修改为 show，看看能否实现非模态对话框：

```
void MainWindow:: setting()
{
    myDialog dialog(this);
    dialog.show();
}
```

编译运行，对话框竟然一闪而过！这是因为 show 函数不会阻塞当前线程，对话框会显示出来，然后函数立即返回，代码继续执行。注意，dialog 是建立在栈上的，show 函数返回,MainWindow::setting函数结束,作为局部变量的dialog超出作用域被析构,因此对话框消失了。知道了原因就好改了,下面将dialog改成在堆上建立,就没有这个问题了:

```
void MainWindow:: setting()
{
    myDialog *dialog=new myDialog(this);
    dialog->show();
}
```

这样,非模态对话框就实现了。在对话框出现的时候仍可以与主窗口交互,因此可以利用主窗体的命令启动多个相同的对话框。

总结一下,要构建非模态对话框,一般是通过对话框类指针实现,首先是使用new方法创建对话框,然后用show函数显示对话框即可。

关于系统的堆和栈补充一点知识:

(1) 栈区(stack)。由编译器自动分配和释放,存放函数的参数值,局部变量的值等。其操作方式类似于数据结构中的栈。

(2) 堆区(heap)。一般由程序员分配和释放,若程序员不释放,程序结束时可能由操作系统回收。注意,它与数据结构中的堆是两回事,分配方式类似于链表。

上面用new方法建立的对话框,由于程序员没有主动释放空间,所以对话框一直存在。直到主程序结束时,由于对话框是主窗口的子窗口,所以会一并释放空间。

5.3.2 通过对话框传递数据

对话框与主窗口之间的数据交互相当重要。对话框分为模态和非模态两种。下面将以这两种为例,分别进行阐述。

模态对话框使用了exec函数将其显示出来。exec函数的真正含义是开启一个新的事件循环(第7章将详细介绍事件的概念)。所谓事件循环,可以理解成一个无限循环。Qt在开启了事件循环之后,系统发出的各种事件才能够被程序监听到。既然是无限循环,当然在开启了事件循环的地方,代码就会被阻塞,后面的语句也就不会被执行。因此,对于使用exec显示的模态对话框,可以在exec函数之后直接从对话框对象获取数据。

实际上exec是有返回值的,其返回值是QDialog::Accepted或QDialog::Rejected,也就是用户单击了"确定"或者"取消"按钮后的返回值。一般可使用类似下面的代码获取数据:

```
myDialog *dialog=new myDialog(this);
if (dialog->exec() ==QDialog::Accepted) {
    … //一般在此处取得对话框数据
}else {
    … //单击"取消"按钮后,在此处执行一些操作
}
```

为了取得对话框的数据,可在对话框类中增加一些函数,返回这些值。

【例 5-4】 从模态对话框得到数据。

本例以例 5-3 为基础，继续做下面的工作。

第 1 步，在例 5-3 的对话框 UI 设计器中添加一些控件，如图 5-10 所示。

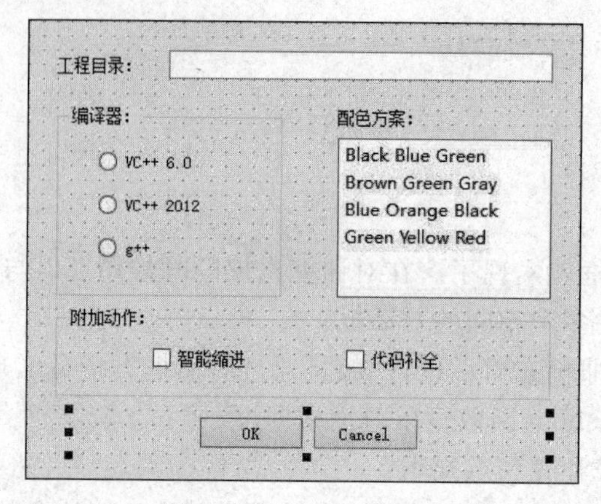

图 5-10 对话框设计图

这些控件及其对象名属性(ObjectName)罗列如下：

- 行编辑器(工程目录) lineEdit。
- 单选按钮(VC 6.0)—radioButton。
- 单选按钮(VC 2012)—radioButton_2。
- 单选按钮(g++)—radioButton_3。
- 列表框(配色方案)—listWidget。
- 复选框(自能缩进)—checkbox。
- 复选框(代码补全)—checkbox_2。

第 2 步，修改 mydialog.h 中的 myDialog 类定义：

```
class myDialog : public QDialog
{
    Q_OBJECT
public:
    explicit myDialog(QWidget *parent=0);
    ~myDialog();
    QString getProjectPath();                    //获取工程目录
    QString getCompiler();                       //获取编译器信息
    QString getColorPlan();                      //获取颜色方案
    bool getIndent();                            //是否缩进
    bool getAutoComplete();                      //是否代码自动补全
private:
    Ui::myDialog *ui;
};
```

第 3 步，在 mydialog.cpp 中添加下面的函数实现：

```
QString myDialog::getProjectPath()
{
    QString s=ui->lineEdit->text();
    return s;
}
QString myDialog::getCompiler()
{
    if(ui->radioButton->isChecked())
        return QString("VC++ 6.0");
    else if(ui->radioButton_2->isChecked())
        return QString("VC++2012");
    else
        return QString("g++");
}
QString myDialog::getColorPlan()
{
    QListWidgetItem *it=ui->listWidget->currentItem();
    return it->text();
}
bool myDialog::getIndent()
{
    if(ui->checkBox->isChecked())
        return true;
    else
        return false;
}
bool myDialog::getAutoComplete()
{
    if(ui->checkBox_2->isChecked())
        return true;
    else
        return false;
}
```

第4步，在mainwindow.h中添加包含文件：

```
#include <QLabel>
```

在mainwindow.h的MainWindow类内部添加成员：

```
QLabel *label;
```

在mainwindow.cpp文件中MainWindow类构造函数末尾添加下面的代码：

```
label=new QLabel("", this);
label->setGeometry(0,60,300,140);
```

第 5 步，在 mainwindow.cpp 文件中修改槽函数：

```
void MainWindow::setting()
{
    myDialog dialog(this);
    if(dialog.exec()==QDialog::Accepted)
    {
        QString s;
        s="工程目录: "+dialog.getProjectPath()+"\n";
        s=s+"编译环境: "+dialog.getCompiler()+"\n";
        s=s+"高亮显示: "+dialog.getColorPlan()+"\n";
        if(dialog.getIndent())
            s=s+"智能缩进: 是\n ";
        else
            s=s+"智能缩进: 否\n ";
        if(dialog.getAutoComplete())
            s=s+"代码补全: 是";
        else
            s=s+"代码补全: 否";
        label->setText(s);
    }
}
```

编译运行，单击工具栏按钮打开“环境设置对话框”，如图 5-11 所示。在对话框中作一些设定，单击 OK 按钮后，主窗口如图 5-12 所示。

图 5-11　环境设置对话框

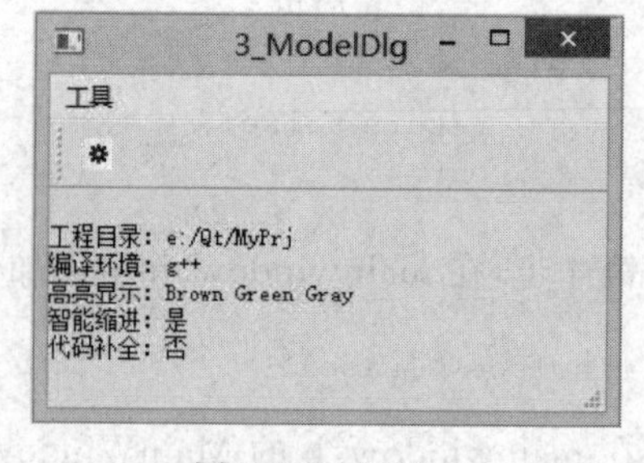

图 5-12　主窗口

这里，当 dialog.exec 为 QDialog::Accepted 时，通过 dialog 类中的一些公有方法(名为 get***的函数)得到用户的输入值。

上面是用模态对话框获取输入数据，下面考虑用非模态对话框实现同样的功能。

首先想到的方法自然是修改例 5-4 中菜单项的响应函数 setting，将函数中的对话框创建为非模态对话框。这种思路虽然正确,但是在修改代码时,初学者常常会犯下面的错误。

错误代码 1:

```
void MainWindow::setting()
{
    myDialog * dialog=new myDialog(this);
    if(dialog->show()==QDialog::Accepted)      //错误!!
    {
        …
    }
}
```

这里的 show()函数没有返回值,它是 void 类型的函数,它的作用仅仅是将对话框显示出来。而参数 QDialog::Accepted 实质上是一个整数,两者不能相等。这是语法错误,无法编译通过。

错误代码 2:

```
void MainWindow::setting()
{
    myDialog * dialog=new myDialog(this);
    dialog->show();
    QString s;
    s="工程目录:"+dialog->getProjectPath()+"\n";
    …//将对话框里的内容放入字符串 s
    label->setText(s);          //将字符串显示在主窗体中
}
```

这种情况编译可以通过,但是程序执行 dialog->show()函数并显示对话框后,不会暂停在该语句,而是立刻执行后续语句。因此当用户刚刚看见对话框时,对话框里的默认内容就已经被获取并放入字符串 s,而后 s 被显示在主窗体中。这时 setting 函数已经执行完毕,但用户这时才有时间慢慢地修改对话框里的内容。当修改完成后,用户再单击“确定”按钮时,程序不会有任何响应。

正确的做法是:建立对话框和主窗体之间的信号与槽通信机制。当在对话框执行某个操作(例如按下按钮)后,将对话框中的信息放到信号中发送出去,主窗体的槽函数接收这一信号并作出相应处理,这样就实现了信息从对话框向主窗体传递,请参看下面的例子。

【例 5-5】 从非模态对话框得到数据。

本例同样基于例 5-3。

第 1 步,在 UI 设计界面添加若干控件,同例 5-4 一样。

第 2 步,在 mydialog.h 的类定义中添加信号:

```
signals:
```

```
    void sendData(QString,QString,QString,bool,bool);
```

第3步，在UI界面的OK按钮上右击，在弹出的菜单中选择“转到槽”，继续在对话框中选择信号accepted并双击，添加槽函数myDialog::on_buttonBox_accepted。

第4步，修改myDialog::on_buttonBox_accepted如下：

```
void myDialog::on_buttonBox_accepted()
{
    QString s1=ui->lineEdit->text();                //获取工程路径
    //获取编译器名
    QString s2;
    if(ui->radioButton->isChecked())
        s2=QString("VC++ 6.0");
    else if(ui->radioButton_2->isChecked())
        s2=QString("VC++2012");
    else
        s2=QString("g++");
    //获取颜色方案
    QListWidgetItem *it=ui->listWidget->currentItem();
    QString s3=it->text();
    bool b1=ui->checkBox->isChecked();              //是否缩进
    bool b2=ui->checkBox_2->isChecked();            //是否代码自动补全
    emit sendData(s1,s2,s3,b1,b2);                  //发出自定义信号
}
```

第5步，修改mainwindow.h中的类定义：

```
#include <QMainWindow>
#include <QLabel>
class MainWindow : public QMainWindow
{
    Q_OBJECT
public:
    MainWindow(QWidget *parent=0);
    ~MainWindow();
private slots:
    void setting();
    void receiveData(QString,QString,QString,bool,bool);
private:
    QAction *setAction;
    QLabel *label;
};
```

第6步，修改mainwindow.cpp中的setting和receiveData函数：

```
//槽函数实现
```

```
void MainWindow::setting()
{
    myDialog *dialog=new myDialog(this);
    //关联信号和槽函数
    connect(dialog,SIGNAL(sendData(QString,QString,QString,bool,bool)),
        this,SLOT(receiveData(QString,QString,QString,bool,bool)));
    dialog->show();
}
void MainWindow::receiveData(QString s1,QString s2,QString s3,bool b1,bool b2)
{
    QString s;
    s="工程目录："+s1+"\n"+"编译环境："+s2+"\n"+"高亮显示："+s3+"\n";
    if(b1) s=s+"智能缩进：是"+"\n";
    else s=s+"智能缩进：否"+"\n";
    if(b2) s=s+"代码补全：是";
    else s=s+"代码补全：否";
    label->setText(s);
}
```

在 MainWindow 构造函数末尾加上以下代码：

```
label=new QLabel("", this);
label->setGeometry(0,60,300,140);
```

编译运行，结果如例 5-4 一样。

这里在 myDialog 中自定义了信号 sendData(QString,QString,QString,bool,bool)，该信号将所有参数全部发送给主窗口，主窗口利用 receiveData 函数逐一接收，而后显示在标签上。

事实上，这种利用信号传递数据的方法不仅适用于非模态对话框，也适用于模态对话框。读者可以自己试验一下。

5.3.3 标准对话框

操作系统一般都会提供一系列的标准对话框，如文件选择对话框、字体选择对话框、颜色选择对话框等，这些标准对话框为应用程序提供了一致的观感。Qt 对这些标准对话框都定义了相关的类，如 QFileDialog、QFontDialog、QColorDialog、QMessageBox、QPrintDialog 等。

1. QFileDialog

文件选择对话框的 getOpenFileName 是 QFileDialog 类的一个静态函数，直接调用该函数将创建一个模态的文件选择对话框，用于打开文件。若在此对话框中单击“打开”按钮，则该函数返回用户选择的文件名；如果用户选择“取消”按钮，则返回一个空串。

【例 5-6】 文件选择对话框的使用。

第 1 步,建立一个基于 QDialog 的程序,创建时取消 UI 设计文件。

第 2 步,修改 dialog. h 文件:

```
#include <QDialog>
#include <QPushButton>
class Dialog : public QDialog
{
    Q_OBJECT
public:
    Dialog(QWidget *parent=0);
    ~Dialog();
    QPushButton *btn;
public slots:
    void slotOpenFileDlg();
};
```

第 3 步,修改 dialog. cpp 中 Dialog 类构造函数:

```
#include "dialog.h"
#include <QFileDialog>
#include <QDebug>
Dialog::Dialog(QWidget *parent) : QDialog(parent)
{
    resize(200,150);
    btn=new QPushButton("File Dialog",this);
    connect(btn, SIGNAL(clicked()), this, SLOT(slotOpenFileDlg()));
}
```

第 4 步,在 dialog. cpp 中添加函数:

```
void Dialog::slotOpenFileDlg()
{
    QString s=QFileDialog::getOpenFileName(
                this,                                         //父窗口
                "open file dialog",                           //对话框标题
                "/",                                          //默认的选中文件
                "C++ files(*.cpp);;C files(*.c);;Head files(*.h)");  //文件过滤
    qDebug()<<s;                                              //在输出窗口显示路径
}
```

编译运行,出现图 5-13 左侧的对话框。单击该对话框中的按钮将调出打开文件对话框(见图 5-13 右侧),选中某个文件,单击打开按钮,文件路径将出现在应用程序输出窗口。

函数 getOpenFileName 的 4 个参数依次为父窗口指针、对话框标题、打开对话框时默认的选中文件、文件过滤器。这个例子只显示后缀为 cpp、c 或 h 的文件。过滤器可以有多种,多种过滤器之间用";;"隔开。

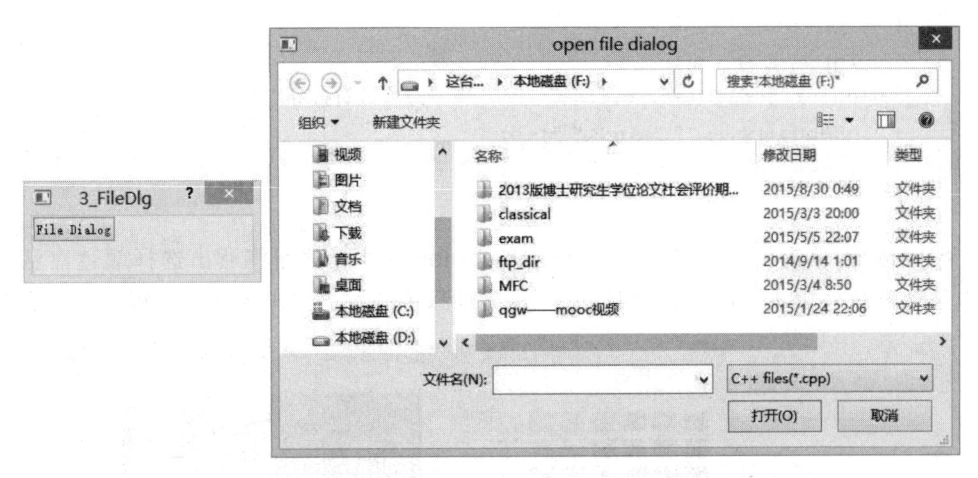

图 5-13　单击左侧对话框中的按钮调出打开文件对话框

2. QColorDialog

getColor 是 QColorDialog 的一个静态函数，调用 getColor 函数将创建一个模态的颜色对话框。若单击颜色对话框的 OK 按钮，则 getColor 函数返回用户选择的颜色值（一个 QColor 对象），否则返回无效数值。

通过 QColor::isValid 函数可以判断用户选择的颜色是否有效，若用户单击 Cancel 按钮，QColor::isValid 将返回 false。

【例 5-7】 颜色选择对话框的使用。

本例将在例 5-6 的代码中继续添加代码。

第 1 步，在 dialog.h 文件的 Dialog 类定义中添加以下代码：

```
    QPushButton *btn1;                    //启动按钮
public slots:
    void slotOpenColorDlg();              //启动颜色对话框的槽函数
```

第 2 步，在 dialog.cpp 头部添加包含文件：

```
#include <QColorDialog>
```

在 dialog.cpp 中的 Dialog 类构造函数中添加以下代码：

```
btn1=new QPushButton("Color Dialog",this);
btn1->move(0,30);
connect(btn1, SIGNAL(clicked()), this, SLOT(slotOpenColorDlg()));
```

第 3 步，在 dialog.cpp 中添加函数：

```
void Dialog::slotOpenColorDlg()
{
    QColor color=QColorDialog::getColor(Qt::blue);
    if(color.isValid())
```

```
    {
        int r,g,b;
        color.getRgb(&r,&g,&b);              //将红黄蓝分别写入 r、g、b
        qDebug()<<r<<" "<<g<<" "<<b;
    }
}
```

编译运行，单击图 5-14 左侧对话框中的 Color Dialog 按钮将调出选择颜色对话框，选中某个颜色后单击 OK 按钮，则红、绿、蓝 3 种颜色的数据将出现在应用程序输出窗口。

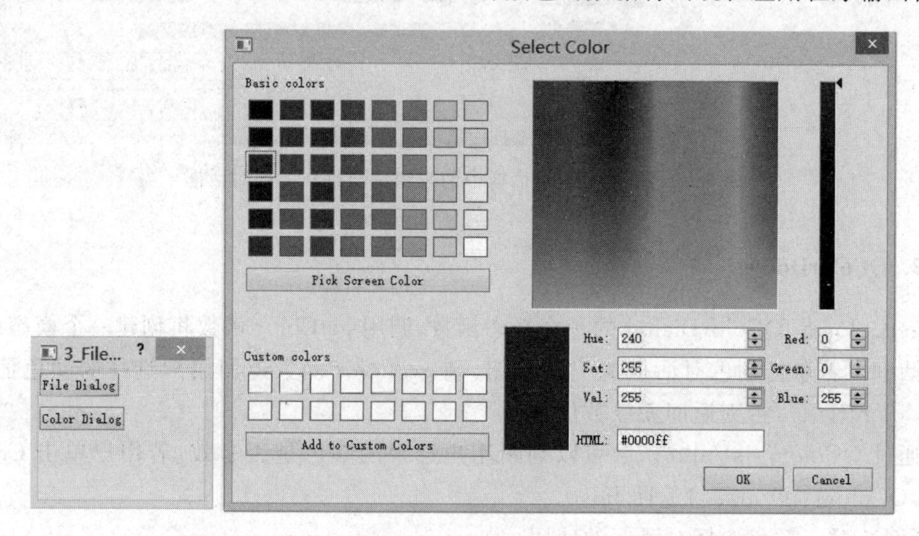

图 5-14　单击左侧对话框中的按钮调出选择颜色对话框

3. QFontDialog

QFontDialog 用于选择某种字体。getFont 是 QFontDialog 的一个静态函数，调用该函数将创建一个模态的字体对话框。函数形式如下：

```
QFont getFont(bool * ok, QWidget * parent=0);
```

在对话框中单击 OK 按钮，参数 * ok 将为 true，函数返回用户选择的字体；否则 * ok 将为 false，此时函数返回默认字体。

【例 5-8】 字体选择对话框的使用。

本例将在例 5-7 的代码中继续添加代码。

第 1 步，在 dialog. h 文件的 Dialog 类定义中添加以下代码：

```
    QPushButton * btn2;                       //启动按钮
public slots:
    void slotOpenFontDlg ();                  //启动颜色对话框的槽函数
```

第 2 步，在 dialog. cpp 头部添加包含文件：

```
#include <QFontDialog>
```

在 dialog. cpp 中的 Dialog 类构造函数中添加以下代码：

```
Dialog::Dialog(QWidget * parent) : QDialog(parent)
{
    ...
    btn2=new QPushButton("Font",this);
    btn2->setGeometry(0,60,50,50);
    connect(btn2, SIGNAL(clicked()), this, SLOT(slotOpenFontDlg()));
}
```

第 3 步，在 dialog. cpp 中添加函数：

```
void Dialog::slotOpenFontDlg()
{
    bool ok;
    QFont font=QFontDialog::getFont(&ok);
    if(ok) { btn2->setFont(font); }          //修改按钮字体
}
```

编译运行，单击图 5-15 左侧对话框中的 Font 按钮将调出选择字体对话框，选中某字体后单击 OK 按钮，则 Font 按钮的字体发生变化。

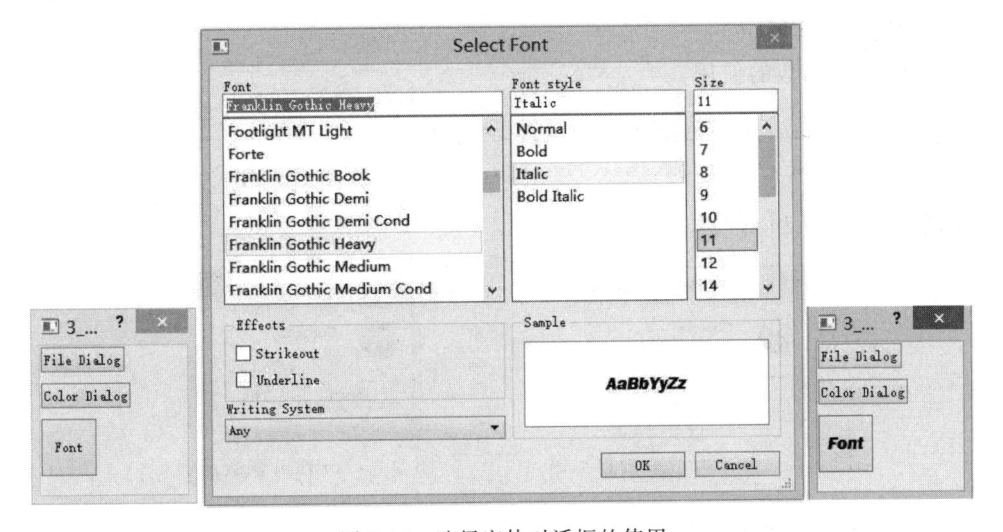

图 5-15　选择字体对话框的使用

4. QMessageBox

QMessageBox 用于显示消息提示。该类有几个常用的静态函数：information、critical、warning、question、about。每一种静态函数被调用时都会产生一个消息对话框。

现在从 API 中看看其中一个函数的原型：

```
static StandardButton QMessageBox::information (
    QWidget * parent,
```

```
    const QString & title,
    const QString & text,
    StandardButtons buttons=Ok,
    StandardButton defaultButton=NoButton);
```

首先，它是静态(static)的，所以能够使用类名直接访问。第一个参数 parent 说明它的父组件；第二个参数 title 是对话框的标题；第三个参数 text 是对话框显示的内容；第四个参数 buttons 声明对话框放置的按钮，默认是只放置一个 OK 按钮，这个参数可以使用或运算，例如我们希望有一个 Yes 和一个 No 按钮，可以使用 QMessageBox::Yes | QMessageBox::No 指定，所有的按钮类型可以在 QMessageBox 声明的 StandardButton 枚举中找到；第五个参数 defaultButton 就是默认选中的按钮，默认值是 NoButton，也就是所有按钮都不选中。

其他几个函数的参数类似，具体可查看 Qt 帮助文档。下面给出这几个静态函数的用例。

(1) information 函数的使用：

```
QMessageBox::information(NULL, "Title", "Content",
    QMessageBox::Yes | QMessageBox::No, QMessageBox::Yes);
```

结果如图 5-16 所示。

(2) critical 函数的使用：

```
QMessageBox::critical(NULL, "critical", "Content",
    QMessageBox::Yes|QMessageBox::No, QMessageBox::Yes);
```

结果如图 5-17 所示。

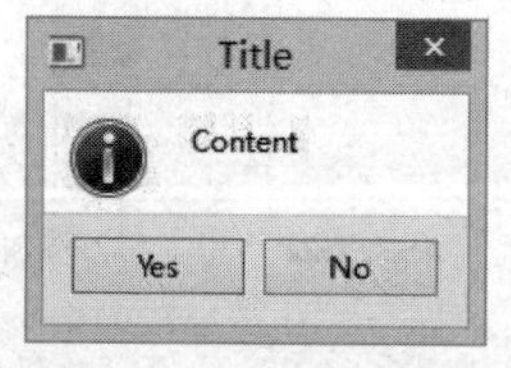

图 5-16　information 函数示例

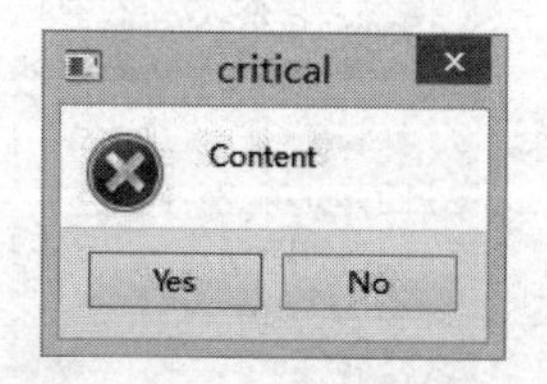

图 5-17　critical 函数示例

(3) warning 函数的使用：

```
QMessageBox::warning(NULL, "warning", "Content",
    QMessageBox::Yes | QMessageBox::No, QMessageBox::Yes);
```

结果如图 5-18 所示。

(4) question 函数的使用：

```
QMessageBox::question(NULL, "question", "Content",
    QMessageBox::Yes | QMessageBox::No, QMessageBox::Yes);
```

结果如图 5-19 所示。

(5) about 函数的使用：

```
QMessageBox::about(NULL, "About", "About this application");
```

结果如图 5-20 所示。

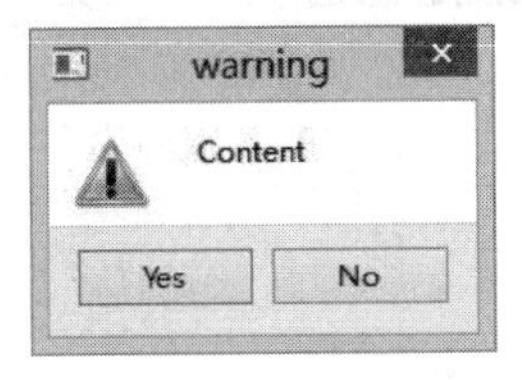

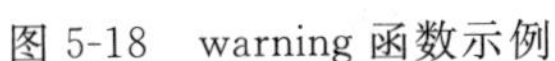
图 5-18 warning 函数示例

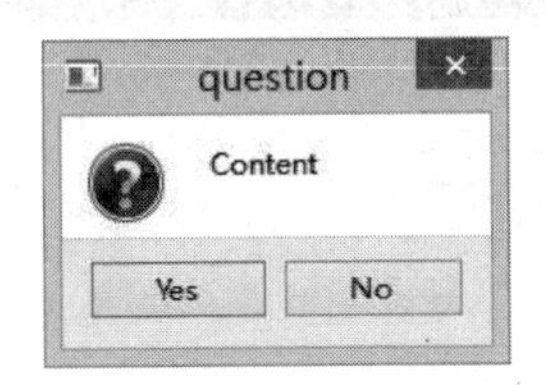

图 5-19 question 函数示例

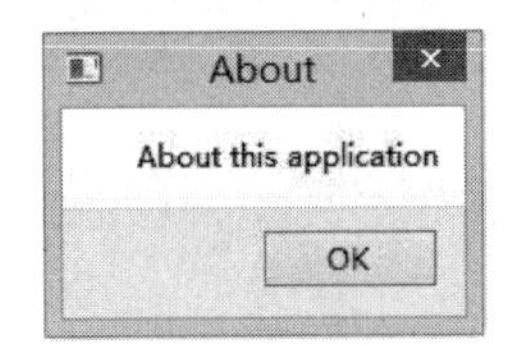

图 5-20 about 函数的使用

习题 5

编程实现一个富文本编辑器，其中：

- “文件”菜单包括新建、打开、保存 3 项，对应工具栏前 3 个按钮。第一个命令将文本框清空，后两个命令都是打开标准对话框中的文件对话框，这里并不实现打开文件和保存文件的功能。
- “编辑”菜单包括剪切、复制、粘贴 3 项，分别调用 QTextEdit 类的 cut、copy、paste 函数进行文本编辑，请参考 QTextEdit 类的帮助文档。这 3 个命令对应工具栏中间 3 个按钮。
- 另外，“编辑”菜单中还包括字体颜色、字体设置两项，分别调用标准的选择颜色对话框、选择字体对话框。利用它们可以设置字体的颜色和其他属性。这两个命令对应工具栏最后两个按钮。

程序运行结果如下图所示。

第6章 布局管理及多窗口技术

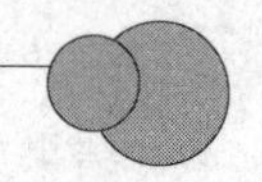

6.1 控件布局管理

所谓GUI界面,归根结底,就是一堆可视化控件的叠加。创建一个窗口,把按钮放上面,把图标放上面,这样就成了一个界面。在放置时,控件的位置尤其重要。我们必须指定控件放在哪里,以便窗口能够按照我们需要的方式进行渲染。这就涉及控件定位的机制。Qt提供了两种控件定位机制:绝对定位和布局定位。

绝对定位是一种最原始的定位方法:给出这个控件的坐标和长宽值。这样,Qt就知道该把控件放在哪里以及如何设置控件的大小。但是这样做带来的一个问题是,如果用户改变了窗口大小,例如单击最大化按钮或者使用鼠标拖动窗口边缘,采用绝对定位的控件是不会有任何响应的。这也很自然,因为你并没有告诉Qt,在窗口变化时,窗体控件是否要更新自己以及如何更新。如果希望控件自动更新(就如同微软公司的Word在最大化时总会把稿纸区放大,把工具栏拉长),就要自己编写相应的函数来响应窗口变化。当然还有更简单的方法:禁止用户改变窗口大小。但这总不是长远之计。

针对这种控件自适应窗口变化的需求,Qt提供了另外的一种"布局机制"来解决这个问题。只要把控件放入某一种布局,布局由专门的布局管理器进行管理。当需要调整控件大小或者位置时,Qt使用对应的布局管理器自动进行调整。

Qt通过一些类实现布局管理,包括QHBoxLayout、QVBoxLayout、QGridLayout和QFormLayout。这些类型继承自QLayout,但QLayout并非继承自QWidget,而是直接派生自QObject。它们负责窗体中控件的布局管理。上述4个类的作用如下:

- QHBoxLayout,配置widget控件成横向一行。
- QVBoxLayout,配置widget控件成垂直一列。
- QGridLayout,配置widget控件按平面网格排列。
- QFormLayout,配置widget控件用于表单布局。

设计界面时,一个布局类的使用过程一般如下:

(1) 创建各个控件。

(2) 定义一个布局类对象。

(3) 将控件加入布局类对象。

(4) 在某个窗体上设置该布局。

6.1.1 水平布局

QHBoxLayout 用于水平布局。下面来看一个例子。

【例 6-1】 QHBoxLayout 的使用。

第 1 步，建立一个基于 QWidget 类的应用程序。创建时取消 UI 界面文件。

第 2 步，修改 main.cpp：

```
#include "widget.h"
#include <QApplication>
#include <QSpinBox>
#include <QSlider>
#include <QLayout>
int main(int argc, char * argv[])
{
    QApplication a(argc, argv);
    Widget w;
    //添加两个控件
    QSpinBox * spinBox=new QSpinBox(&w);                    //创建数字旋钮
    QSlider * slider=new QSlider(Qt::Horizontal, &w);  //创建滑动条
    spinBox->setValue(35);
    slider->setValue(50);
    //创建布局对象,将控件加入其中
    QHBoxLayout * layout=new QHBoxLayout;
    layout->addWidget(spinBox);
    layout->addWidget(slider);
    w.setLayout(layout);                                     //在窗体上设置 layout
    w.show();
    return a.exec();
}
```

编译运行，得到图 6-1 所示的效果。可以看出，SpinBox 和 Slider 两个控件是水平排列的。当窗体拉大时，Slider 控件被拉长。控件的高度没有变，SpinBox 的宽度也没有变。这是 Qt 智能拉伸控件的结果，系统认为滑动条应优先拉伸。

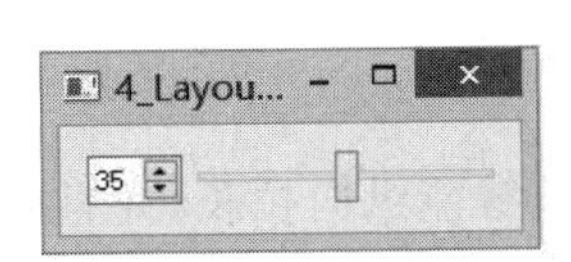

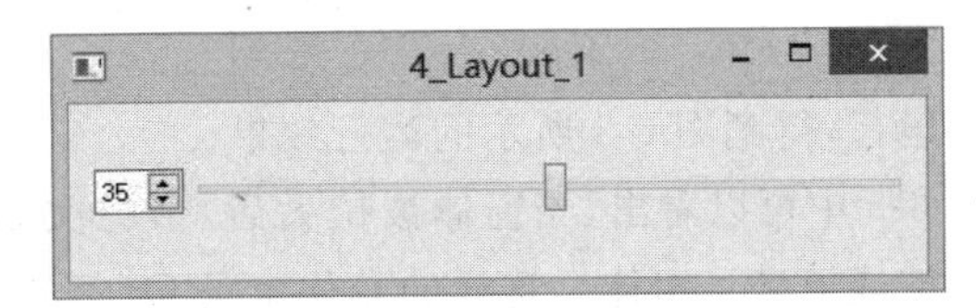

图 6-1 数字旋钮和滑杆的水平布局

如果界面中只有一个 SpinBox，那么当窗体拉大时，SpinBox 也会横向拉长。同理，如果将例 6-1 中的 SpinBox 换成 Button，当窗体拉大时仍然只有 Slider 被拉宽。但是当水平布局中有若干个按钮时，当窗体拉大，每个按钮会同时被拉宽，如图 6-2 所示。

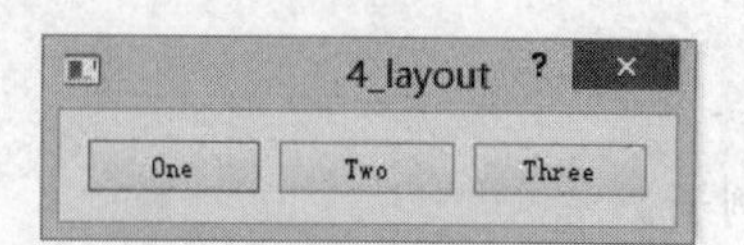

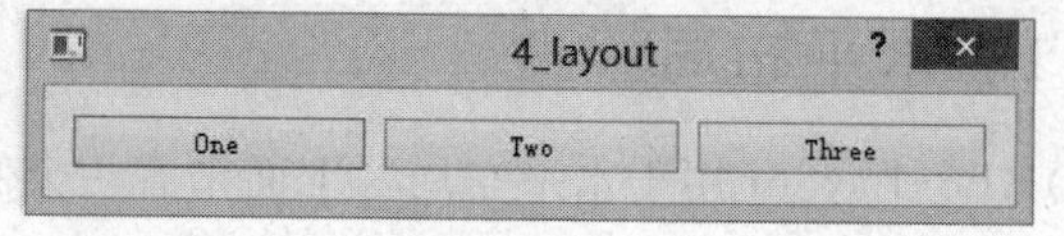

图 6-2　3 个按钮的水平布局

6.1.2　垂直布局

QVBoxLayout 用于水平布局。

【例 6-2】 QVBoxLayout 的使用。

第 1 步，建立一个基于 QWidget 类的应用程序。创建时取消 UI 界面文件。

第 2 步，修改 main. cpp：

```
#include "widget.h"
#include <QApplication>
#include <QLineEdit>
#include <QTextEdit>
#include <QLayout>
int main(int argc, char *argv[])
{
    QApplication a(argc, argv);
    Widget w;
    //创建两个控件
    QLineEdit *LEdit=new QLineEdit("a line text",&w);
    QTextEdit *REdit=new QTextEdit(&w);
    //将控件放入 layout 对象
    QVBoxLayout *layout=new QVBoxLayout;
    layout->addWidget(LEdit);
    layout->addWidget(REdit);
    w.setLayout(layout);                    //设置窗体布局
    w.show();
    return a.exec();
}
```

编译运行，得到图 6-3 所示的运行效果。

从图 6-3 中可以看出，当窗体被拉大后，多行文本框被智能纵向拉长，并且两个编辑框都横向扩展填满了窗体。这样的变化也是 Qt 智能控制的结果。

6.1.3　网格布局

QGridLayout 用于实现网格布局。网格是 m 行 n 列的形式，但是通常情况下，每个格子的尺寸是不同的。图 6-4 是一个 3 行 4 列的网格布局。每个格子的大小受控件自身大小的影响，还可以人为设定行与行的高度比或者列与列的宽度比。

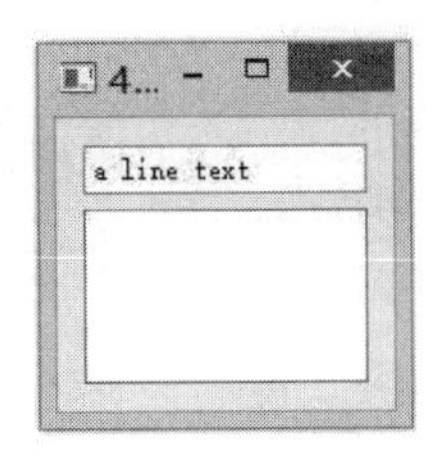

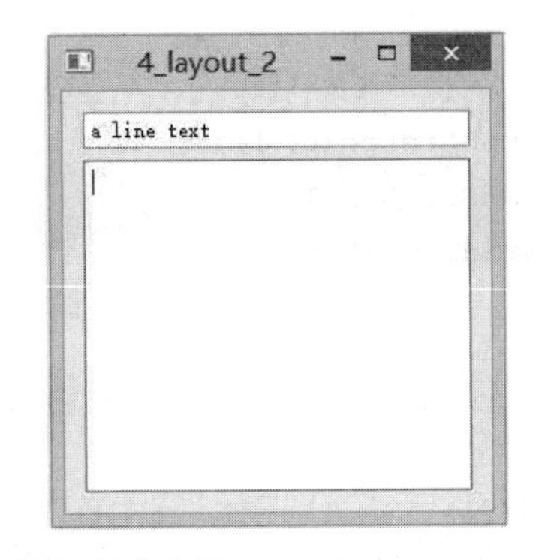

图 6-3　两个编辑框垂直布局

0, 0	0, 1	0, 2	0, 3
1, 0	1, 1	1, 2	1, 3
2, 0	2, 1	2, 2	2, 3

图 6-4　一个 3×4 的网格布局

【例 6-3】 QGridLayout 的基本用法示例。

第 1 步，建立一个基于 QDialog 的程序，取消 UI 文件的创建。

第 2 步，修改 main.cpp：

```
#include "dialog.h"
#include <QApplication>
#include <QGridLayout>                              //添加头文件
#include <QLabel>                                   //添加头文件
int main(int argc, char *argv[])
{
    QApplication app(argc, argv);
    QString texts[]={"1", "2","3","4","5","6","7","8","9"};
    QWidget * window=new QWidget;
    window->setWindowTitle("QGridLayout");
    window->resize(250, 100);
    QGridLayout *gridLayout=new QGridLayout;
    gridLayout->setSpacing(2);                      //设置单元间隔
    gridLayout->setMargin(2);                       //设置边距
    for(int i=0, k=0; i <3;i++,k+=3)
    {
        for(int j=0; j <3;j++)
        {
            QLabel * label=new QLabel(texts[k+j]);
            //设定 label 的显示方式,使其显示得更清楚
            label->setFrameStyle(QFrame::Panel+QFrame::Sunken);
            if(i<2)
                label->setMinimumSize(55,0);
            else
                label->setMinimumSize(55,50);
            label->setAlignment(Qt::AlignCenter);
            gridLayout->addWidget(label,i,j);     //添加控件到网格
        }
```

```
    }
    //列宽比,第 0 列与第 1 列宽度之比为 1:2
    gridLayout->setColumnStretch(0, 1);
    gridLayout->setColumnStretch(1, 2);
    window->setLayout(gridLayout);
    window->show();
    return app.exec();
}
```

编译运行,结果如图 6-5 所示。

由图 6-5 可以看出,第 2 行的高度比较大。这是因为在程序中设置第 2 行高度不小于 50 的结果,使用了下面的语句:

```
label->setMinimumSize(55,50);
```

当窗体拉大以后,由于每一行的高度都大于 50,因此所有行高度就均匀分布了,如图 6-6 所示。但是第 0、1 两列的宽度比一直是 1∶2,原因是设定了宽度比例,语句为

```
gridLayout->setColumnStretch(0, 1);     //设定第 0 列为 1
gridLayout->setColumnStretch(1, 2);     //设定第 1 列为 2
```

类似地,还可以设定行与行的高度比,可使用下列函数:

```
void QGridLayout::setRowStretch(int row, int stretch)
```

该函数设定第 row 行因子为 stretch。

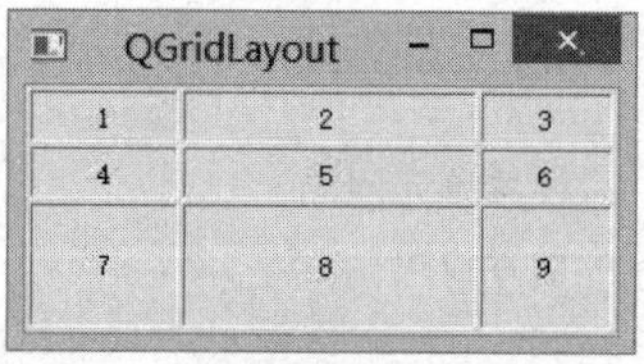

图 6-5 若干标签的网格布局

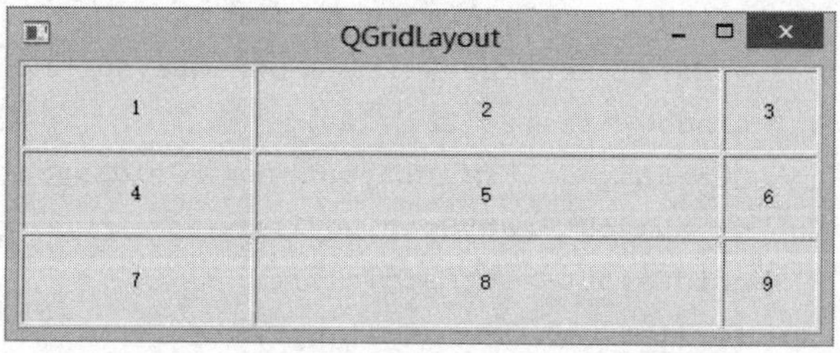

图 6-6 拉大窗体后网格布局的变化

网格布局中添加的控件在垂直或水平方向上可占据多个单元格。可使用下列函数添加控件:

```
void addWidget(QWidget * widget, int fromRow, int fromColumn,
    int rowSpan, int columnSpan, Qt::Alignment alignment=0)
```

该函数将控件 widget 的左上角放在(fromRow, fromColumn),纵向占据 rowSpan 个单元,横向跨越 columnSpan 个单元。rowSpan 和 columnSpan 参数只能同时出现或者同时忽略,若没有 rowSpan 和 columnSpan 则表示控件占 1 个单元格。

【例 6-4】 用网格布局构造温度转换程序界面。

假定要实现图 6-7 所示的界面(其中有 7 个控件)。为了使用网格布局实现这一界

面，可以将界面划分成 4 行 3 列的网格，如图 6-8 所示。

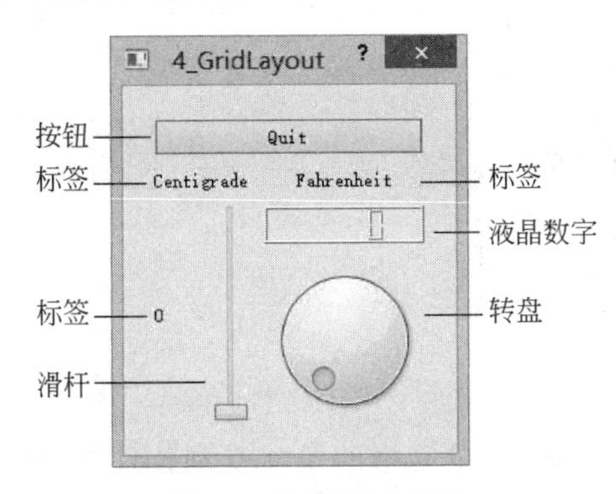

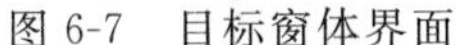
图 6-7 目标窗体界面

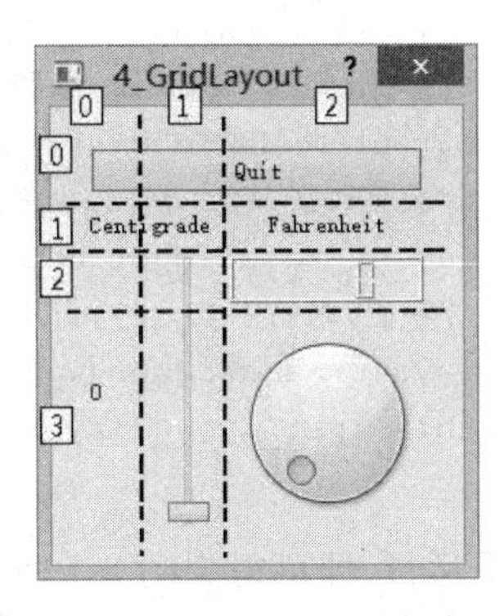

图 6-8 用 4×3 网格进行布局

显然，第 0 行按钮占据 1 行 3 列。第 1 行左边的标签占 2 列，右边的标签占一个单元。下面的摄氏温度标签以及调整温度的滑杆各占 2 行 1 列。液晶数字和转盘各占一个单元。于是可以按如下步骤编写程序。

第 1 步，建立一个基于 QDialog 的程序，取消 UI 文件的创建。

第 2 步，修改 dialog. cpp：

```
#include "dialog.h"
#include <QGridLayout>
#include <QLabel>
#include <QPushButton>
#include <QSlider>
#include <QLCDNumber>
#include <QDial>
Dialog::Dialog(QWidget *parent): QDialog(parent)
{
    QPushButton *m_QuitButton=new QPushButton("Quit",this);
    QLabel *m_CenLabel=new QLabel("Centigrade",this);
    QLabel *m_FahLabel=new QLabel("Fahrenheit",this);
    m_FahLabel->setAlignment(Qt::AlignHCenter);
    QLabel *m_Label=new QLabel("0",this);
    QSlider *m_Slider=new QSlider(this);
    QLCDNumber *m_LCDNumber=new QLCDNumber(this);
    QDial *m_Dial=new QDial(this);
    QGridLayout *layout=new QGridLayout(this);
    layout->setSpacing(10);
    layout->setMargin(20);
    //Quit 按钮,起始于(0, 0),横跨 3 个单元格,即 colSpan=3
    layout->addWidget(m_QuitButton, 0, 0, 1, 3);
    //Centigrade 标签,起始于(1, 0),横跨 2 个单元格,即 colSpan=2
    layout->addWidget(m_CenLabel, 1, 0, 1, 2);
    //Fahrenheit 标签,始于(1, 2),占 1 个单元,不设 rowSpan 和 colSpan
    layout->addWidget(m_FahLabel, 1, 2);
```

```
    //"0"标签,起始于(2, 0),纵跨 2 个单元格,rowSpan=2
    layout->addWidget(m_Label, 2, 0, 2, 1);
    //滑杆,起始于(2, 1),纵跨 2 个单元格,rowSpan=2
    layout->addWidget(m_Slider, 2, 1, 2, 1);
    //液晶数字,起始于(2, 2),占用一个单元格
    layout->addWidget(m_LCDNumber, 2, 2);
    //转盘,起始于(3, 2),占用一个单元格
    layout->addWidget(m_Dial, 3, 2);
    this->setLayout(layout);
}
```

编译运行,即可得到图 6-7 所示的界面。显然,单元格的尺寸受到控件类型的影响,因此并不相同,其大小调整由 Qt 自动进行。

6.1.4 表单布局

QFormLayout 称为表单布局。这里的表单由两个列组成:第一个列用于显示信息,给予用户提示,一般称为 label 域;第二个是需要用户输入的,一般称为 field 域。表单就是由很多 label 域-field 域两项(两列)内容组成的行的布局。label 与 field 是关联的。

表单布局完全可以使用网格布局实现,是一种多行两列的列表,但表单布局提供了比较完善的策略,其主要有以下优点:

(1) 自适应不同操作系统,有不同的外观。

例如,在 MacOS X 的 Aqua 界面和 Linux 的 KDE 界面中,这种两列结构中的标签应该是右对齐的,而在 Windows 和 GNOME 界面的应用程序中这种标签通常是左对齐的。

(2) 支持自动换行。

如果输入域 field 设定得比较长,则 field 域换一行显示,还可以设定 field 域总是换一行显示,当然默认情形是一行显示两个域。

(3) 函数接口简单,label 和 field 控件可以直接一对对地插入。

使用下面的函数可以在表单布局中一次插入两个控件,即标签和文本框:

```
void addRow(QWidget * label, QWidget * field)
```

addRow 函数在插入一个 label 和一个 field 后,自动将两者设置为伙伴(buddy)关系。而伙伴关系的好处是,假如 label 的快捷键是 ALT+W,按下快捷键时,输入焦点自动跳到 label 的伙伴(即 field)上。下列语句将建立一个图 6-9 所示的界面:

```
QLineEdit * name=new QLineEdit;
QLineEdit * email=new QLineEdit;
QLineEdit * address=new QLineEdit;
```

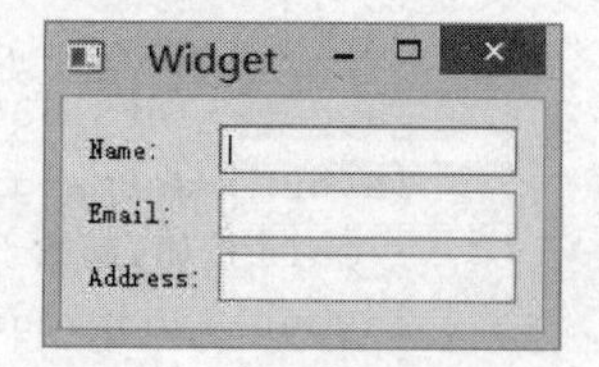

图 6-9 一个表单布局界面

下面的函数自动创建一个文字为 labelText 的标签,再将标签、文本框一起插入表单布局中:

```
void addRow(const QString &labelText, QWidget * field)
QFormLayout * formLayout=new QFormLayout;
```

```
formLayout->addRow(tr("&Name:"), name);
formLayout->addRow(tr("&Email:"), email);
formLayout->addRow(tr("&Address:"), address);
setLayout(formLayout);
```

这里“&Name:”中的 & 符号指明了快捷方式，表明按下 ALT+N 键就跳转到 Name 后面的编辑框。

如果在上述 FormLayout 的实现代码中添加下列语句：

```
formLayout->setLabelAlignment(Qt::AlignRight);
```

则标签文字右对齐，如图 6-10 所示。

如果在上述 FormLayout 的实现代码中添加下列语句：

```
formLayout->setRowWrapPolicy(QFormLayout::WrapAllRows);
```

则标签和文本编辑控件分两行显示，如图 6-11 所示。

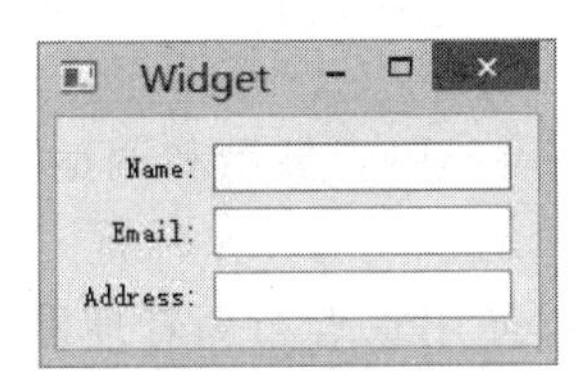

图 6-10 表单布局界面(标签右对齐)

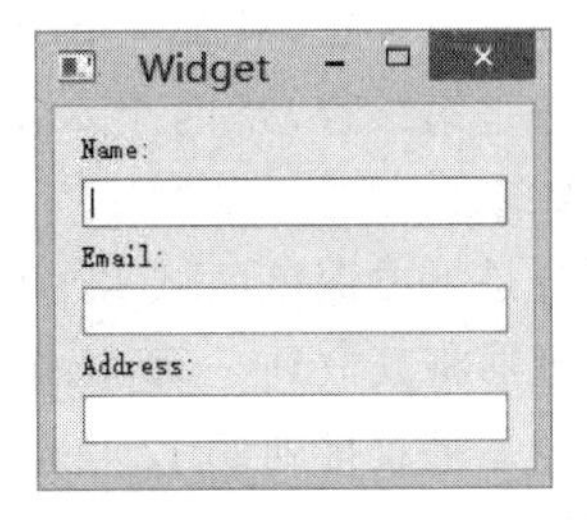

图 6-11 表单布局界面(换行显示)

如果使用 QGridLayout，为了实现与图 6-9 同样的界面，需要下面的代码：

```
QLineEdit *name=new QLineEdit;
QLineEdit *email=new QLineEdit;
QLineEdit *address=new QLineEdit;
QLabel *nameLabel=new QLabel(tr("&Name:"));
nameLabel->setBuddy(name);
QLabel *emailLabel=new QLabel(tr("&Email:"));
emailLabel->setBuddy(email);
QLabel *addrLabel=new QLabel(tr("&Address:"));
addrLabel->setBuddy(address);
QGridLayout *gridLayout=new QGridLayout;
gridLayout->addWidget(nameLabel, 0, 0);
gridLayout->addWidget(name, 0, 1);
gridLayout->addWidget(emailLabel, 1, 0);
gridLayout->addWidget(email, 1, 1);
gridLayout->addWidget(addrLabel, 2, 0);
gridLayout->addWidget(address, 2, 1);
setLayout(gridLayout);
```

6.1.5 综合布局实例

在做界面设计的时候,就是利用上面几种布局管理器对部件进行组合和排列,同时水平布局、垂直布局和网格布局可以互相嵌套,从而构造比较复杂的界面。

【例 6-5】 用水平布局和垂直布局构造温度转换程序界面。

这里用水平布局和垂直布局相互嵌套的方式实现例 6-4 中的温度转换器的界面。

对于水平布局和垂直布局,都可以使用下列函数将一个布局添加到另一个布局中:

```
void QBoxLayout::addLayout(QLayout * layout, int stretch=0)
```

这里参数 layout 就是被加入的布局。对于网格布局也有类似函数,本例没有使用网格布局,想了解具体细节可以参看 Qt 文档。

考察图 6-7 的界面,共有 7 个部件(1 个 PushButton,3 个 Label,1 个 Slider,1 个 LCDNumber 和 1 个 Dial),可用下面的方法构建程序界面布局。

首先,将界面分拆分成 4 个部分(见图 6-12):

第一部分是第一行,只有一个 PushButton,记作区域 1。

第二部分是第二行,是两个水平排列的 Label,可以用水平布局管理器将其放到一起,记作区域 2。

第三部分是下方深色区域水平排列的 Label 和 Slider,用于显示和调整温度,也可用水平布局管理器将其放到一起,记作区域 3。

第四部分是垂直排列的 LCDNumber 和 Dial,可以使用垂直布局管理器将其放到一起,记作区域 4。

然后,可将区域 3 和 4 看做两个“部件”,将这两部分用水平布局管理器组合起来,形成区域 A。

此时,整个窗体的布局变成自上至下 3 部分:区域 1、区域 2、区域 A,而且这 3 个部分是垂直排列的,如图 6-13 所示,所以可以再用垂直布局管理器将这 3 个大“部件”再次组合。

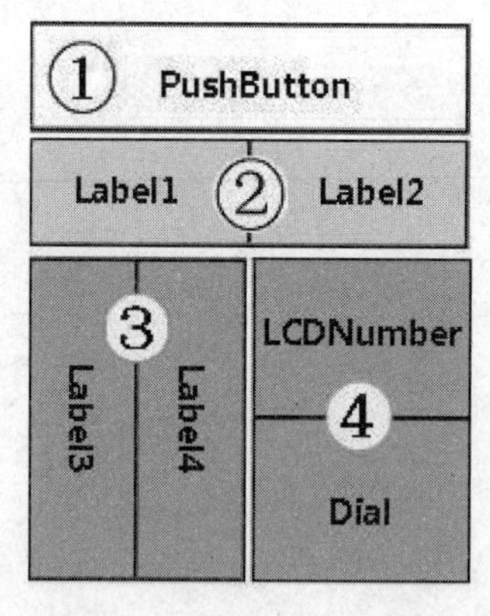

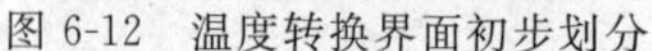

图 6-12 温度转换界面初步划分

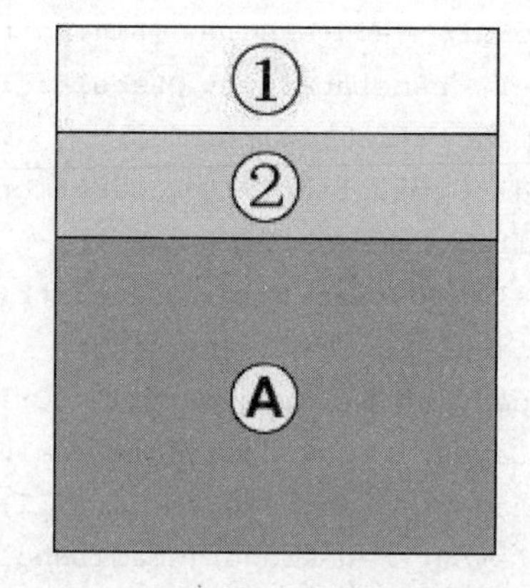

图 6-13 温度转换界面最终组合

至此,利用水平和垂直布局管理器不断嵌套组合的方法,就顺利完成了整个应用程序界面的布局。

程序实现步骤如下：

第 1 步，建立一个基于 QDialog 的程序，取消 UI 文件的创建。

第 2 步，修改 dialog.cpp：

```
#include "dialog.h"
#include <QHBoxLayout>
#include <QVBoxLayout>
#include <QLabel>
#include <QPushButton>
#include <QSlider>
#include <QLCDNumber>
#include <QDial>
Dialog::Dialog(QWidget *parent): QDialog(parent)
{
    QPushButton *m_QuitButton=new QPushButton("Quit",this);
    QLabel *m_CenLabel=new QLabel("Centigrade",this);
    QLabel *m_FahLabel=new QLabel("Fahrenheit",this);
    m_FahLabel->setAlignment(Qt::AlignHCenter);
    QLabel *m_Label=new QLabel("0",this);
    QSlider *m_Slider=new QSlider(this);
    QLCDNumber *m_LCDNumber=new QLCDNumber(this);
    QDial *m_Dial=new QDial(this);
    //将两个 Label 放到水平布局管理器(区域 2)
    QHBoxLayout *layout2=new QHBoxLayout;
    layout2->addWidget(m_CenLabel);
    layout2->addWidget(m_FahLabel);
    //将 Label 和 Slider 放到水平布局管理器(区域 3)
    QHBoxLayout *layout3=new QHBoxLayout;
    layout3->addWidget(m_Label);
    layout3->addWidget(m_Slider);
    //将 LCDNumber 和 Dial 放到垂直布局管理器(区域 4)
    QVBoxLayout *layout4=new QVBoxLayout;
    layout4->addWidget(m_LCDNumber);
    layout4->addWidget(m_Dial);
    //将区域 3 和区域 4 放到水平布局管理器(区域 A)
    QHBoxLayout *layoutA=new QHBoxLayout;
    layoutA->addLayout(layout3);
    layoutA->addLayout(layout4);
    //将区域 1、区域 2、区域 A 放到主布局管理器
    QVBoxLayout *layout=new QVBoxLayout;
    layout->addWidget(m_QuitButton);
    layout->addLayout(layout2);
    layout->addLayout(layoutA);
    layout->setSpacing(10);
```

```
    layout->setMargin(20);
    this->setLayout(layout);
}
```

编译运行，程序界面如图 6-14 所示。可以看出图 6-14 和图 6-7 十分类似，但是仍然稍有差别。请读者考虑一下差别的原因。

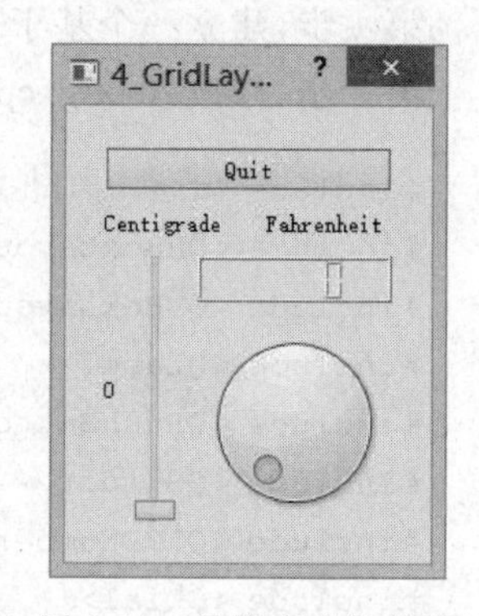

图 6-14　最终实现的界面

从前面的讲解中可以知道，利用水平和垂直布局管理器也可以得到比较复杂的界面。但是当界面比较复杂时，需要利用比较多的布局管理器才能达到最终的效果。布局管理器相互嵌套，如同递归函数一般，这增加了复杂性。

与使用水平布局管理器和垂直布局管理器的组合方式相比，使用网格布局管理器只需要消耗一个布局管理器即可完成整个界面的布局。但是这种方式最大的缺点是需要事先精确设计好每个部件的位置和占用尺寸，在部件数量比较大的情况下，仅使用网格布局管理器也显得力不从心了。

所以，在做界面布局的时候，可以使用网格布局管理器做整体框架设计，然后在其中填充一些水平或垂直布局管理器或者它们的组合，以达到更好的效果。

6.2　窗口的切分与停靠

6.2.1　使用 QSplitter 实现分割窗口

分割窗口在应用程序中经常用到，它可以灵活设计窗口布局，经常用于类似文件资源管理器的窗口设计中。QSplitter 控件就是一个可以包含一些其他窗口部件的部件。在 QSplitter 中的这些窗口部件会通过切分条(Splitter handle)分割开。用户可以通过拖动这些分割条改变 QSplitter 控件中子窗口的大小。QSplitter 中的子窗口部件将会自动按照创建时的顺序一个挨着一个地放在一起，并且以窗口分割条来分割相邻的窗口。

【例 6-6】 QSplitter 使用示例之一。

第 1 步，建立一个基于 QMainWindow 的程序，取消 UI 文件的创建。

第 2 步，修改 mainwindow.cpp 中包含的头文件和构造函数：

```
#include "mainwindow.h"
#include <QSplitter>
#include <QTextEdit>
MainWindow::MainWindow(QWidget *parent): QMainWindow(parent)
{
    //创建主分割窗口,设置为水平分割窗口(左右分割)
    QSplitter *mainSplitter=new QSplitter(Qt::Horizontal);
    //创建一个 QTextEdit 控件,设置其父控件为 mainSplitter
    QTextEdit *leftEdit=new QTextEdit(QObject::tr("左窗口"), mainSplitter);
    //设置 QTextEdit 中文字的对齐方式为居中显示
```

```
    leftEdit->setAlignment(Qt::AlignCenter);
    //创建右侧垂直分割窗口(上下分割),设置其父控件为 mainSplitter
    QSplitter * rightSplitter=new QSplitter(Qt::Vertical, mainSplitter);
    //设置拖动分割条时,只显示灰线。拖动到位后再显示分割条
    rightSplitter->setOpaqueResize(false);
    //设置右侧分割的上下两个窗口内容
    QTextEdit * upEdit=new QTextEdit(QObject::tr("上窗口"), rightSplitter);
    upEdit->setAlignment(Qt::AlignCenter);
    QTextEdit  * bottomEdit=new QTextEdit(QObject::tr("下窗口"), rightSplitter);
    bottomEdit->setAlignment(Qt::AlignCenter);
    //设置右部分割窗口为可伸缩控件
    mainSplitter->setStretchFactor(1, 1);
    mainSplitter->setWindowTitle(QObject::tr("分割窗口"));
    //将主分割设为中央部件
    setCentralWidget(mainSplitter);
    mainSplitter->show();
}
```

编译运行,可以得到图 6-15 所示的分割窗口界面。分割条可以拖动。

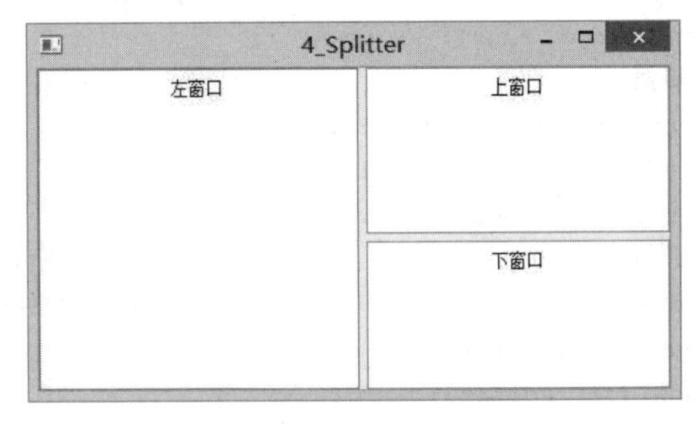

图 6-15　分割窗口界面

在例 6-6 中,使用了 QSplitter 构造函数,原型如下:

```
QSplitter::QSplitter(Qt::Orientation orientation, QWidget *parent=0)
```

第一个参数通过 Qt::Horizontal 和 Qt::Vertical 来设定为水平分割或垂直分割。第二个参数是父窗口指针,0 代表无父窗口。因此语句

```
QSplitter * rightSplitter=new QSplitter(Qt::Vertical, mainSplitter);
```

就设定了 rightSpliter 的父组件为 mainSplitter。即右侧分割包含在主分割内部。

函数 setOpaqueResize 设置拖动时是否实时更新。例如语句

```
rightSplitter->setOpaqueResize(false)
```

就是设定拖动分割条时只显示一条灰色的线条。当把其中的参数改为 true 时,则分割将实时更新。

函数 setStretchFactor 设置可伸缩控件。下面是程序中该语句的用法：

```
mainSplitter->setStretchFactor(1, 1);
```

其中第一个参数指定控件序号，该控件序号按插入的先后次序依次从 0 开始编号，第二个参数大于 0 表示此控件为伸缩控件。此例中设置右侧分割窗口为伸缩控件。当把窗口向右拉伸后，左边的宽度不变。

QSplitter 每次向一个分割区添加一个控件。因此如果有多个控件要布置在某个分区，可以将它们先放到一个 Widget 窗体中，然后将此窗体放入分区。

【例 6-7】 QSplitter 使用示例之二。

第 1 步，建立一个基于 QDialog 的程序，取消 UI 文件的创建。

第 2 步，修改 main.cpp：

```
#include "dialog.h"
#include <QApplication>
#include <QSplitter>
#include <QTextEdit>
int main(int argc, char * argv[])
{
    QApplication a(argc, argv);
    //创建 3 个编辑框
    QTextEdit * editor1=new QTextEdit;
    QTextEdit * editor2=new QTextEdit;
    QTextEdit * editor3=new QTextEdit;
    QSplitter splitter(Qt::Horizontal);          //定义一个切分窗口
    splitter.addWidget(editor1);                 //将文件控件加入到切分框
    splitter.addWidget(editor2);
    splitter.addWidget(editor3);
    editor1->setPlainText("One\nTwo\nThree");
    editor2->setPlainText("1 \n2 \n3 ");
    editor3->setPlainText("A\nB\nC");
    splitter.setWindowTitle(QObject::tr("Splitter"));
    splitter.show();
    return a.exec();
}
```

编译运行，可以得到图 6-16 所示的窗口切分界面。分割条可以拖动。

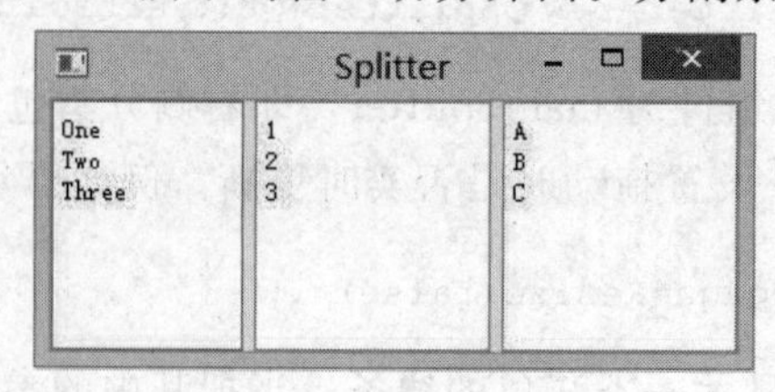

图 6-16　3 个子窗口并列

这个例子说明，QSplitter 控件并不一定是将主窗口一分为二，而是根据加入的子窗口的数量自动分割，这里加入了 3 个控件，于是就产生了 3 个子窗口。

6.2.2 可停靠窗口 QDockWidget

在许多程序中，有些窗口可以被拖放到另一个窗口中，并合为一体，可以停靠在主窗口的上下或左右两侧，还可以浮动在主窗口之上，可以显示或关闭，这就是停靠窗口。Qt 中的 QDockWidget 类可以实现这一功能。一个主窗口的可停靠位置如图 6-17 所示。

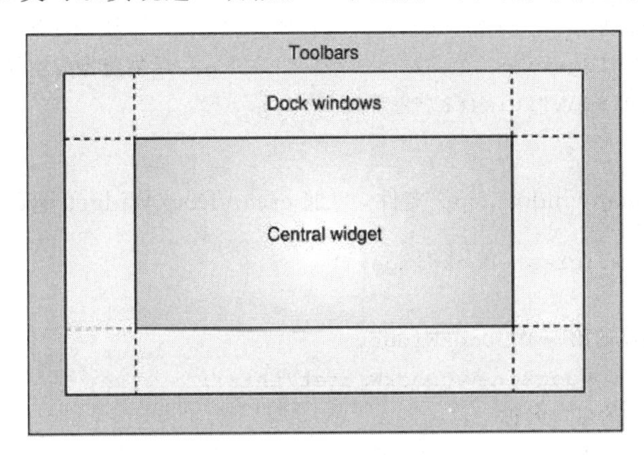

图 6-17 停靠窗口的停靠区域

【例 6-8】 停靠窗口示例。

第 1 步，建立一个基于 QMainWindow 的应用，取消 UI 设计界面复选框的选中状态。

第 2 步，在源文件 mainwindow. cpp 中编写如下代码：

```
#include <QMainWindow>
#include <QTextEdit>
#include <QMenuBar>
#include <QToolBar>
class MainWindow : public QMainWindow
{
    Q_OBJECT
    //添加组件、函数的定义
    QTextEdit * textEdit;
    QMenu * viewMenu;
    QToolBar * viewToolBar;
    void createDockWidget();
public:
    MainWindow(QWidget * parent=0);
    ~MainWindow();
};
```

第 3 步，修改 mainwindow. cpp 文件中的构造函数：

```
#include "mainwindow.h"
```

```
#include <QDockWidget>                          //包含停靠窗口
#include <QCalendarWidget>                      //包含日历控件
MainWindow::MainWindow(QWidget *parent): QMainWindow(parent)
{
    //创建一个 QTextEdit 控件,作为主窗口
    textEdit=new QTextEdit;
    this->setCentralWidget(textEdit);
    viewMenu=menuBar()->addMenu(tr("视图"));  //添加菜单
    viewToolBar=this->addToolBar(tr(""));      //添加工具条
    createDockWidget();                         //创建停靠窗体
    this->setWindowTitle(tr("停靠窗口"));
}
```

第 4 步,修改 mainwindow.cpp 文件,增加 createDockWidget 函数的实现:

```
void MainWindow::createDockWidget()
{
    //设置主窗体的第一个 QDockWidget
    QDockWidget *dock=new QDockWidget(this);
    //设置 dock 的窗口名称
    dock->setWindowTitle(tr("日期"));
    //设置 dock 的可停靠区域,全部可停靠
    dock->setAllowedAreas(Qt::AllDockWidgetAreas);
    //设置 dock 内的控件
    QCalendarWidget *calendar=new QCalendarWidget;
    //将日历控件设置成 dock 的主控件
    dock->setWidget(calendar);
    //向主窗体中添加 dock 的第一个参数,表示初始显示的位置
    //第二个参数是要添加的 QDockWidget 控件
    this->addDockWidget(Qt::RightDockWidgetArea, dock);
    //向菜单和工具栏中添加显示和隐藏 dock 窗口的动作
    viewMenu->addAction(dock->toggleViewAction());
    viewToolBar->addAction(dock->toggleViewAction());
}
```

编译运行,效果如图 6-18 所示。这里,停靠窗口可以移动到左右上下各个位置,并且停靠窗口还可以脱离主窗口(处于浮动状态)。

停靠窗口 QDockWidget 的函数 setAllowedAreas 用于设定窗体的停靠区域,其参数可以取下面的值:

Qt::LeftDockWidgetArea,停靠在左侧。

Qt::RightDockWidgetArea,停靠在右侧。

Qt::TopDockWidgetArea,停靠在顶部。

Qt::BottomDockWidgetArea,停靠在底部。

Qt::AllDockWidgetAreas,可停靠在任何位置。

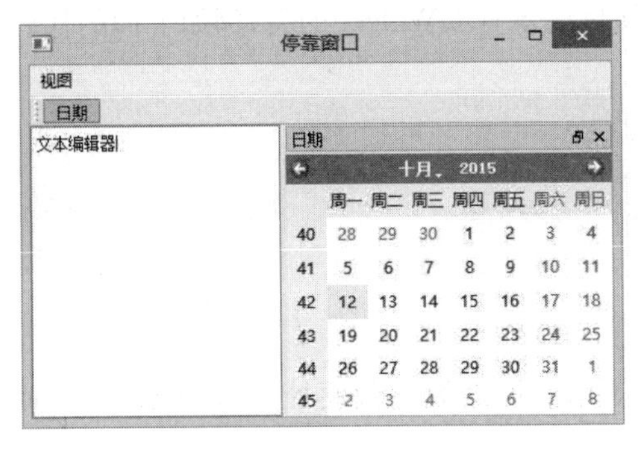

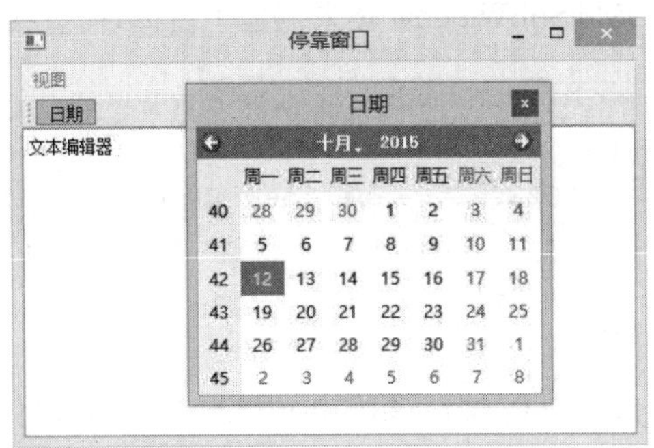

图 6-18 停靠窗口示例

另外，停靠窗口 QDockWidget 的函数 setFeatures 用来设定停靠窗口的特性，使用方式如下：

```
dock->setFeatures(QDockWidget::DockWidgetMovable);      //窗口可移动
```

用于设置停靠窗体特性的参数如下：

QDockWidget::DockWidgetClosable，窗口可以关闭。

QDockWidget::DockWidgetMovable，窗口可以在不同停靠区域移动。

QDockWidget::DockWidgetFloatable，窗口可以脱离主窗口浮动。

QDockWidget::DockWidgetVerticalTitleBar，标题栏以垂直方式显示在左侧。

QDockWidget::NoDockWidgetFeatures，窗口不能关闭、浮动或移动。

这些参数可以用或（"|"）的方式联合使用。

6.3 多文档界面应用程序

使用 Qt 编写多文档界面（MDI）的应用主要会用到 QMdiArea 和 QMdiSubWindow 两个类。在这里简单介绍这两个类。

1. QMdiArea

这个类相当于一个 MDI 窗口管理器，用来管理添加到这个区域中的多个子窗口。在应用中新建的所有子窗口都需要通过 addSubWindow 方法添加到这个类的对象中。一般情况下，QMdiArea 被用作 QMainWindow 的中央部件，但是，也可以将它添加到任意的布局中。下面的代码就是将其添加到中央部件：

```
QMainWindow *mainWindow=new QMainWindow;
mainWindow->setCentralWidget(mdiArea);
```

2. QMdiSubWindow

这个类继承自 QWidget，主要用来创建 MDI 子窗体实例。然后，可以通过调用 QMdiArea 的 addSubWindow 方法将新建的子窗体实例添加到多文档界面区域。也可以不用 QMdiSubWindow 类来创建子窗体，而直接使用继承自 QWidget 的类，例如下面的代码：

```
void MainWindow::actNewWindow()
{
    QLabel *label=new QLabel;
    m_mdiArea->addSubWindow(label);
    label->show();
}
```

不过，如果使用 QMdiSubWindow 类，就可以使用其提供的一些便捷的成员函数，下面给出一段示例代码：

```
void MainWindow::actNewWindow()
{
    QLabel *label=new QLabel;
    QMdiSubWindow *subWin=new QMdiSubWindow;
    subWin->setWidget(label);
    subWin->setAttribute(Qt::WA_DeleteOnClose);
    m_mdiArea->addSubWindow(subWin);
    subWin->show();
}
```

这里设置 Qt::WA_DeleteOnClose 的作用是，当关闭子窗口时，不是隐藏窗口，而是彻底关闭子窗口，回收其占用的资源。

【例 6-9】 多文档应用示例。

第 1 步，使用 Qt 向导创建一个 QMainWindow 应用，并使用 UI 设计界面。

第 2 步，在 UI 设计界面中添加“文件”菜单，在其下添加一个 New 菜单项，用来每次创建一个子窗体，并显示在 MDI 区域。

第 3 步，在 mainwindow.h 头部添加包含文件：

```
#include <QMdiArea>
```

同时在 mainwindow.h 中添加下面的变量：

```
QMdiArea *m_mdiArea;
```

再添加槽函数定义：

```
private slots:
    void actNewWindow();
```

第 4 步，修改 mainwindow.cpp 中的构造函数：

```
#include "mainwindow.h"
#include "ui_mainwindow.h"
MainWindow::MainWindow(QWidget *parent) :
    QMainWindow(parent), ui(new Ui::MainWindow)
{
```

```
    ui->setupUi(this);
    m_mdiArea=new QMdiArea;                    //创建 MDI 区域
    this->setCentralWidget(m_mdiArea);
    connect(ui->actionNew, SIGNAL(triggered()), this, SLOT(actNewWindow()));
}
```

第 5 步，在 mainwindow.cpp 中添加新建子窗体的槽函数：

```
void MainWindow::actNewWindow()
{
    //这里每个子窗体都是一个 QLabel 部件
    QLabel * label=new QLabel(tr("MDI SubWindow!"));
    QMdiSubWindow * subWin=new QMdiSubWindow;
    subWin->setWidget(label);
    subWin->setAttribute(Qt::WA_DeleteOnClose);
    subWin->resize(180,100);
    m_mdiArea->addSubWindow(subWin);
    subWin->show();
}
```

编译运行，执行文件菜单的 New 命令，则每次产生一个子窗口，如图 6-19 所示。

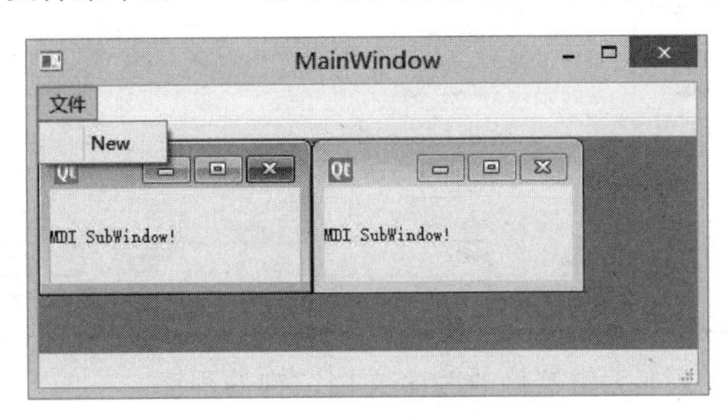

图 6-19　多文档应用程序示例

习题 6

1. 利用各种控件和布局管理器实现类似下图的界面。

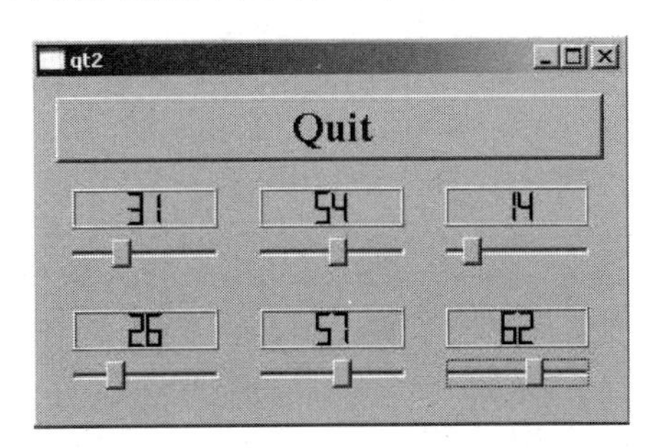

2. 利用水平分割窗口实现类似下图的界面。左侧是树状结构,右侧是富文本编辑框。中间的分割条可以左右拖动。单击树状结构中不同的叶子结点,显示不同的文本。

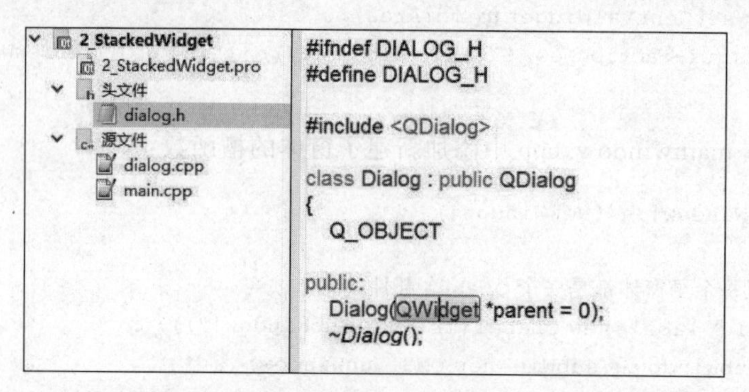

3. 利用各种控件和布局管理器实现类似下图的界面。

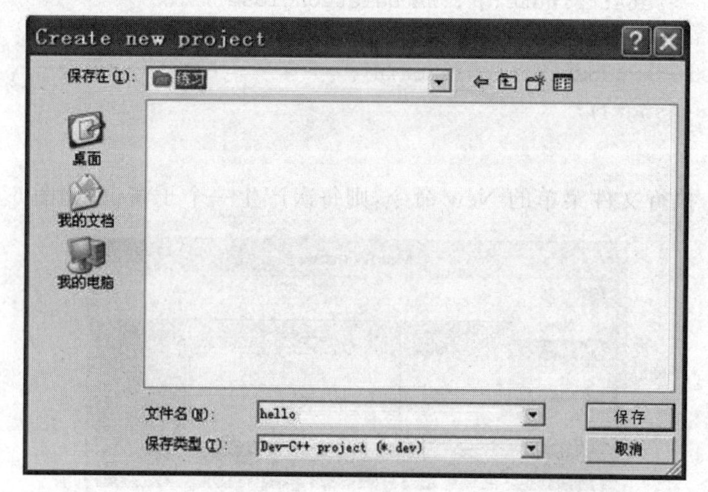

4. 将题2中的富文本编辑器修改为多文档结构的程序。

第7章

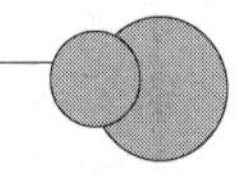

事件系统

7.1 事件机制概述

1. 什么是事件

在 Qt 系统中，事件是一种对象。它代表用户的某种操作或操作系统的某种行为。当用户在窗体中做出某种操作时往往会产生事件。例如，按下鼠标就会产生鼠标按下事件，放开鼠标就会产生鼠标弹起事件，按下键盘就会产生键按下事件。另外一些事件有不同的来源，例如定时器事件，它是每隔一定时间就由操作系统产生一次。

不同事件对应不同的类，例如，QKeyEvent 是键盘事件类，QMouseEvent 是鼠标事件类，QResizeEvent 是窗口大小改变事件类，QTimerEvent 是定时器事件类，等等。所有这些事件类都继承自 QEvent 事件类，因此任何事件类都有一些来自 QEvent 类的特征，比如事件类型的信息，以及事件的 accept()函数和 ignore()函数（可以用它们来告诉 Qt 在某个窗体中“接收”或是“忽略”这个事件）。同时，一个事件可能有属于自身的特有信息，例如，鼠标事件包含鼠标位置信息，键盘事件包含按键编码信息，这些特有信息往往在程序实现过程中有十分重要的作用。

事件发出之后，一般会被窗体应用接收并作出合理的回应。窗体程序并不关心某些事件，会将这些事件丢弃。Qt 窗体应用都是事件驱动的，程序的执行顺序不再是线性的，而是由一个个事件驱动着程序执行。没有事件，程序将阻塞在那里，只是循环等待事件的发生，不做任何实际的工作。

2. 事件的来源及类型

事件的来源主要有两种：

(1) 由操作系统自发产生。

通常，操作系统把从窗口系统得到的消息（例如鼠标按下、键盘操作等）放入系统的消息队列中。Qt 在事件循环的过程中读取这些消息，转化为 QEvent 对象再依次处理。

(2) 由 Qt 应用程序自身产生。

程序产生事件有两种方式。一种是调用 QApplication::postEvent 函数。例如当需要重新绘制屏幕时，在程序中调用 update 函数，于是就产生一个屏幕重绘事件，Qt 系统就会调用 QApplication::postEvent 将其放入 Qt 的事件队列中，等待被应用程序依次处理。

另一种方式是调用 QApplication::sendEvent 函数。这时事件不会放入队列，而是直接被派发和处理，例如 QWidget::repaint 函数用的就是这种方式。但是对于 Qt 来说，它并不需要区分这些事件的来源，都会采用同样的方式来一致地处理。

在 Qt 中有几十种事件类型，大多数事件是由窗口系统生成的，它们负责向应用程序通知相关的用户操作，例如按键按下、鼠标移动或者重新调整窗口大小。

常见的事件及其产生原因如下：

- 键盘事件，按键按下和松开时产生。
- 鼠标事件，鼠标移动、鼠标按键按下和松开时产生。
- 拖放事件，用鼠标进行拖放时产生。
- 滚轮事件，鼠标滚轮滚动时产生。
- 屏幕重绘事件，重绘屏幕某部分，窗口移动、大小调整、隐藏、显示时产生。
- 定时器事件，定时器每隔一定时间产生一次。
- 焦点事件，控件获得或失去焦点时产生。
- 进入和离开事件，鼠标移入窗口之内或移出窗口时产生。
- 窗口移动事件，窗口位置改变时产生。
- 改变窗口大小事件，窗口大小改变时产生。
- 窗口显示和隐藏事件，窗口隐藏、显示时产生。

每种类型的事件都有一些特定信息。例如，接收方如果只知道发生了按键或者松开鼠标按钮的操作，这是不够的，它还必须知道按的是哪个键，松开的是哪个鼠标按钮以及鼠标所在位置。每一个 QEvent 子类均提供事件类型的相关附加信息，因此每个事件处理器均可利用此信息采取相应的处理。

在大多数情况下，Qt 类（主要是窗体部件类）都是通过一个虚函数来实现对事件的响应的。这样对于这种 Qt 类的派生类来说，就有机会重新实现这个事件的响应方法。例如，我们会经常重写 QWidget::paintEvent 函数来对一个窗口做绘制处理，其实这就是在响应一个 QPaintEvent 事件。

3. 事件循环

上面提到了事件循环的概念。事件循环一般用 exec 函数开启。QApplicaion::exec、QMessageBox::exec 等都是事件循环，其中 QApplicaion::exec 又称为主事件循环，这里 QApplicaion 或 QMessageBox 对象将收到的事件派发给处理函数处理。事件循环是一个无限“循环”，程序在 exec 函数中无限循环，能让跟在 exec 后面的代码得不到运行机会，直至程序从 exec 函数中跳出。从 exec 跳出时，事件循环即被终止。正因为这种机制，用户才能看到一个稳定运行的窗口程序。当事件循环终止时，一般窗口程序也就关闭了。

之所以称这种机制为事件循环，是因为它能接收事件并处理之。当事件太多而不能马上处理完的时候，待处理事件被放在一个队列里，称为事件循环队列。当事件循环处理完一个事件后，就从事件循环队列中取出下一个事件处理。当事件循环队列为空的时候，事件循环和一个什么也不做的永真循环有点类似，但是和永真循环不同的是，事件循环不会大量占用 CPU 资源。

4. 事件过滤器

Qt 事件模型有这样一种功能：QObject 或其子类的对象 A 可以设置另一个派生自 QObject 的对象 B 来监视将要到达 A 的事件。事件首先到达对象 B，对象 B 根据需要仅将部分事件传递给 A。对于 A 而言，对象 B 就是事件过滤器。创建一个事件过滤器的步骤如下：

第一步，在目标对象（对象 A）上调用 installEventFilter 来注册监视对象；

第二步，在监视对象（对象 B）的 eventFilter 函数中处理目标对象的事件。

事件过滤器一旦注册，发送给目标对象的事件就会在它们到达目的地之前先被发送给监视对象的 eventFilter 函数。只有符合条件的事件才被发送给目标对象，其他事件则被丢弃。

5. 事件派发与处理

在 Qt 中，事件的派发是从 QApplication::notify 开始的，因为 QApplication 也是继承自 QObject，所以先检查 QApplication 对象，如果有事件过滤器安装在 QApplication 上，先调用这些事件过滤器。接下来 QApplication::notify 会过滤或合并一些事件（例如失效 widget 的鼠标事件会被过滤掉，而同一区域重复的绘图事件会被合并）。之后，事件被送到接收对象 reciver 的函数 reciver::event 进行处理。

同样，在 reciver::event 中也是先检查有无事件过滤器安装在 reciever 上。若有，则调用之。接下来根据 QEvent 的类型调用相应的特定事件处理函数。一些常见的事件都有特定的事件处理函数，例如 mousePressEvent、focusOutEvent、resizeEvent、paintEvent 等。在实际应用中，经常需要重载这些特定事件处理函数来处理事件。

Qt 的事件处理实际上分为 5 个层次：

(1) 重新实现一个特定事件的处理函数。

QObject 与 QWidget 提供了许多特定的事件处理函数(handler)，分别对应不同的事件类型（如 paintEvent 对应 paint 事件）。这是最常用、最通用、最容易的方法。

(2) 重新实现 event 函数。

event 函数是所有对象事件的入口，在 QObject 和 QWidget 中，其默认的实现是简单地把事件推入特定的事件处理函数。

(3) 在组件对象上安装事件过滤器。

事件过滤器是一个对象，它接收其他对象的事件，在这些事件到达指定目标之前做一些处理。

(4) 在 QApplication 上安装事件过滤器。

它会监视程序中发送到所有对象的所有事件。

(5) 重新实现 QApplication:notify。

事件派发的初始阶段会调用 QApplication 类的 notify 函数，然后事件才一步步传递给各个窗体及控件（包括主窗体）。所以通过重写 notify 函数，程序就可以比任何窗体都更早地看到事件并加以处理。在一个图形化应用程序中，只能有一个 QApplication 类的实例存在。

这几个层次的控制权是逐层增大的。

6. 事件与信号的不同

Qt 中的事件和信号有一些明显的不同，主要有以下几方面：

首先，产生的主体有所不同。信号可以由某一派生自 QObject 的对象发出，而事件往往由窗口界面的操作或操作系统的某种机制(例如定时器)引发。

其次，处理方式不同。信号由具体的对象发出，然后会马上交给由 connect 函数连接的槽进行处理；而事件一般通过事件队列进行维护，新产生的事件会被追加到事件队列的尾部，事件被逐一取出并进行处理。当然在必要的时候，Qt 的事件也可以不进入事件队列，而是直接处理。

另外，事件具有转发机制。一个事件会被交给发生该事件的当前控件处理，如果该控件不做处理(事件处理函数返回 false)，则事件将被传递到父窗口，若父窗口还不处理，则继续逐级上传，直到遇到该事件的处理函数；而信号是在两个可能无任何关联的对象间传递，也不会转发。

一般来说，在使用 Qt 本身的窗体部件时，并不会把主要精力放在事件上。因为在 Qt 中，几乎所有事件都与一个信号关联，只要利用这个信号就可以完成多数任务。例如，对于 QPushButton 的鼠标点击，不需要关心这个鼠标点击事件，而是关心它的 clicked 信号。但是，如果自定义控件，则关心的是事件，因为可以通过事件来改变控件的默认操作。例如，如果要自定义一个能够响应鼠标事件的标签 EventLabel，就需要重写 QLabel 的鼠标事件，做出我们希望的操作，甚至有可能在恰当的时候发出一个类似按钮的 clicked 信号或者其他的信号。

之所以有一个信号与事件相关，是因为在 Qt 预先设计的事件处理函数中调用 emit 发送了一个信号。例如某个按钮的事件处理流程为：鼠标点击事件发生→exec 循环接收到这个事件→创建一个事件对象，并将对象传递给 QObject::event→再传给 QWidget::event 函数，事件被分配给特定的按钮事件处理函数→在 QButton 的事件处理函数中发送(emit)一个 clicked 消息。

7.2 事件处理方法示例

本节将实现 Qt 事件处理的 5 种方式，这 5 种方式的实现都是基于一个自定义的 Label，我们将它命名为 MyLabel。

7.2.1 重新实现事件处理器

重新实现事件处理器方式最简单，即派生于一个组件，重新实现它的事件处理。下面的例子实现的是 mousePressEvent(鼠标按下)、mouseReleaseEvent(鼠标释放)以及 mouseMoveEvent(鼠标移动)这 3 个事件处理，实现的方式十分相似。

【例 7-1】 重新实现事件处理函数。

第 1 步，建立一个基于 QWidget 类的应用程序。创建时取消 UI 界面文件。

第 2 步，利用 Qt Creator 的“新建”菜单建立一个继承自 QLabel 的类 myLabel，修改该类的头文件 mylabel.h：

```
#ifndef MYLABEL_H
#define MYLABEL_H
#include <QLabel>
#include <QMouseEvent>
class myLabel : public QLabel
{
public:
    myLabel(QWidget *);
protected:
    void mousePressEvent(QMouseEvent *ev);
    void mouseReleaseEvent(QMouseEvent *ev);
    void mouseMoveEvent(QMouseEvent *ev);
};
#endif //MYLABEL_H
```

第 3 步，修改 myLabel 类的源程序 mylabel.cpp：

```
#include "mylabel.h"
myLabel::myLabel(QWidget *parent): QLabel(parent)
{ }
void myLabel::mousePressEvent(QMouseEvent *ev)
{
    //显示鼠标位置
    setText(QString("Press: %1, %2").arg(QString::number(ev->x()),
        QString::number(ev->y())));
}
void myLabel::mouseReleaseEvent(QMouseEvent *ev)
{
    //显示鼠标位置
    setText(QString("Release: %1, %2").arg(QString::number(ev->x()),
        QString::number(ev->y())));
}
void myLabel::mouseMoveEvent(QMouseEvent *ev)
{
    //显示鼠标位置
    setText(QString("Move: %1, %2").arg(QString::number(ev->x()),
        QString::number(ev->y())));
}
```

第 4 步，修改 widget.cpp：

```
#include "widget.h"
```

```
#include "mylabel.h"
Widget::Widget(QWidget * parent): QWidget(parent)
{
    myLabel * label=new myLabel(this);          //创建标签对象
    label->setAlignment(Qt::AlignCenter);   //设置对齐方式
    label->resize(260, 150);
    label->show();
}
Widget::~Widget()
{ }
```

编译运行程序,鼠标先在某位置,则出现图 7-1(a)所示的情形;按住鼠标拖动,则出现图 7-1(b)所示的情形;释放鼠标,则出现图 7-1(c)所示的情形。

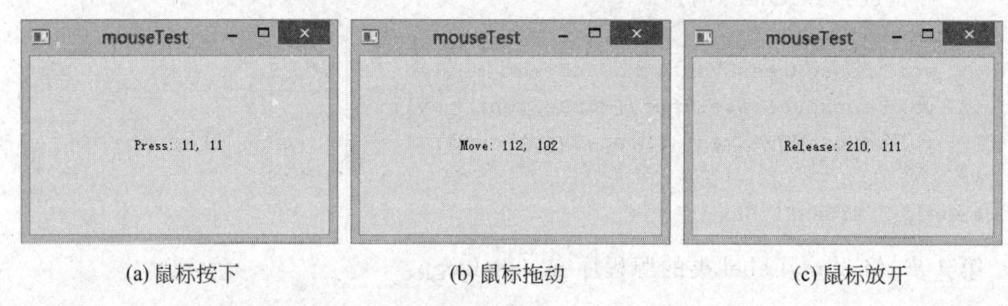

(a) 鼠标按下　　(b) 鼠标拖动　　(c) 鼠标放开

图 7-1　重写鼠标事件响应函数示例

上面的函数中 ev 为事件对象,其函数 x 和 y 分别取得鼠标事件发生时鼠标的位置,这是相对于标签的坐标位置,标签左上角坐标为(0,0)。

7.2.2　重新实现 event 函数

Qt 处理事件的第二种方式是重新实现 QObject::event 函数,通过重新实现 event 函数,可以在事件到达目标事件处理器之前截获并处理它们。这种方法可以用来覆盖已定义事件的默认处理方式,也可以用来处理 Qt 中尚未定义特定事件处理器的事件。当重新实现 event 函数时,如果不进行事件处理,则需要调用基类的 event 函数。

【例 7-2】 重新实现 event 函数。

第 1 步,在例 7-1 的基础上,修改类的头文件 mylabel.h:

```
#include <QLabel>
#include <QMouseEvent>
class myLabel : public QLabel
{
public:
    myLabel(QWidget * );
protected:
    bool event(QEvent * e);
    void mousePressEvent(QMouseEvent * ev);
    void mouseReleaseEvent(QMouseEvent * ev);
```

```
    void mouseMoveEvent(QMouseEvent * ev);
};
```

第2步，修改标签类的源文件 mylabel.cpp，增加 event 函数：

```
bool myLabel::event(QEvent * e)
{
    if(e->type()==QEvent::MouseButtonPress)                    //遇到鼠标事件
    {
        QMouseEvent * event=static_cast<QMouseEvent * >(e);    //事件类型转化
        QString str;
        str=QString("Press: %1, %2").arg(QString::number(event->x()),
                                    QString::number(event->y()));
        setText(str);               //显示按下鼠标位置
        return true;
    }else if(e->type()==QEvent::MouseMove){
        return true;                //过滤掉鼠标移动事件
    }else if(e->type()==QEvent::MouseButtonRelease){
        return true;                //过滤掉鼠标放开事件
    }
    return QLabel::event(e);        //其他事件调用基类的 event 函数处理
}
```

编译运行程序，可以发现，在标签上按下、移动或释放鼠标时，都只显示表示鼠标按下的文本 Press 和相应的坐标，因为在 event 函数里屏蔽了 MouseMove 和 MouseButtonRelease 事件。显然事件是先经过 event 函数，然后再到达特定的事件处理函数。程序运行界面如图 7-2 所示。

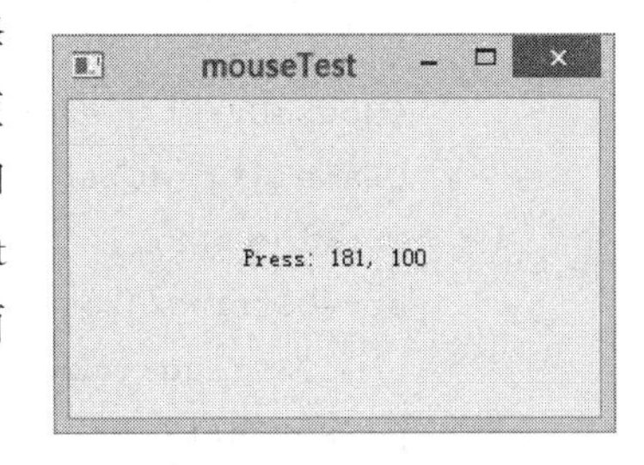

图 7-2　重写标签的 event 函数示例

7.2.3　在对象中使用事件过滤器

Qt 处理事件的第 3 种方式是在目标对象(继承自 QObject)中注册事件过滤器，如果目标对象使用 installEventFilter 函数注册了事件过滤器，目标对象中的所有事件将首先发给这个监视对象的 eventFilter 函数。该函数将选择性地过滤掉一些事件，仅将部分事件发给目标对象。

【例 7-3】　为标签对象添加事件过滤器。

继续修改例 7-2 的代码。标签就是目标对象，可以在 Widget 对象中实现 eventFilter 函数，用 Widget 对象来监视 myLabel 对象，窗口 Widget 为监视对象。

第1步，在例 7-2 的基础上，修改类的头文件 widget.h：

```
#include <QWidget>
class Widget : public QWidget
{
```

```
    Q_OBJECT
protected:
    bool eventFilter(QObject *, QEvent *);     //声明 eventFilter 函数
public:
    Widget(QWidget *parent=0);
    ~Widget();
};
```

第 2 步，修改 widget.cpp 文件，为 label 设置过滤器，同时实现 eventFilter 函数：

```
#include "widget.h"
#include "mylabel.h"
Widget::Widget(QWidget *parent): QWidget(parent)
{
    myLabel *label=new myLabel(this);
    label->setAlignment(Qt::AlignCenter);
    label->resize(200, 100);
    label->installEventFilter(this);            //为 label 设置过滤器
}
bool Widget::eventFilter(QObject *obj, QEvent *ev)
{
    if(ev->type()==QEvent::MouseButtonPress)
    {
        QMouseEvent *event=static_cast<QMouseEvent *>(ev);
        QLabel *p=(QLabel *)obj;
        QString str;
        str=QString("You clicked on (%1,%2).").arg(QString::number(event->x()),
            QString::number(event->y()));
        p->setText(str);                       //单击时显示"You clicked on…"信息
        return true;
    }
    return QWidget::eventFilter(obj, ev);
}
Widget::~Widget()
{ }
```

编译运行程序，可以发现仅在鼠标按下时显示类似“You clicked on (158,75)”的信息，而 event、mousePressEvent、mouseReleaseEvent 等函数的执行效果都没有表现出来。这是因为在事件过滤器里拦截并处理了鼠标按下事件，只将其他事件发送给标签，而标签的 event 函数仍然是屏蔽了 MouseButtonRelease 和 MouseMove 事件。执行效果如图 7-3 所示。这一例子也证明，事件是先经过监

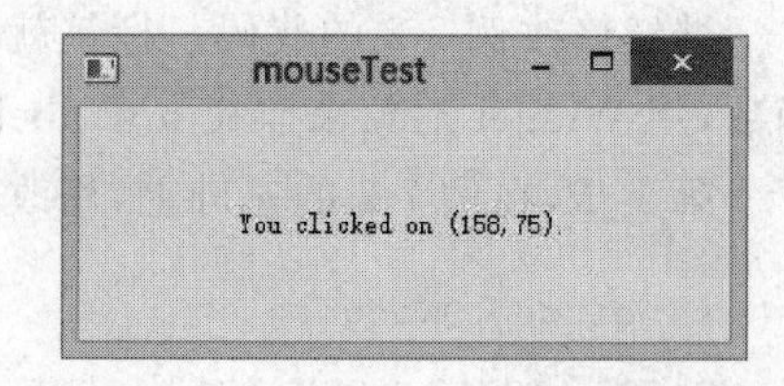

图 7-3 在标签上添加事件过滤器示例

视对象的 eventFilter 函数，然后再传递给目标对象。

7.2.4　在 QApplication 中注册事件过滤器

Qt 处理事件的第 4 种方式是在 QApplication 中注册事件过滤器，如果一个事件过滤器被注册到程序中唯一的 QApplication 对象，应用程序中所有对象里的每一个事件都会在它们被送达其他事件过滤器之前首先到达这个 eventFilter 函数。

【例 7-4】 为 QApplication 对象添加事件过滤器。

第 1 步，在例 7-3 的基础上，利用新建类的方式添加一个 myApplication 类，其父类为 QApplication，修改该类的头文件 myapplication. h：

```
#include <QApplication>
class myApplication : public QApplication
{
protected:
    bool eventFilter(QObject *, QEvent *);    //定义事件过滤器函数
public:
    myApplication(int argc, char *argv[]);
    ~myApplication();
};
```

第 2 步，修改 myapplication. cpp 文件：

```
#include "myapplication.h"
#include <QMouseEvent>
#include <QDebug>
myApplication::myApplication(int argc, char *argv[]): QApplication(argc, argv)
{ }
myApplication::~myApplication()
{ }
bool myApplication::eventFilter(QObject *obj, QEvent *e)
{
    static int k=1;                              //定义静态变量
    if(e->type() ==QEvent::MouseButtonPress ||
       e->type()==QEvent::MouseButtonDblClick)
    {
        qDebug()<<"Click "<<k;
        k++;
        return true;                             //事件不再发送给窗口
    }
    return QApplication::eventFilter(obj, e);
}
```

第 3 步，修改 main. cpp：

```
#include "widget.h"
#include "myapplication.h"
#include <QDialog>
int main(int argc, char * argv[])
{
    myApplication a(argc, argv);
    a.installEventFilter(&a);                        //为 Application 设置事件过滤器
    //定义一个窗口
    Widget w;
    w.setWindowTitle(QString("Widget"));     //设置标题
    w.show();
    //定义一个对话框
    QDialog w2;
    w2.setWindowTitle(QString("Dialog"));     //设置标题
    w2.resize(150,150);
    w2.show();
    return a.exec();
}
```

在本例中，首先定义了 myApplication 类并在其中实现 eventFilter 函数。然后在主函数中用 myApplication 对象取代 QApplication 对象，并为 myApplication 对象添加其自身为事件监视对象（即目标对象和监视对象是同一个）。这样所有窗口的事件都要首先经过 myApplication 对象的 eventFilter 函数。为了验证所有窗口对象的事件都要经过 myApplication 对象的过滤器，在主函数中特别建立了一个对话框对象。这样程序运行时就有两个窗口。

编译运行程序，结果如图 7-4 所示，窗口中不显示任何信息。

图 7-4　在 QApplication 上添加事件过滤器示例

在 myApplication 的 eventFilter 函数中拦截了鼠标单击和双击事件，其他事件则发送出去。同时定义了一个静态变量 k 用来计数。k 初值为 1，而后每次因为单击或双击鼠标进入该函数时 k 都加 1（不会再次初始化），同时每次该函数都在程序输出区用 qDebug 函数输出一个信息。

可以发现点击（单击和双击）Widget 对象或 QDialog 对象时，输出区域都会显示信息（见图 7-4），说明事件在到达特定窗体前，会先到达 QApplication 的事件过滤器。任何窗口的事件都会首先经过该过滤器。

7.2.5 重新实现 notify 函数

Qt 处理事件的第 5 种方式是继承 QApplication 并重新实现 notify 函数。Qt 调用 QApplication 来发送一个事件，重新实现 notify 函数是在所有事件过滤器得到事件之前获得它们的唯一方法。一般而言使用事件过滤器更为便利，因为可以同时有多个事件过滤器，而 notify 函数只有一个。

【例 7-5】 重写 QApplication 对象的 notify 函数。

第 1 步，在例 7-4 的基础上，修改 myApplication 类的头文件 myapplication. h，添加如下公有函数：

```
bool notify(QObject * receiver, QEvent * e);
```

第 2 步，在 myApplication 类源文件 myapplication. cpp 中实现函数 notify：

```
bool myApplication::notify(QObject * receiver, QEvent * e)
{
    //屏蔽 MouseButtonPress、MouseButtonRelease 事件
    if(e->type() ==QEvent::MouseButtonPress ||e->type() ==QEvent::
        MouseButtonRelease)
    {
        qDebug()<<"It's notify function";
        return true;
    }
    return QApplication::notify(receiver, e);
}
```

编译运行，效果如图 7-5 所示。两个窗口都不显示信息，单击任意窗口，则在程序输出窗口输出“It's notify function”。

图 7-5 修改 QApplication 的 notify 函数示例

这个例子所做的改动是在 myApplication 类中添加了 notify 函数的实现。该函数拦截鼠标按下和释放事件，然后在程序输出窗口用 qDebug 输出字符串“It's notify function”。显然，事件在到达 QApplication 的事件过滤器之前，会先到达 QApplication 的 notify 函数，因为已经在子类化的 myApplication 中屏蔽了 MouseButtonPress、MouseButtonRelease 事件，所以在 myApplication 对象上注册的事件过滤器不起作用。

以上 5 种事件处理方式以重写事件处理函数最常用，其次是为对象添加实际过滤器比较常用。而涉及修改 QApplication 的事件处理方式会影响所有事件的传递路线，胡子眉毛一把抓，影响面过宽，因此建议在一般情况下不用。

7.3 鼠标事件

在上面的例子中已经展示了鼠标事件的处理方法，即为某个控件添加鼠标事件处理函数并实现这些函数。鼠标事件包括鼠标按下、鼠标释放、鼠标移动、鼠标双击事件，对应的事件处理函数依次是

```
void mousePressEvent(QMouseEvent *e);
void mouseReleaseEvent(QMouseEvent *e);
void mouseMoveEvent(QMouseEvent *e);
void mouseDoubleClickEvent(QMouseEvent *e);
```

通过鼠标事件，可以知道发生事件时鼠标的位置，还可以知道按下的是哪个鼠标键（左、中、右）。下面的例子展示了这些功能。

【例 7-6】 鼠标事件的使用示例。

第 1 步，建立一个基于 MainWindow 的应用，取消生成 UI 界面文件。

第 2 步，修改 mainwindow.h 文件：

```
#include <QMainWindow>
#include <QLabel>
#include <QStatusBar>
class MainWindow : public QMainWindow
{
    Q_OBJECT
public:
    MainWindow(QWidget *parent=0);
    ~MainWindow();
private:
    QLabel *labelStatus;
    QLabel *labelMousePos;
protected:                    //为主窗口添加事件响应函数
    void mouseMoveEvent (QMouseEvent *e);
    void mousePressEvent (QMouseEvent *e);
    void mouseReleaseEvent (QMouseEvent *e);
    void mouseDoubleClickEvent(QMouseEvent *e);
};
```

第 3 步，在 mainwindow.cpp 文件中，在类的构造函数中添加显示控件：

```
#include "mainwindow.h"
#include <QMouseEvent>
MainWindow::MainWindow(QWidget *parent): QMainWindow(parent)
{
    setWindowTitle(tr("Get Mouse Event"));
    setCursor(Qt::CrossCursor);                        //设置鼠标为十字形
    labelStatus=new QLabel();
```

```
    labelStatus->setMinimumSize(100,20);
    labelStatus->setText(tr("Mouse Position:"));
    labelStatus ->setFixedWidth(100);
    labelMousePos=new QLabel();
    labelMousePos->setText(tr(""));
    labelMousePos ->setFixedWidth(80);
    statusBar()->addPermanentWidget(labelStatus); //给状态栏添加永久的部件
    statusBar()->addPermanentWidget(labelMousePos);
    this->setMouseTracking(true);
}
```

以上代码在状态栏添加控件用于显示鼠标信息。QMainWindow 类里面就有一个 statusBar 函数，用于实现状态栏的调用。如果不存在状态栏，该函数会自动创建一个；如果已经创建了状态栏，则会返回这个状态栏的指针。

第 4 步，在 mainwindow.cpp 文件中添加鼠标响应函数的实现：

```
//鼠标移动事件响应
void MainWindow::mouseMoveEvent(QMouseEvent *e)
{
    //显示鼠标位置
    labelMousePos->setText("("+QString::number(e->x())+",
                                "+QString::number(e->y())+")");
}
//鼠标按下事件响应
void MainWindow::mousePressEvent(QMouseEvent *e)
{
    QString str="("+QString::number(e->x())+","+QString::number(e->y())+")";
    if(e->button()==Qt::LeftButton)             //左键按下
    {   //显示临时信息
        statusBar()->showMessage(tr("Mouse Left Button Pressed:")+str);
    }
    else if(e->button()==Qt::RightButton)       //右键按下
    {
        statusBar()->showMessage(tr("Mouse Right Button Pressed:")+str);
    }
    else if(e->button()==Qt::MidButton)         //中间键按下
    {
        statusBar()->showMessage(tr("Mouse Middle Button Pressed:")+str);
    }
}
//鼠标双击事件响应
void MainWindow::mouseDoubleClickEvent(QMouseEvent *e)
{
    QString str="("+QString::number(e->x())+","+QString::number(e->y())+")";
    if(e->button()==Qt::LeftButton)
    {
        statusBar()->showMessage(tr("Mouse Left Button Double Clicked:")+str);
```

```
    }
    else if(e->button()==Qt::RightButton)
    {
        statusBar()->showMessage(tr("Mouse Right Button Double Clicked:")+str);
    }
    else if(e->button()==Qt::MidButton)
    {
        statusBar()->showMessage(tr("Mouse Middle Button Double Clicked:")+str);
    }
}
//鼠标放开事件响应
void MainWindow::mouseReleaseEvent(QMouseEvent *e)
{
    QString str="("+QString::number(e->x())+","+QString::number(e->y())+")";
    statusBar()->showMessage(tr("Mouser Released:")+str, 3000);  //显示3秒
}
```

编译运行,本例子执行情况如图 7-6 所示。

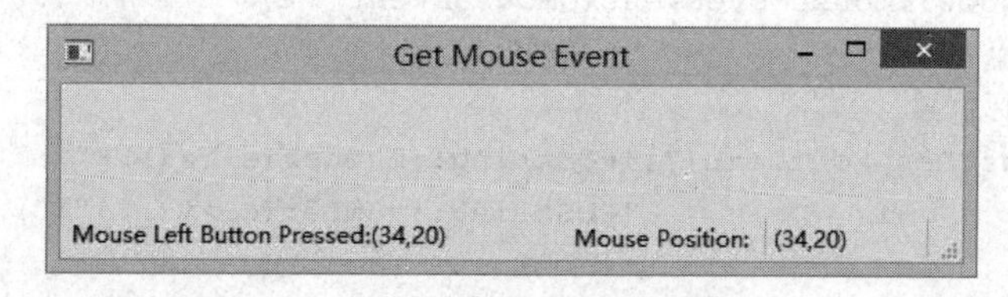

图 7-6 鼠标事件响应示例

在例 7-6 中,当鼠标进入窗口后,窗口系统立即开始捕捉鼠标移动信息,这是因为执行了下面的函数:

```
setMouseTracking(true);
```

该函数开启自动跟踪鼠标的功能。而默认情况下,需要在按下鼠标后才会跟踪鼠标的移动,从而调用鼠标移动事件响应函数。

另外,本例使用状态栏显示信息。状态栏显示的信息主要有两种类型:临时信息、永久信息。其中,临时信息指临时显示的信息,一段时间后自动消失。这个功能可以使用QStatusBar 类的 showMessage 函数来实现。本例的鼠标释放响应函数显示的就是临时信息。永久信息是不会消失的信息,例如可以在状态栏提示用户 Caps Lock 键被按下之类。本例的鼠标位置标签就是一个永久性部件,所以显示的位置信息一直存在。

通过事件对象的 button 函数的返回值可以判断按下了鼠标的哪个键,返回值可以是Qt::LeftButton、Qt::RightButton、Qt::MidButton,分别代表左键、右键、中间键。

7.4 键盘事件

每次按下键盘上的某个键就会产生一个键盘按下事件,其事件响应函数为

```
void keyPressEvent(QKeyEvent *);
```

类似地，每次键盘上某个键被释放时，则产生一个键盘释放事件，其事件响应函数为：

```
void keyReleaseEvent(QKeyEvent *)
```

使用事件类 QKeyEvent 的 key 函数可以确认是哪个键发出的这个事件。在 Qt 中，每个键都对应一个特定的值，这些值用一些枚举变量表示。例如，Qt::Key_A，Qt::Key_B，…依次对应键盘上的 A，B，…按键，Qt::Key_F1，Qt::Key_F2，…依次对应键盘上的功能键 F1，F2，…，而上下左右方向键则用 Qt::Key_Up、Qt::Key_Down、Qt::Key_Left、Qt::Key_Right 表示。下面的例子展示了键盘事件的基本处理方法。

【例 7-7】 用 W、S、A、D 4 个按键移动按钮。

第 1 步，建立一个基于 Widget 的应用，取消生成 UI 界面文件。

第 2 步，修改 widget.h 文件：

```
#include <QWidget>
#include <QPushButton>
class Widget : public QWidget
{
    Q_OBJECT
    QPushButton *btn;                      //添加按钮
protected:
    void keyPressEvent(QKeyEvent *);       //添加事件处理函数
public:
    Widget(QWidget *parent=0);
    ~Widget();
};
```

第 3 步，在 widget.cpp 中添加包含头文件：

```
#include <QKeyEvent>
```

第 4 步，修改 widget.cpp 的构造函数：

```
Widget::Widget(QWidget *parent)
    : QWidget(parent)
{
    btn=new QPushButton("可移动", this);
    btn->setGeometry(40,40,60,30);        //设置按钮位置
}
```

第 5 步，添加键盘按下事件处理函数的定义：

```
void Widget::keyPressEvent(QKeyEvent *e)
{
    int x=btn->x();                        //获取按钮 x 坐标
    int y=btn->y();                        //获取按钮 y 坐标
    switch(e->key())
    {
```

```
        case Qt::Key_W:
            btn->move(x, y-10);
            break;
        case Qt::Key_S:
            btn->move(x, y+10);
            break;
        case Qt::Key_A:
            btn->move(x-10, y);
            break;
        case Qt::Key_D:
            btn->move(x+10, y);
            break;
        }
        QWidget::keyPressEvent(e);
    }
```

图 7-7 键盘事件响应示例

至此编程完毕，编译运行即可，结果如图 7-7 所示。

本例先获取了按钮的位置，然后使用 key 函数获取按下的按键，如果是指定的 W、S、A、D 等按键，则移动按钮。

在实际工作中，可能经常需要利用上下左右方向键控制对象移动。显而易见，应该使用 Qt::Key_Up、Qt::Key_Down、Qt::Key_Left、Qt::Key_Right 表示这些按键。于是，按照例 7-7 的思路，可以修改函数 keyPressEvent 如下：

```
void Widget::keyPressEvent(QKeyEvent *e)
{
    int x=btn->x();
    int y=btn->y();
    switch(e->key())
    {
    case Qt::Key_Up :
        btn->move(x, y-10);
        break;
    case Qt::Key_Down:
        btn->move(x, y+10);
        break;
    case Qt::Key_Left :
        btn->move(x-10, y);
        break;
    case Qt::Key_Right :
        btn->move(x+10, y);
        break;
    }
    QWidget::keyPressEvent(e);
}
```

然而，仅仅修改按键的枚举类型并不起作用，当按下上下左右键时，按钮不移动。这是因为在 widget 上按下一个方向键时，它并没有当按键接收。为了使得 widget 能接收特定的按键信息(例如方向键)，应在 widget 构造函数中添加下列语句：

```
setFocusPolicy(Qt::StrongFocus);
```

这样，程序就能正常运行了。

某些时候需要按下组合键，例如 Shift＋W、Ctrl＋V 等。这时仅用 QKeyEvent 的 key 函数已经不能表达这些组合键，需要结合 QKeyEvent 的 modifiers 函数来判断。modifiers 函数常见的返回值有 Qt::NoModifier、Qt::ShiftModifier、Qt::ControlModifier、Qt::AltModifier，分别代表没有修饰键(即 Shift、Ctrl 或 Alt 键)被按下或者是按下 Shift、Ctrl、Alt 键。于是判断是否按下 Return＋Ctrl 键可用下列语句：

```
if(e->key()==Qt::Key_Return && e->modifiers()==Qt::ControlModifier)
{
    …
}
```

再如，判断是否按下 Ctrl＋A 键可用下列语句：

```
if(e->key()==Qt::Key_A && e->modifiers()==Qt::ControlModifier)
{
    …
}
```

7.5 定时器的使用

在 Qt 中使用定时器有两种方法，一种是使用 QObject 类的定时器，另一种是使用 QTimer 类。定时器的精确性依赖于操作系统和硬件，大多数平台支持 20ms 的精确度。

7.5.1 QObject 类的定时器

QObject 是所有 Qt 对象的基类，它提供了一个基本的定时器。通过 QObject::startTimer 函数可以启动一个定时器，这个函数返回一个唯一的整数表示这个定时器。这个定时器每到一个时间间隔就“触发”并产生一个定时器事件，直到使用这个定时器的标识符来调用 QObject::killTimer 结束。

当定时器触发时，应用程序会发送一个 QTimerEvent 到事件队列。在事件循环中，处理器按照事件队列的顺序来处理定时器事件。当处理器正忙于其他事件处理时，定时器就不能立即处理。

QObject 类中与定时器相关的成员函数有 startTimer、timeEvent、killTimer。其中 startTimer 的原型如下：

```
int QObject::startTimer(int interval);
```

参数 interval 是以毫秒为单位的时间间隔，定时器每隔 interval 时间段就触发一次。其返回值是定时器标识号。

事件处理函数 timerEvent 的原型如下：

```
virtual void QObject::timerEvent(QTimerEvent * event);
```

虚函数 timerEvent 的作用是被重载来实现用户特定的定时器事件处理函数。如果有多个定时器在运行，QTimerEvent::timerId 函数被用来查找指定定时器（返回定时器的标识号）。

killTimer 函数用来终止定时器，其原型如下：

```
void QObject::killTimer(int id);
```

这个函数以在 startTimer 中得到的定时器的标识号为参数，可以定制某个定时器。

【例 7-8】 QObject 类定时器的简单示例。

第 1 步，创建一个基于 QDialog 的程序，利用 UI 设计界面设计如图 7-8 所示的程序界面。

添加一个 QListWidget 对象以及两个 QPushButton 按钮对象。将两个按钮标题改为“启动定时器”和“终止定时器”，同时将两个按钮的 objectName 改为 startBtn 和 stopBtn。

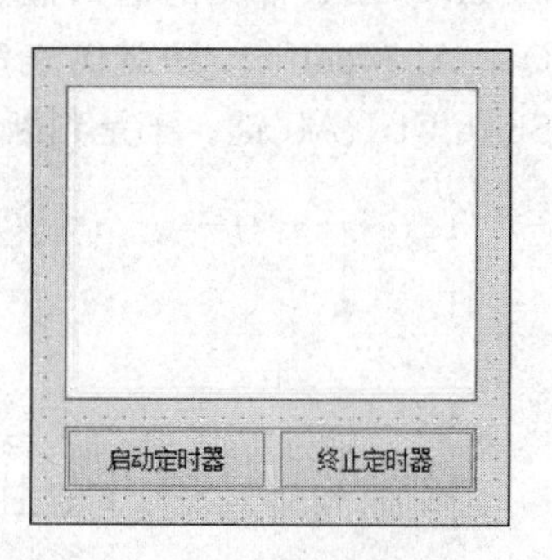

图 7-8 UI 设计界面布局

第 2 步，在 UI 设计界面中，右击按钮“启动定时器”和“终止定时器”，在弹出菜单中选择“转到槽”，选择 clicked，自动建立如下槽函数：

```
private slots:
    void on_startBtn_clicked();
    void on_stopBtn_clicked();
```

第 3 步，在 dialog.h 函数中，添加下面的代码：

```
protected:
    void timerEvent(QTimerEvent * event);                    //事件响应函数
    int m_nTimerId;                                          //存储定时器编号
    int count;                                               //计数器
```

第 4 步，修改 dialog.cpp 文件如下：

```
#include "dialog.h"
#include "ui_dialog.h"
Dialog::Dialog(QWidget * parent): QDialog(parent), ui(new Ui::Dialog)
{
    ui->setupUi(this);
    count=0;                                                 //初始化计数器
}
```

```
Dialog::~Dialog()
{
    delete ui;
}
void Dialog::timerEvent(QTimerEvent *event)
{
    count++;
    QString item=tr("第 ")+QString::number(count)+tr("次触发");
    //每次触发都向 ListWidget 中写入一行信息
    ui->listWidget->addItem(item);
}
void Dialog::on_startBtn_clicked()
{
    m_nTimerId=this->startTimer(1000);
}
void Dialog::on_stopBtn_clicked()
{
    this->killTimer(m_nTimerId);
}
```

编译运行程序,运行情况如图 7-9 所示,单击“启动定时器”按钮,每隔 1 秒列表中就添加一行信息。再单击“终止定时器”按钮,信息不再添加。

图 7-9　QObject 定时器使用示例

7.5.2　定时器类 QTimer

定时器类 QTimer 提供当定时器触发时发射一个信号的定时器,通常的使用方法如下:

```
//创建定时器
QTimer *testTimer=new QTimer(this);
//将定时器超时信号与槽(功能函数)联系起来
connect(testTimer, SIGNAL(timeout()), this, SLOT(testFunction()));
//开始运行定时器,定时时间间隔为 1000ms
testTimer->start(1000);
…
//停止运行定时器
if(testTimer->isActive())
    testTimer->stop();
```

QTimer 还提供了一个简单的只有一次定时的函数 singleShot。一个定时器在 100ms 后触发处理函数 aTimeout 并且只触发一次,其代码如下:

```
//使用静态函数创建单触发定时器
QTimer::singleShot(100, this, SLOT(aTimeout()));
```

注意,当 QTimer 的父对象被销毁时,它也会被自动销毁。

考虑一种特殊情况，如果启动一个时间间隔为 0 的定时器会怎样？换言之，考虑下面代码的执行情况：

```
QTimer * t=new QTimer(myObject);
connect(t, SIGNAL(timeout()), SLOT(processOneThing()));
t->start(0);              //启动时间间隔为 0 的定时器
```

这里时间间隔为 0，并不意味着槽函数 processOneThing 被反复调用时会阻挡其他任何代码的执行，这一点和真正意义的死循环不同。死循环(例如一个 for 循环)会阻挡其他任何代码的执行。时间间隔为 0 意味着定时器会不断地向事件队列发送 QTimerEvent 事件，同时反复调用槽函数。但是定时器并不影响其他事件的发生以及该事件进入事件队列，例如移动窗体、按下鼠标等都会正常进入事件队列并被处理。所以，一个时间间隔为 0 的 QTimer 可以用来处理需要反复执行的任务，并且不会影响用户界面的正常响应。

注意，QTimer 的精确度依赖于操作系统和硬件。绝大多数平台支持 20ms 的精确度。如果 Qt 不能传送定时器触发所要求的数量，将会默默地抛弃一些。

【例 7-9】 液晶时钟。

本例使用 QLCDNumber 实现液晶时钟。

第 1 步，建立一个基于 QDialog 类的应用程序。创建时取消 UI 界面文件。

第 2 步，修改 dialog.h：

```
#include <QDialog>
#include <QLCDNumber>
#include <QTimer>
class Dialog : public QDialog
{
    Q_OBJECT
public slots:
    void onTimerOut();                          //槽函数
private:
    QLCDNumber * lcd;                           //液晶显示控件
    QTimer * timer;                             //定时器
public:
    Dialog(QWidget * parent=0);
    ~Dialog();
};
```

第 3 步，修改 dialog.cpp 的构造函数：

```
#include "dialog.h"
#include <QVBoxLayout>
#include <QTime>
Dialog::Dialog(QWidget * parent): QDialog(parent)
{
    lcd=new QLCDNumber();                       //新建一个 QLCDNumber 对象
    lcd->setDigitCount(10);                     //设置控件 QLCDNumber 能显示的位数
```

```
    lcd->setMode(QLCDNumber::Dec);              //设置显示模式为十进制
    lcd->setSegmentStyle(QLCDNumber::Flat);     //设置显示方式

    timer=new QTimer();                         //新建一个 QTimer 对象
    timer->setInterval(1000);                   //设置每个 1 秒发送一个 timeout 信号
    timer->start();                             //启动定时器
    QVBoxLayout * layout=new QVBoxLayout();
    layout->addWidget(lcd);
    connect(timer, SIGNAL(timeout()), this, SLOT(onTimerOut()));
    this->setLayout(layout);                    //设置窗口的布局管理器
    this->resize(200, 100);                     //重新设置窗口的大小
    this->setWindowTitle("QTimerDemo");
}
```

第 4 步，在 dialog.cpp 中添加 onTimerOut 函数：

```
void Dialog::onTimerOut()
{
    //获取系统当前时间
    QTime time=QTime::currentTime();
    //设置晶体管控件 QLCDNumber 上显示的内容
    lcd->display(time.toString("hh:mm:ss"));
}
```

图 7-10 液晶时钟

编译运行，程序运行截图如图 7-10 所示。本例使用了 QTime 类来获取本机时间。

习题 7

1. 编程实现下面的功能：利用标签显示一张小图片，当鼠标单击窗口其他位置后，小图片移动到以鼠标单击位置为中心的区域。

2. 编程实现下面的功能：利用标签显示一张小图片，利用键盘的上下左右键移动这张图片，并且图片不能移出窗体边界。

3. 编程实现下面的功能：一个红色小球(用标签实现)在窗体中以 45°或 135°角匀速运动，碰到墙壁弹回，如下图所示。

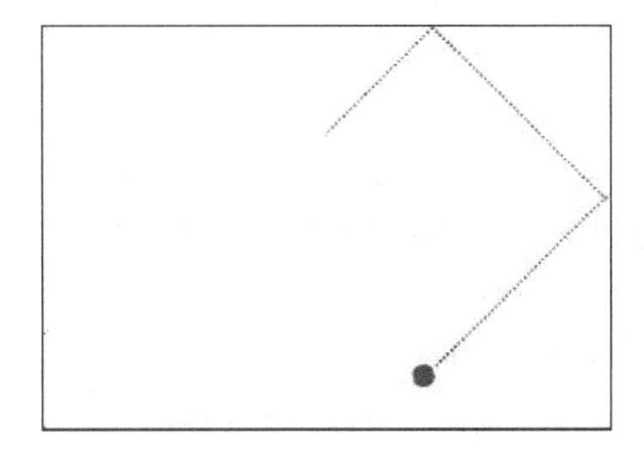

第8章 二维绘图系统

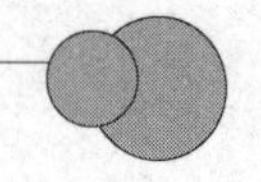

8.1 绘图系统简介

Qt 中提供了强大的 2D 绘图系统，可以使用相同的函数在屏幕和绘图设备上进行绘制，它主要基于 QPainter、QPaintDevice 和 QPaintEngine 这 3 个类。其中 QPainter 用来执行绘图操作；QPaintDevice 提供绘图设备，它是一个二维空间的抽象，可以使用 QPainter 在其上进行绘制；QPaintEngine 提供了一些接口，用于 QPainter 在不同的设备上(即不同的 QPaintDevice)进行绘制。QPaintEngine 介于 QPainter 和 QPaintDevice 对象之间(如图 8-1 所示)，它的存在使得 QPainter 可以以统一的方法在不同 QPaintDevice 上绘图。一般情况下，开发人员无须关心 QPaintEngine 这个类，因为开发过程很少用到它。

图 8-1　2D 绘图系统主要的类及其关系

在绘图系统中由 QPainter 来完成具体的绘制操作，QPainter 类提供了大量高度优化的函数来完成 GUI 编程所需要的大部分绘制工作。QPainter 可以绘制一切想要的图形，从最简单的一条直线到其他任何复杂的图形，它还可以用来绘制文本和图片。QPainter 可以在继承自 QPaintDevice 类的任何对象上进行绘制操作。

8.1.1 QPainter 类

QPainter 通常在一个窗口的重绘事件(paint event)的处理函数 paintEvent 中进行绘制。首先是创建和初始化 QPainter 对象，设定其使用的画笔、画刷、字体等，然后是绘制图形。下面的例子是典型的使用模式。

【例 8-1】 QPainter 使用示例。

第 1 步，新建一个基于 QWidget 类的应用程序。创建时取消 UI 界面文件。

第 2 步，在 Widget.h 中添加重绘事件处理函数的声明：

```
protected:
    void paintEvent(QPaintEvent *);
```

第 3 步，在 Widget.cpp 中添加需要包含的头文件：

```
#include <QPainter>
```

然后在 Widget.cpp 中添加该函数的实现：

```
void Widget::paintEvent(QPaintEvent * )
{
    QPainter painter(this);
    painter.setPen(Qt::blue);                                    //设置蓝色画笔
    painter.setFont(QFont("Arial", 30));                         //设置字体
    painter.drawText(rect(), Qt::AlignCenter, "Qt"); //在客户区中央输出文字
    painter.drawEllipse(QRect(0, 0, width()-1, height()-1));  //绘制椭圆
}
```

编译运行，结果如图 8-2 所示。

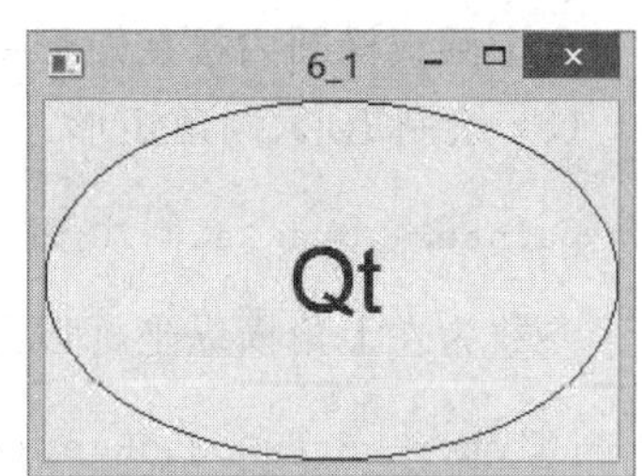

图 8-2 QPainter 使用示例

QPainter 类常用的功能有以下几类：

(1) 设置绘图工具。包括设置设置画笔(setPen)、设置画刷(setBrush)、设置字体(setFont)以及设置背景模式(setBackgroundMode)等。

(2) 绘制图形和文字。Qt 提供了大量绘制图形图像以及文字的函数，如表 8-1 所示。

表 8-1 QPainter 类常用绘图函数

函 数 名	绘制内容	函 数 名	绘制内容
drawPoint()	点	drawArc()	圆弧
drawPoints()	多个点	drawPie()	扇形图
drawLine()	线	drawPolyline()	多折线
drawLines()	多条线	drawPolygon()	多边形
drawRect()	矩形	drawConvexPolygon()	凸多边形
drawRects()	多个矩形	drawPixmap()、drawImage()	位图
drawRoundedRect()	圆角矩形	drawText()	文字
drawEllipse()	椭圆	drawPath()	按路径绘制

(3) 坐标变换。包括坐标的旋转(rotate)、缩放(scale)、平移(translate)、扭曲(shear)等，如图 8-3 所示。

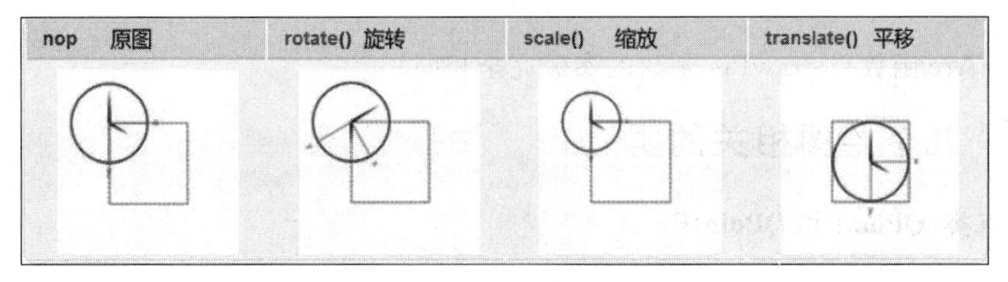

图 8-3 坐标变换图形效果示例

下面给出一些 QPainter 画图函数的用法示例。

(1) 绘制线段:

```
painter->drawLine(20, 20, 100, 120);
```

画一条(20,20)到(100,120)的线段。

(2) 绘制圆和椭圆:

```
painter->drawEllipse(20,20,210,160);
```

第1、2个参数表示圆/椭圆外切矩形左上角的坐标。

第3、4个参数表示圆/椭圆的外切矩形的宽度和高度。

这个圆或椭圆内接在矩形中,其中心为这个矩形的中心,如图8-4左图所示。

(3) 绘制矩形、圆角矩形:

```
painter->drawRect(20,20,210,160);
```

参数为左上角横纵坐标以及宽和高。

```
painter->drawRoundRect(20,20,210,160,50,50);
```

最后两个参数决定圆角大小,可以为0~99的数值(99代表最圆)。

(4) 绘制扇形图:

```
paint->drawPie(20,20,210,160,0,500);
```

前4个参数的定义与drawEllipse中的参数相同。后两个参数定义扇形的样式。上面的函数中0为起始角度(单位为(1/16)°),500为扇形所展开的角度(单位也为(1/16)°),如图8-4右图所示。

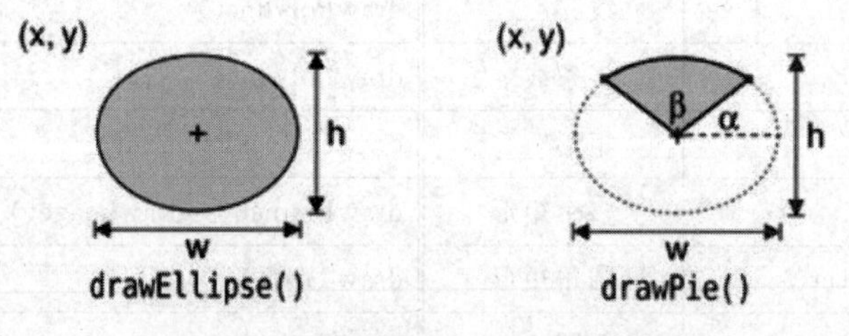

图8-4 绘制椭圆和扇形的参数图解

(5) 绘制圆弧:

```
paint->drawArc(20,20,210,160,500,1000);
```

drawArc函数与drawPie函数的参数完全相同。

8.1.2 几个绘图相关的类

1. 点类(QPoint和QPointF)

QPoint或QPointF类代表一个坐标点。它包含一个横坐标和一个纵坐标,前者数值为 int 型,后者数值为 float 型。以下仅以 QPoint 为例讲述,QPointF 类似。

QPoint 类支持以下两种对象构造方式:

```
QPoint();                         //构造横纵坐标均为 0 的 QPoint 对象
QPoint(int x, int y);             //构造横纵坐标分别为 x 和 y 的 QPoint 对象
```

通过以下的成员函数可以设置 QPoint 对象中的横纵坐标:

```
void setX(int x);                 //设置横坐标为 x
void setY(int y);                 //设置纵坐标为 y
```

下面两个成员函数则是只读的,可以获得 QPoint 对象中的横纵坐标:

```
int x() const;                    //获得横坐标
int y() const;                    //获得纵坐标
```

QPoint 经常出现在绘图函数中,例如下面的代码片段可以画直线:

```
QPoint p1(0,0), p2(100,100);
painter.drawLine(p1,p2);          //painter 是 QPainter 类对象
```

而下面代码片段可以画一个多边形:

```
QPoint points[4]={
    QPoint(10, 80), QPoint(20, 10), QPoint(80, 30), QPoint(90, 70)
};
painter.drawPolygon(points, 4);   //绘制 points 数组构成的四边形
```

2. 线段类(QLine 和 QLineF)

QLine 和 QLineF 代表一个线段,前者数值为 int 型,后者数值为 float 型。

首先看一看线段的构造函数,它构造具有指定起点终点的线段:

```
QLine::QLine(const QPoint & p1,const QPoint & p2)      //线段 p1 到 p2
QLine::QLine(int x1, int y1, int x2, int y2)           //线段(x1,y1)到(x2,y2)
```

下面是设置线段位置的一些函数:

```
void QLine::setP1(const QPoint & p1)                   //设置点 1
void QLine::setP2(const QPoint & p2)                   //设置点 2
void QLine::setLine(int x1, int y1, int x2, int y2)    //设置点(x1,y1)和(x2,y2)
void QLine::setPoints(const QPoint & p1,const QPoint & p2)  //设置点 p1 和 p2
```

与上面的设置方法对应,下列方法用于获取信息:

```
QPoint QLine::p1()                                     //返回点 1
QPoint QLine::p2()                                     //返回点 2
```

而函数 x1()、x2()、y1()、y2()分别可以返回两个端点的横坐标 x1、x2 和纵坐标 y1、y2。

3. 矩形类(QRect 和 QRectF)

矩形通常被表达为左上角点的坐标、宽度和高度 4 个参数。QRect 和 QRectF 的参数分别是整数类型和实数类型。下面的代码利用构造函数产生矩形,矩形对象 r1 的左上角为(100,200),宽为 110,高为 160。

```
QRect r1(100, 200, 110, 160);
```

下面的两个成员函数读取左上角的坐标:

```
int x();                                    //获取左上角的 x 坐标
int y();                                    //获取左上角的 y 坐标
```

下面的两个成员函数设置左上角的 x 和 y 坐标:

```
void setX(int x);                           //设置 x 坐标
void setY(int y);                           //设置 y 坐标
```

下面的 4 个成员函数可以获得或者设定矩形的宽和高:

```
int width();                                //获取矩形宽度
int height();                               //获取矩形高度
void setWidth(int width);                   //设置矩形宽度
void setHeight(int height);                 //设置矩形高度
```

下面的成员函数将矩形左上角移动到(x, y)或坐标点 pos,矩形大小不变:

```
void moveTo(int x, int y)
void moveTo(const QPoint & pos)
```

下面的成员函数返回矩形中心点:

```
QPoint center()
```

下面的成员函数判别点(x, y)是否在当前矩形内部:

```
bool contains(int x, int y)         //若点(x,y)在矩形内部,返回 true,否则返回 false
bool contains(const QPoint &point, bool proper=false)
```

第二个函数判断点 point 是否在矩形内(参数 proper 为 false 则矩形包含边线,为 true 则矩形不包含边线),返回值的意义和第一个函数相同。

4. 颜色类(QColor)

在 Qt 中颜色使用 QColor 类表示,QColor 支持 RGB、HSV、CMYK 颜色模型。还支持 alpha 混合(透明度)的模式。RGB 是面向硬件的模型,颜色由红、绿、蓝 3 种基色混合而成。HSV 模型比较符合人对颜色的感觉,由色调(0～359)、饱和度(0～255)、亮度(0～255)组成。CMYK 由青、洋红、黄、黑四种基色组成,主要用于打印机等硬件拷贝设备上。

下面给出 QColor 的一般用法示例。

- 定义颜色对象，红绿蓝分别是 250、250、200：

```
QColor( 250, 250, 200)
```

- 定义颜色对象，红绿蓝分别是 250、0、0，透明度为 127：

```
QColor(255, 0, 0, 127)        //第四个参数为透明度
```

其中，透明度为 0～255，0 表示完全透明，255 为不透明。

- 定义颜色对象(使用 Qt 的枚举类型)：

```
QColor(Qt::green)
```

这里 Qt::green 为绿色，类似的还有 Qt::red、Qt::yellow、Qt::blue 等，这些预定义的颜色可以在 Qt 的帮助中用 Qt::GlobalColor 关键字查看。

8.1.3 屏幕重绘

在 Qt 中，paintEvent 函数是进行重绘的。只要出现以下几种情况，系统就会产生屏幕重绘事件，从而自动调用 paintEvent 方法。

(1) 当窗口部件第一次显示时。

(2) 重新调整窗口部件大小，或者窗口从隐藏到显示。

(3) 当窗口部件被其他部件遮挡，然后又再次显示出来时，就会对隐藏的区域产生一个重绘事件。

有些时候，程序窗口并没有发生大小改变或从隐藏到显示等情况(即没有产生屏幕重绘事件)，但是由于某种情况的发生也需要对窗口进行重绘。例如要实现用户单击窗口内任意位置就在此处画一个圆，或者随着时间流逝周期性地在窗口中显示时间，这时就需要主动进行屏幕重绘。

主动进行屏幕重绘是通过调用 QWidget 函数 update 或者 repaint 实现的，这两个函数最终都会间接调用 paintEvent 函数重绘屏幕。注意，为了软件的稳定性和可靠性，一定不要直接调用 paintEvent 函数。

下面说一下 update 和 repaint 两个函数的差别。

repaint 函数是被调用之后立即执行重绘。因此 repaint 是最快的，紧急情况下需要立刻重绘的可以使用 repaint。但是不能将 repaint 函数的调用放到 paintEvent 中。因为 repaint 函数本身就是引起 paintEvent 执行，如果在 paintEvent 中再次调用 repaint 函数，则 repaint 函数又会再次引起 paintEvent 的执行，如此下去会进入死循环。

与 repaint 比较，update 则更加有优越性。update 调用之后并不是立即重绘，而是将重绘事件放入主消息循环中，由主窗口的事件循环统一调度。update 在调用 paintEvent 之前还做了很多优化，如果 update 被调用了很多次，最后这些 update 会合并成一个重绘事件加入到事件队列中，最后重绘操作将只被执行一次，这样也避免了上面所提到的死循环。一般情况下，调用 update 就够了，其实这种重绘也是比较快的。

有些时候，可能并不希望重绘整个屏幕。例如用鼠标将一个圆从 A 移动到 B，如

图 8-5 所示,这时只要重绘包含前后两次位置的矩形区域即可。这样可以减少重绘区,加快执行速度,减少闪烁发生的可能。这时可使用下面的函数:

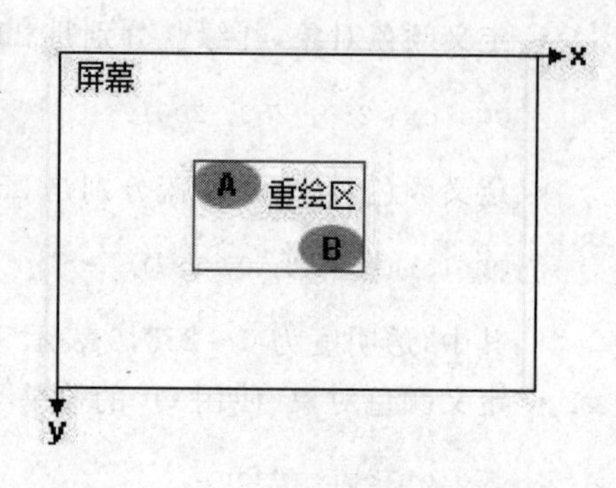

图 8-5 包含前后两次位置矩形的重绘区

```
//重绘(x, y)为左上角,w为宽,h为高的区域
void QWidget::update(int x,int y,int w,int h)
//重绘矩形 rect 区域
void QWidget::update(const QRect & rect)
```

update 或 repaint 函数常常在鼠标事件、键盘事件、定时器事件的响应函数中调用。很多和事件、绘图有关的程序的框架如下:

第 1 步,在窗口类头文件中定义绘图要用到的变量。例如:

```
class Widget : public QWidget
{
    …
    int x1, y1, x2, y2;                    //假设要画(x1, y1)到(x2, y2)的直线
protected:
    void paintEvent(QPaintEvent * );       //绘制
    void timerEvent(QTimerEvent * event);  //定时器事件处理
};
```

第 2 步,在源文件的构造函数中初始化变量。例如:

```
Widget::Widget(QWidget * parent) : QWidget(parent)
{
    x1=0, y1=100;
    x2=50, y2=100;
    startTimer(1000);                      //启动定时器,定期产生消息
}
```

这样在程序启动时,线段就可以显示在这里设定的位置。

第 3 步,在事件处理函数中修改变量的值,再调用 update 函数。例如:

```
void Widget::timerEvent(QTimerEvent * event)
{
    x1=x1+10;                      //左端点每次右移 10 像素
    x2=x2+10;                      //右端点每次右移 10 像素
    update();                      //重绘
}
```

第 4 步,在 paintEvent 中重绘图形。例如:

```
void Widget::paintEvent(QPaintEvent * )
{
```

```
    QPainter painter(this);
    painter.drawLine(x1, y1, x2 y2);    //绘制图形
}
```

以上就是很多和绘图有关的程序的编程步骤。这里仅仅以定时器事件为例，实际上在键盘事件、鼠标事件的处理函数中，也经常会调用屏幕重绘函数。

一个有用的经验是，修改绘图变量(例如上面的 x1、y1 等)的工作最好都放在 paintEvent 函数之外，尽量不要在 paintEvent 函数中既修改变量又显示图形。这样可以让程序逻辑性更强，同时避免一些偶发的显示异常。因为如果既在 paintEvent 函数之外的其他函数中修改变量，同时又在 paintEvent 函数中修改变量，而且是通过 update 函数调用了 paintEvent 函数，那么由于 update 函数并不立刻执行 paintEvent 函数，在 paintEvent 函数内和在其他函数内对变量的修改哪一个先发生就不确定了，这可能引起显示错误。

【例 8-2】 时钟示例。

本例演示了某种事件触发屏幕重绘的一般编程方式。

第 1 步，新建一个基于 QWidget 类的应用程序。创建时取消 UI 界面文件。

第 2 步，在 Widget.h 中添加变量和事件处理函数的声明：

```
    float radius;                                   //时钟半径
    //3 种指针针尖坐标
    int xSecond, ySecond, xMinute, yMinute, xHour, yHour;
    int xCenter, yCenter;                           //时钟中心坐标
    int second,minute,hour;                         //时分秒的实际数字
    void CalcPosition();                            //计算三种指针针尖坐标的函数
protected:
    void paintEvent(QPaintEvent *);
    void timerEvent(QTimerEvent * event);
```

第 3 步，在 Widget.cpp 中添加头文件：

```
#include <qmath.h>                                  //数学库
#include <QPainter>
#define PI 3.14159265                               //圆周率
```

第 4 步，在 Widget.cpp 中添加计算 3 种指针针尖坐标的函数：

```
void Widget::CalcPosition()
{
    float secondHandLen, minuteHandLen, hourHandLen;
    secondHandLen=radius * 0.8;                     //计算秒针长度
    minuteHandLen=radius * 0.65;                    //计算分针长度
    hourHandLen=radius * 0.5;                       //计算时针长度
    //计算秒针针尖位置
    xSecond=xCenter+secondHandLen * cos(second * PI/30-PI/2);
    ySecond=yCenter+secondHandLen * sin(second * PI/30-PI/2);
    //计算分针针尖位置
```

```
    xMinute=xCenter+minuteHandLen * cos(minute * PI/30-PI/2);
    yMinute=yCenter+minuteHandLen * sin(minute * PI/30-PI/2);
    //计算时针针尖位置
    xHour=xCenter+hourHandLen * cos((hour+1.0 * minute/60) * PI/6-PI/2);
    yHour=yCenter+hourHandLen * sin((hour+1.0 * minute/60) * PI/6-PI/2);
}
```

注意，Qt 中的坐标是 x 轴横向向右为正，y 轴垂直向下为正，所以 0°对应水平向右，顺时针方向是度数增加。但是钟表应该是竖直向上位置为 0°，顺时针方向为度数增加，所以这里计算旋转度数时减去 PI/2 弧度（即 90°）。

第 5 步，在 Widget.cpp 中的构造函数中添加初始化代码：

```
Widget::Widget(QWidget * parent) : QWidget(parent)
{
    radius=100;
    xCenter=120, yCenter=120;
    hour=3, minute=56, second=55;       //初始时间 3:56:55
    CalcPosition();                      //计算初始位置用于第一次显示
    startTimer(100);                     //启动定时器,为了便于观察,加速 10 倍
}
```

第 6 步，在 Widget.cpp 中添加事件处理函数的实现：

```
void Widget::timerEvent(QTimerEvent * e)
{
    CalcPosition();                      //计算位置
    second++;                            //秒增加
    if(second==60) {
        second=0;
        minute++;                        //分增加
    }
    if(minute==60) {
        minute=0;
        hour++;                          //时增加
    }
    update();
}
void Widget::paintEvent(QPaintEvent *)
{
    QPainter painter(this);
    QPen pen;                            //画笔的使用请参考 8.2.1 节
    painter.drawEllipse(QPointF(120.0,120.0),radius,radius);  //画圆
    painter.drawLine(xCenter,yCenter, xSecond,ySecond);       //画秒针
    pen.setWidth(2);                                           //画笔设置宽度
    painter.setPen(pen);                                       //使用画笔
    painter.drawLine(xCenter,yCenter, xMinute,yMinute);       //画分针
```

```
    pen.setWidth(4);
    painter.setPen(pen);
    painter.drawLine(xCenter,yCenter, xHour,yHour);            //画时针
}
```

至此,编程完毕,运行结果如图 8-6 所示。

图 8-6　时钟运行情况

8.2　画笔和画刷

8.2.1　画笔的使用

画笔用于绘制直线以及图形的轮廓。画笔的属性包括线型、线宽、颜色等。画笔的属性可以在构造函数中指定,也可以使用函数逐项设定。

先看一下 QPen 类的构造函数:

```
//默认构造函数
QPen()
//构造函数中设置线型
QPen(Qt::PenStyle style)
//构造函数中设置颜色
QPen(const QColor & color)
//构造函数中设置画线的刷子、线宽、线型、端点风格、连接风格
QPen(const QBrush & brush, qreal width, Qt::PenStyle style=Qt::SolidLine,
    Qt::PenCapStyle cap=Qt::SquareCap, Qt::PenJoinStyle join=Qt::BevelJoin)
//构造一个同样的画笔
QPen(const QPen & pen)
```

下面再介绍一下 QPen 中用于设置属性的主要函数。

1. 设置线型

```
void setStyle(Qt::PenStyle style)
```

其中,style 取值一般可以是 Qt::SolidLine、Qt::DashLine、Qt::DotLine、Qt::DashDotLine、

Qt::DashDotDotLine、Qt::CustomDashLine。各种线型如图 8-7 所示,其中最后一种效果需要使用 setDashPattern 函数来设定自定义风格。

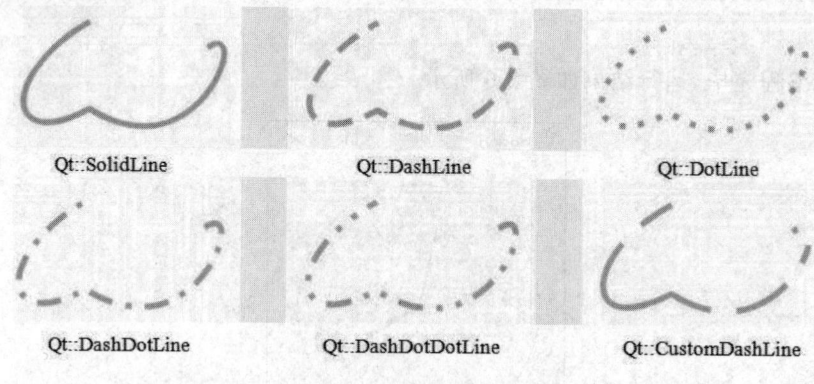

图 8-7 各种线型效果示例

2. 设置线宽

`void setWidth(int width)` 或 `void setWidthF(qreal width)`

前者参数为整数,后者为实数。

3. 设置端点风格

```
void setCapStyle(Qt::PenCapStyle style)
```

其中参数可以为 QT::FlatCap、Qt::SqureCap 或 Qt::RoundCap,效果如图 8-8 所示。端点风格决定了线的端点样式,只对线宽大于 1 的线有效。

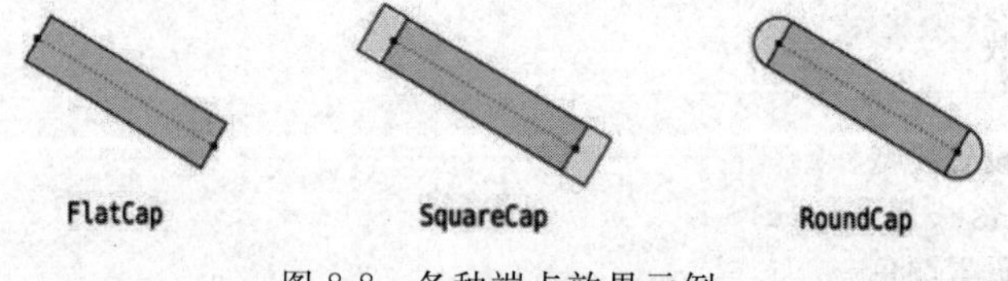

图 8-8 各种端点效果示例

4. 设置连接风格

```
void setJoinStyle(Qt::PenJoinStyle style)
```

其中的参数可以是 Qt::MiterJoin、Qt::BevelJoin、Qt::RoundJoin,效果如图 8-9 所示。连接风格是两条线如何连接,只对线宽大于等于 1 的线有效。

5. 设置颜色

`void setColor(const QColor &color)` 或 `void setBrush(const QBrush &brush)`

第 2 个函数中的参数也可以是 QColor 类型,系统自动将其转换为该颜色的画刷。

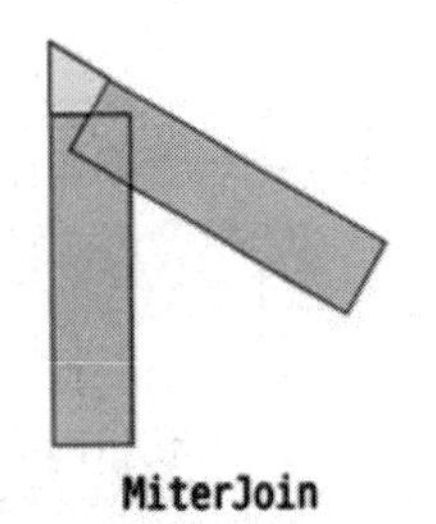

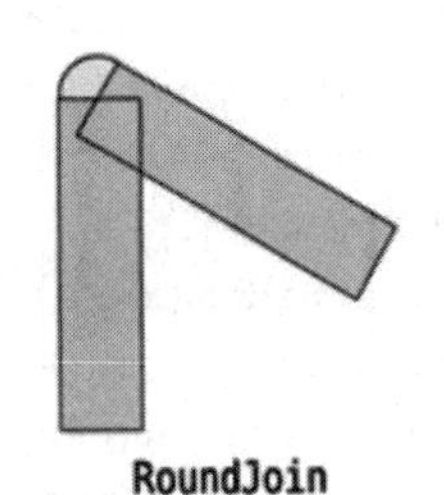

图 8-9　各种连接效果示例

下面两段代码等价。

片段 1：使用构造函数生成 QPen。

```
QPainter painter(this);
QPen pen(Qt::green, 3, Qt::DashDotLine, Qt::RoundCap, Qt::RoundJoin);
painter.setPen(pen);
```

片段 2：使用设置函数分别设置 Qpen 属性。

```
QPainter painter(this);
QPen pen;            //创建一个默认的画笔
pen.setStyle(Qt::DashDotLine);
pen.setWidth(3);
pen.setBrush(Qt::green);
pen.setCapStyle(Qt::RoundCap);
pen.setJoinStyle(Qt::RoundJoin);
painter.setPen(pen);
```

【例 8-3】 画笔使用示例。

第 1 步，新建一个基于 QWidget 类的应用程序。创建时取消 UI 界面文件。

第 2 步，在 Widget.h 中添加重绘事件处理函数的声明：

```
protected:
    void paintEvent(QPaintEvent * );
```

第 3 步，在 Widget.cpp 中添加需要包含的头文件：

```
#include <QPainter>
```

第 4 步，修改 paintEvent 函数：

```
void Widget::paintEvent(QPaintEvent * )
{
    QPainter painter(this);
    painter.drawLine(0,0,100,100);                              //画直线
    //定义画笔
    QPen pen(Qt::green,5,Qt::DashLine,Qt::FlatCap,Qt::RoundJoin);
    painter.setPen(pen);                                        //使用画笔
    QRectF rectangle(70.0, 40.0, 80.0, 60.0);
```

```
    int startAngle=30 * 16;
    int spanAngle=120 * 16;
    painter.drawArc(rectangle, startAngle, spanAngle);  //绘制圆弧
    //重新定义画笔
    pen.setWidth(2);
    pen.setStyle(Qt::SolidLine);
    painter.setPen(pen);                                //使用画笔
    painter.drawRect(50,50,20,100);
}
```

编译运行,结果如图 8-10 所示。

与设置属性的函数对应,也有获取画笔属性的方法,例如 color()、style()、width()分别返回画笔颜色、线型、宽度。

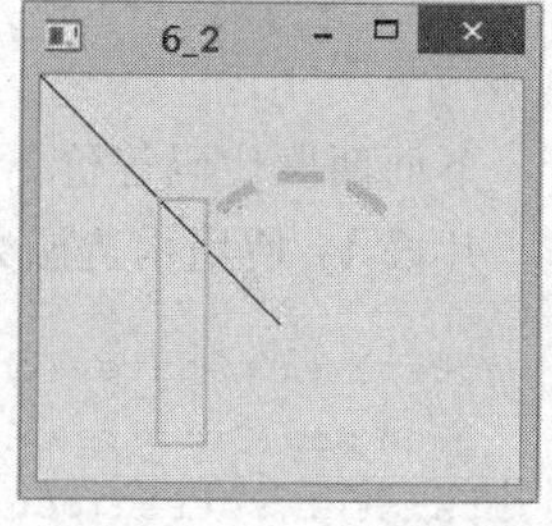

图 8-10 画笔使用示例

8.2.2 画刷的使用

在 Qt 中图形使用 QBrush 进行填充,画刷属性包括填充颜色和填充风格。下面是几个常用的构造函数:

QBrush(),默认构造函数。

QBrush(const QBrush & other),构造一个同样的画刷。

QBrush(Qt::BrushStyle style),使用画刷填充风格初始化。

QBrush(const QColor & color, Qt::BrushStyle style=Qt::SolidPattern),使用颜色和填充风格初始化。

填充风格是指一个封闭区域的填充方式,有 Qt::SolidPattern、Qt::Dense1Pattern、Qt::Dense2Pattern、Qt::HorPattern、Qt::VerPattern、Qt::CrossPattern、Qt::BDiagPattern、Qt::FDiagPattern、Qt::DiagCrossPattern 等多种形式,其式样如图 8-11 所示。

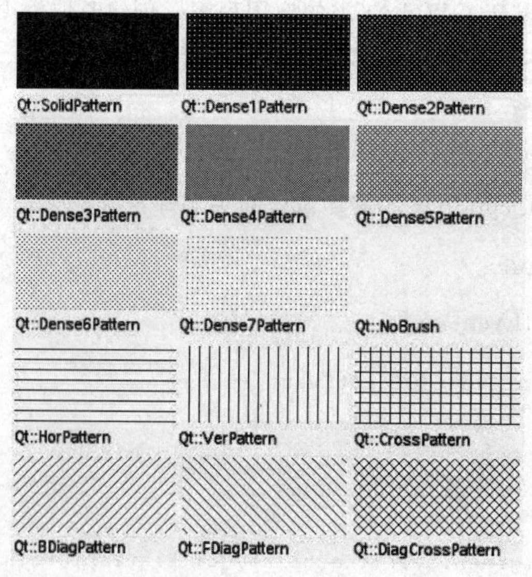

图 8-11 部分画刷的常用填充风格

与画笔类似，画刷也有设定和获取属性的函数。列举如下：

void setColor(const QColor &color)，设置颜色。

const QColor & color() const，获取颜色。

void setStyle(Qt::BrushStyle style)，设置填充风格。

Qt::BrushStyle style()，获取填充风格。

实际上，画刷的风格还可以是位图甚至是颜色渐变。这些内容将在后面讲述。

【例 8-4】 利用多种风格画笔画刷绘制图形。

第 1 步，新建一个基于 QWidget 类的应用程序。创建时取消 UI 界面文件。

第 2 步，在 Widget.h 中添加重绘事件处理函数的声明：

```
protected:
    void paintEvent(QPaintEvent *);
```

第 3 步，在 Widget.cpp 中添加需要包含的头文件：

```
#include <QPainter>
```

第 4 步，修改 paintEvent 函数：

```
void Widget::paintEvent(QPaintEvent *)
{
    //画一条直线
    QPainter painter(this);                          //创建 QPainter 一个对象
    QPen pen;
    pen.setColor(Qt::green);                         //设置画笔为绿色
    painter.setPen(pen);                             //设置画笔
    painter.drawLine(rect().topLeft(), rect().bottomRight());
    //画一个空心矩形
    pen.setColor(Qt::darkRed);
    painter.setPen(pen);
    painter.drawRect(QRect(1, 1, 100, 100));
    //画一个填充矩形
    QBrush brush(Qt::FDiagPattern);                  //画刷
    painter.setBrush(brush);                         //设置画刷
    painter.drawRect(QRect(105, 1, 100, 100));
    //画一个多点线
    pen.setColor(Qt::red);
    painter.setPen(pen);
    static const QPointF points[4]={
        QPointF(260.0, 30), QPointF(220.0, 50.3),
        QPointF(300, 100.4), QPointF(260.4, 120.0)
    };
    painter.drawPolyline(points, 4);
    //画多条线
    QLineF linef[5];
```

```
    painter.setPen(QPen(Qt::blue,4,Qt::DashLine));
    for(int j=0; j<5; ++j)
    {
        linef[j].setP1(QPointF(110.9+j*10, 120.0));
        linef[j].setP2(QPointF(120.8+j*12, 200.0));
    }
    painter.drawLines(linef, 5);                 //以 QLine 数组做参数
    //画一个多边形
    QPointF p[10];
    p[0]=QPointF(170.0, 120.0);
    p[1]=QPointF(230.0, 120.0);
    p[2]=QPointF(260.0, 180.0);
    p[3]=QPointF(200.0, 200.0);
    brush.setStyle(Qt::CrossPattern);            //正交叉填充风格
    painter.setBrush(brush);
    painter.drawPolygon(p,4, Qt::WindingFill);
    //画一个圆角矩形
    QRectF rectangle(290.0, 110.0, 50, 50);
    painter.setBrush(Qt::gray);
    painter.drawRoundedRect(rectangle, 20.0, 15.0);
    //画多个点
    QPointF pointf[10];
    for(int i=0; i<10; ++i)
    {
        pointf[i].setX(2.0+i*10.0);
        pointf[i].setY(130.0);
    }
    painter.drawPoints(pointf, 10);
}
```

编译运行,结果如图 8-12 所示。

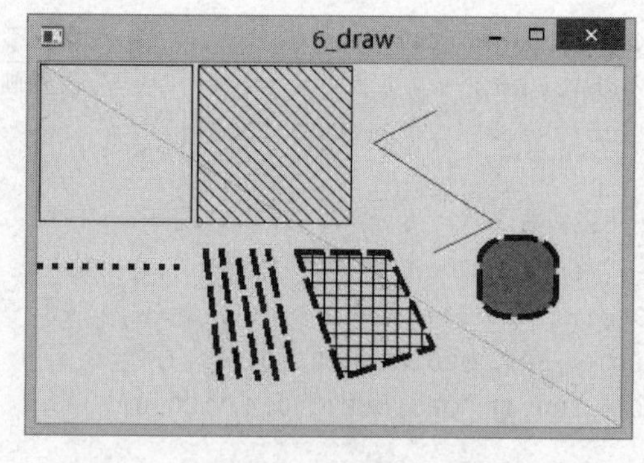

图 8-12　使用各种画笔画刷绘制多种形状

8.3　渐变填充

渐变是绘图中很常见的一种功能，它把几种颜色混合在一起，让它们能够自然地过渡，而不是一下子变成另一种颜色。在 Qt 中也有渐变填充，QGradient 类就是用来和 QBrush 一起指定渐变填充的。Qt 现在支持 3 种类型的渐变填充：

（1）线性渐变。在开始点和结束点之间插入颜色，由 QLinearGradient 类实现。

（2）辐射渐变。在焦点和环绕它的圆环间插入颜色，由 QRadialGradient 类实现。

（3）锥形渐变。在圆心周围插入颜色，由 QConicalGradient 类实现。

这里 QLinearGradient、QRadialGradient、QConicalGradient 3 种类都是 QGradient 类的子类，并且这 3 种类都可以作为 QBrush 的填充风格参数。

8.3.1　线性渐变

线性渐变由两个控制点定义。0 对应第一个控制点位置，1 对应第二个控制点位置，两点连线上的位置对应 0～1 的数（由线性插值得到）。可在这两点的连线上设置一系列的颜色分割点，并在分割点上设定颜色。这些分割点的位置由 0～1 的数确定，两个相邻分割点之间的颜色由线性插值得出。

线性渐变类 QLinearGradient 的构造函数为

```
QLinearGradient(const QPointF & start, constQPointF & finalStop)
```

其中，start 为开始点（即位置 0），finalStop 为结束点（即位置 1）。

然后使用 setColorAt 函数设定颜色分段点，该函数原型为

```
QGradient::setColorAt(qreal position, const QColor & color)
```

函数在位置 position（在 0 到 1 之间）插入指定的颜色 color。

【例 8-5】 线性渐变填充风格示例。

第 1 步，新建一个基于 QWidget 类的应用程序。创建时取消 UI 界面文件。

第 2 步，在 Widget.h 中添加重绘事件处理函数的声明：

```
protected:
    void paintEvent(QPaintEvent *);
```

第 3 步，在 Widget.cpp 中添加需要包含的头文件：

```
#include <QPainter>
```

第 4 步，修改 paintEvent 函数：

```
void Widget::paintEvent(QPaintEvent *)
{
    QPainter painter(this);
    //线性渐变
```

```
    QLinearGradient linearGradient(QPointF(40, 190), QPointF(70, 190));
    //插入颜色
    linearGradient.setColorAt(0, Qt::yellow);
    linearGradient.setColorAt(0.5, Qt::red);
    linearGradient.setColorAt(1, Qt::green);
    //指定渐变区域以外的区域的扩散方式 PadSpread
    linearGradient.setSpread(QGradient::PadSpread);
    //使用渐变作为画刷
    painter.setBrush(linearGradient);
    painter.drawRect(10, 20, 150, 120);
    //指定渐变区域以外的扩散方式 RepeatSpread
    linearGradient.setSpread(QGradient::RepeatSpread);
    //使用渐变作为画刷
    painter.setBrush(linearGradient);
    painter.drawRect(180, 20, 150, 120);
    //指定渐变区域以外的区域的扩散方式 ReflectSpread
    linearGradient.setSpread(QGradient::ReflectSpread);
    //使用渐变作为画刷
    painter.setBrush(linearGradient);
    painter.drawRect(350, 20, 150, 120);
}
```

编译运行程序,效果如图 8-13 所示。

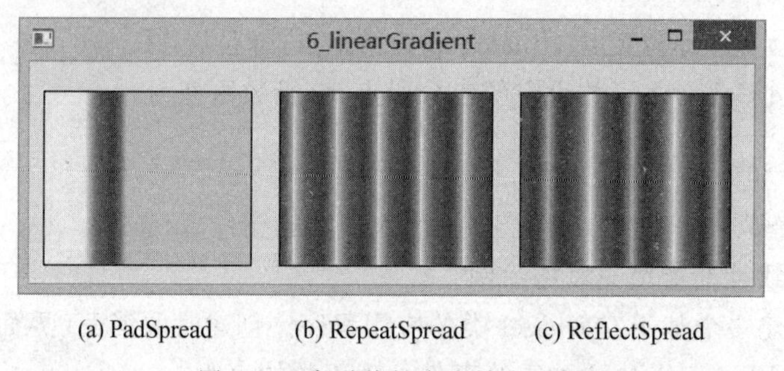

(a) PadSpread　(b) RepeatSpread　(c) ReflectSpread

图 8-13　各种线性渐变填充示例

这里还使用了 setSpread 函数来设置填充的扩散方式,即指明在指定区域以外的区域怎样进行填充。扩散方式由 QGradient::Spread 枚举变量定义,它一共有 3 个值,分别是

- QGradient::PadSpread,使用最接近的颜色进行填充,这是默认值。
- QGradient::RepeatSpread,在渐变区域以外的区域重复渐变。
- QGradient::ReflectSpread,在渐变区域以外将反射渐变。

这 3 种扩散方式的效果如图 8-13 所示。

渐变填充对象定义完成后,可以直接放在在 setBrush 中使用,这时画刷风格会自动设置为对应的渐变填充。

8.3.2 辐射渐变

辐射渐变由一个中心点、半径、一个焦点以及颜色分割点控制。中心点和半径定义一个圆。颜色从焦点向外成辐射状扩散,焦点可以是中心点或者圆内的其他点。

辐射渐变的构造函数为

```
QRadialGradient(QPointF &center, qreal radius, QPointF &focalPoint)
```

使用时需要指定圆心 center 和半径 radius,这样就确定了一个圆,然后再指定一个焦点 focalPoint。焦点的位置为 0,圆环的位置为 1,然后在焦点和圆环间插入颜色。

在下面的例 8-6 中使用了 QRadialGradient 类的另一个构造函数:

```
QRadialGradient(qreal cx, qreal cy, qreal radius, qreal fx, qreal fy)
```

其中(cx,cy)为圆心,(fx,fy)为焦点。

在 Qt 的函数中,有很多这样的函数重载现象,其中一个函数是以 QPoint 为参数,另一个函数是以 x 和 y 作为点的坐标为参数。类似情形也发生在 QLine 类做参数(以两个点或 4 个坐标数据代替)、QRect 类做参数(以左上角坐标及宽和高做参数)的函数中。

类似于线性渐变,辐射渐变也可以设定颜色分割点,这些分割点在 0~1 之间,实际上是焦点和半径为 radius 的圆环之间的一些圆圈。同样可以使用 setSpread 函数设置渐变区域以外的区域的扩散方式。

【例 8-6】 辐射渐变填充风格示例。

第 1 步,新建一个基于 QWidget 类的应用程序。创建时取消 UI 界面文件。

第 2 步,在 Widget.h 中添加重绘事件处理函数的声明:

```
protected:
    void paintEvent(QPaintEvent *);
```

第 3 步,在 Widget.cpp 中添加需要包含的头文件:

```
#include <QPainter>
```

第 4 步,修改 paintEvent 函数:

```
void Widget::paintEvent(QPaintEvent *)
{
    QPainter painter(this);
    //辐射渐变
    QRadialGradient radialGradient(110,110,100,70,110);
    //设定颜色分段点
    radialGradient.setColorAt(0,Qt::green);
    radialGradient.setColorAt(0.4,Qt::blue);
    radialGradient.setColorAt(1.0,Qt::yellow);
    //设置颜色扩展方式
```

```
    radialGradient.setSpread(QGradient::PadSpread);
    painter.setBrush(QBrush(radialGradient));
    painter.drawEllipse(10,10,350,350);                    //绘制圆形
    radialGradient.setCenter(110+380,110);                 //平移圆心
    radialGradient.setFocalPoint(70+380,110);              //平移焦点位置
    //设置颜色扩展方式
    radialGradient.setSpread(QGradient::RepeatSpread);
    painter.setBrush(QBrush(radialGradient));
    painter.drawEllipse(10+380,10,350,350);                //绘制第二个圆形
    radialGradient.setCenter(110+380*2,110);               //平移圆心
    radialGradient.setFocalPoint(70+380*2,110);            //平移焦点位置
    //设置颜色扩展方式
    radialGradient.setSpread(QGradient::ReflectSpread);
    painter.setBrush(QBrush(radialGradient));
    painter.drawEllipse(10+380*2,10,350,350);              //绘制第三个圆形
}
```

编译运行程序,效果如图 8-14 所示。

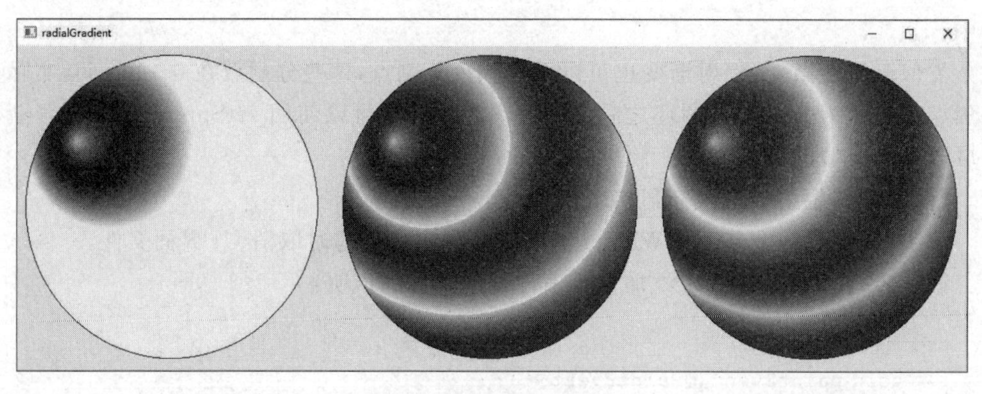

(a) QGradient::PadSpread　　(b) QGradient::RepeatSpread　　(c) QGradient::ReflectSpread

图 8-14　各种辐射渐变填充示例

在创建 QRadialGradient 对象时,如果需要填充的图形是对称的,那么圆心坐标和焦点坐标就要一致。本例中左边第一个图形圆心是(110, 110),焦点是(70, 110),所以可以看出颜色扩展的中心点在绿色、蓝色、黄色等圆环的圆心(注意不是指 drawEllipse 所画的圆形的圆心,其实这里也可以画一个矩形)。

8.3.3 锥形渐变

锥形渐变由一个中心点和一个角度定义,色彩从 x 轴正向偏转一个角度开端,按给定色彩分段点扭转扩散。其构造函数为

```
QConicalGradient(const QPointF & center,qreal angle)
```

其中,center 为中心点,angle 为初始角度(其值为 0～360),然后沿逆时针从给定的角度

开始环绕中心点插入颜色。初始角度对应的开始位置记为 0,旋转一圈后记为 1。setSpread 函数对于锥形渐变没有效果。

【例 8-7】　锥形渐变填充风格示例。

第 1 步,新建一个基于 QWidget 类的应用程序。创建时取消 UI 界面文件。

第 2 步,在 Widget.h 中添加重绘事件处理函数的声明:

```
protected:
    void paintEvent(QPaintEvent *);
```

第 3 步,在 Widget.cpp 中添加需要包含的头文件:

```
#include <QPainter>
```

第 4 步,修改 paintEvent 函数:

```
void Widget::paintEvent(QPaintEvent *)
{
    QPainter painter(this);
    //创建 QConicalGradient 对象,参数为中心坐标(180,110)和初始角度 0
    QConicalGradient conicalGradient(180,110,0);
    //设置颜色分段点
    conicalGradient.setColorAt(0,Qt::green);
    conicalGradient.setColorAt(0.2,Qt::white);
    conicalGradient.setColorAt(0.4,Qt::blue);
    conicalGradient.setColorAt(0.6,Qt::red);
    conicalGradient.setColorAt(0.8,Qt::yellow);
    conicalGradient.setColorAt(1.0,Qt::green);
    painter.setBrush(QBrush(conicalGradient));
    painter.drawEllipse(61,10,250,200);      //在相应的坐标画出来
}
```

编译运行程序,效果如图 8-15 所示。

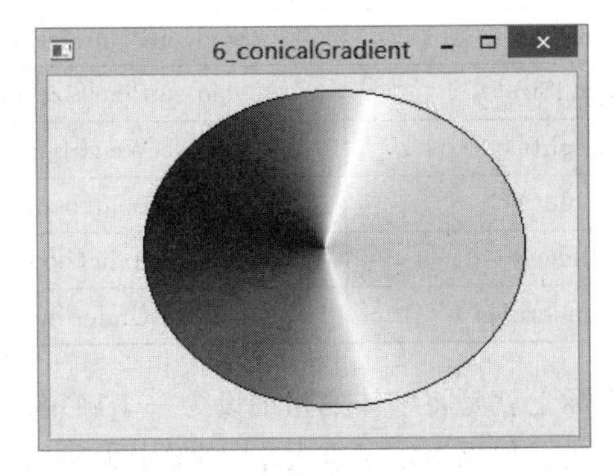

图 8-15　锥形渐变填充示例

注意:锥形渐变起始角度的单位是度(45°、180°之类),不是弧度。

8.4 绘制文字

Qt 中除了绘制图形以外，还可以使用 QPainter::darwText 函数来绘制文字，下面是该函数的常用方式：

```
painter.drawText(100, 100, "Hello Qt!");
```

其中，(100,100)为文字绘制的位置，后面的字符串为输出的文字。

另外，QPainter 对象也经常使用 QPainter::setFont 设置所绘制文字的字体，使用 QPainter::fontInfo 函数获取字体的信息。在绘制文字时会默认使用抗锯齿绘制方式。

1. QFont 字体类

QFont 类用来定义字体，它有以下几个常用的构造函数：

```
QFont();          //由默认字体构造字体对象
QFont(const QString &family, int pointSize=-1, int weight=-1, bool italic=false);
```

对第二个构造函数中的参数说明如下：

family，字体的名称。

pointSize，字体的点大小，如果这个参数小于等于 0，则自动设为 12。

weight，字体的粗细。

italic，字体是否为斜体。

这些参数也可以在字体对象构造以后通过属性设置函数来修改。

QFont 类常用的属性设置和获取函数如表 8-2 所示。

表 8-2 字体设置和获取函数

字体属性	获取所用成员函数	设置所用成员函数
名称	QString family()	void setFamily(const QString &family)
点大小	int pointSize()	void setPointSize(int pointSize)
像素大小	int pixelSize()	void setPixelSize(int pixelSize)
粗细	int weight()	void setWeight(int weight)
粗体	bool bold()	void setBold(bool enable)
斜体	bool italic()	void setItalic(bool enable)
下画线	bool underline()	void setUnderline(bool enable)

其中设置粗体属性实际上就是将字体的粗细设为一个确定的值。点大小与像素大小是指定字体大小的两种方式。如果指定了点大小，则像素大小属性的值就是−1；反之，如果指定了像素大小，则点大小属性的值就是−1。

如果指定的字体在使用时没有对应的字体文件，Qt 将自动选择最接近的字体。如果要显示的字符在字体中不存在，则字符会被显示为一个空心方框。

【例 8-8】 QFont 的使用。

第 1 步，新建一个基于 QWidget 类的应用程序。创建时取消 UI 界面文件。

第 2 步，在 Widget.h 中添加重绘事件处理函数的声明：

```
protected:
    void paintEvent(QPaintEvent *);
```

第 3 步，在 Widget.cpp 中添加需要包含的头文件：

```
#include <QPainter>
```

第 4 步，修改 paintEvent 函数：

```
void Widget::paintEvent(QPaintEvent *)
{
    QPainter painter(this);
    QFont font("宋体", 15, QFont::Bold, true);
    painter.setFont(font);                                    //使用字体
    painter.drawText(20, 20, tr("helloqt"));
    font.setUnderline(true);                                  //设置下画线
    font.setOverline(true);                                   //设置上画线
    font.setCapitalization(QFont::SmallCaps);                 //设置字母为小写
    font.setLetterSpacing(QFont::AbsoluteSpacing, 15);        //设置字符间距
    painter.setFont(font);                                    //使用字体
    painter.setPen(Qt::red);
    painter.drawText(120, 60, tr("西安交通大学"));
}
```

编译运行程序，效果如图 8-16 所示。

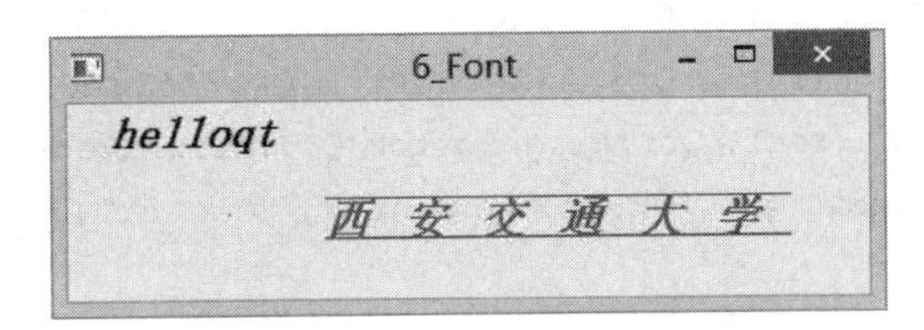

图 8-16 字体使用示例

2. 控制文字的位置

drawText 函数有一个重载形式如下：

```
QPainter::drawText(const QRectF &rectangle, int flags, const QString & text,
                   QRectF * boundingRect=0)
```

它的第一个参数指定了绘制文字所在的矩形；第二个参数指定了文字在矩形中的对齐方式，它由 Qt::AlignmentFlag 枚举变量进行定义，不同对齐方式也可以使用“|”操作符同时使用，这里还可以同时使用 Qt::TextFlag 定义的其他一些标志，例如自动换行等；第三个参

数就是所要绘制的文字，这里可以使用“\n”来实现换行；第四个参数一般不用设置。

Qt::AlignmentFlag 枚举变量主要包括 Qt::AlignLeft、Qt::AlignRight、Qt::AlignHCenter、Qt::AlignTop、Qt::AlignBottom、Qt::AlignVCenter、Qt::AlignCenter 等。

【例 8-9】 利用 drawText 函数在方框内输出文字。

第 1 步，新建一个基于 QWidget 类的应用程序。创建时取消 UI 界面文件。

第 2 步，在 Widget.h 中添加重绘事件处理函数的声明：

```
protected:
    void paintEvent(QPaintEvent *);
```

第 3 步，在 Widget.cpp 中添加需要包含的头文件：

```
#include <QPainter>
```

第 4 步，修改 paintEvent 函数：

```
void Widget::paintEvent(QPaintEvent *)
{
    QPainter painter(this);
    QRectF rect(20, 20, 400, 200);          //设置一个矩形
    painter.drawRect(rect);                 //为了直观地看到字体的位置,绘制此矩形
    QFont font("宋体", 12, QFont::Bold, false);
    painter.setFont(font);
    painter.drawText(rect, Qt::AlignLeft, "Left");
    painter.drawText(rect, Qt::AlignHCenter, "HCenter");
    painter.drawText(rect, Qt::AlignRight, "Right");
    painter.drawText(rect, Qt::AlignVCenter,"VCenter");
    painter.drawText(rect, Qt::AlignVCenter|Qt::AlignRight,"VCenter|Right");
    painter.drawText(rect, Qt::AlignBottom, "Bottom");
    painter.drawText(rect, Qt::AlignBottom|Qt::AlignRight, "Bottom|Right");
    painter.drawText(rect, Qt::AlignBottom|Qt::AlignHCenter, "Bottom|HCenter");
    painter.drawText(rect, Qt::AlignCenter, "Center");
}
```

编译运行程序，效果如图 8-17 所示。

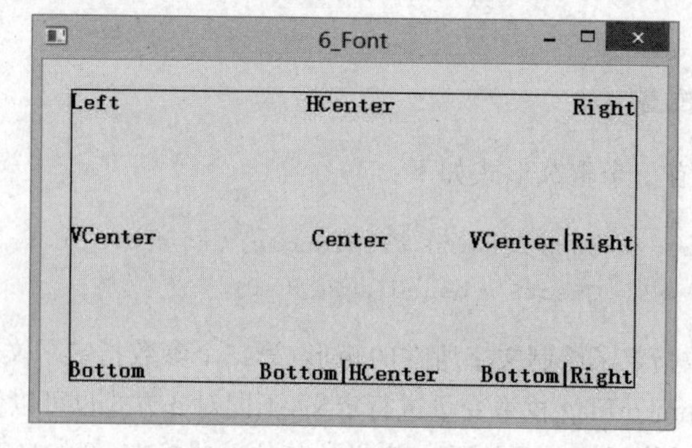

图 8-17　文字输出位置

8.5 绘制路径

一个绘图路径就是由多个矩形、椭圆、线条或者曲线等组成的对象。一个路径可以是封闭的，例如矩形和椭圆；也可以是非封闭的，例如线条和曲线。如果要多次绘制一个复杂的图形，那么可以使用 QPainterPath 类建立一个绘图路径，然后使用 QPainter::drawPath 来进行绘制。QPainterPath 对象可重复使用。

创建了 QPainterPath 对象后，可以使用 lineTo、cubicTo、quadTo 函数将直线和曲线添加到路径中来，也可以使用 addEllipse、addPath、addRect、addRegion、addText 等将 Qt 的一些基本图元加入绘图路径。

【例 8-10】 利用 QPainterPath 绘制图形。

第 1 步，新建一个基于 QWidget 类的应用程序。创建时取消 UI 界面文件。

第 2 步，在 Widget.h 中添加重绘事件处理函数的声明：

```
protected:
    void paintEvent(QPaintEvent *);
```

第 3 步，在 Widget.cpp 中添加需要包含的头文件：

```
#include <QPainter>
```

第 4 步，修改 paintEvent 函数：

```
void Widget::paintEvent(QPaintEvent *)
{
    QPainter painter(this);
    QPainterPath path;
    path.moveTo(10,100);                    //移到(10,100)
    path.addRect(10,70,100,20);             //添加矩形
    path.moveTo(110,70);                    //移到(110,70)
    path.lineTo(110,50);
    path.lineTo(140,80);
    path.lineTo(110,110);
    path.lineTo(110,90);
    QPen pen(QColor(255,0,0),2);
    painter.setPen(pen);
    painter.drawPath(path);
    //产生第二个路径
    QPainterPath path2;
    path2.addPath(path);
    path2.translate(50,-50);                //坐标平移
    painter.drawPath(path2);
}
```

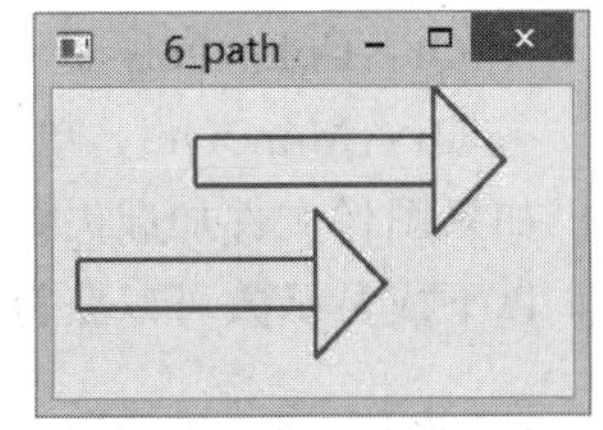

图 8-18 利用绘图路径绘制

编译运行，结果如图 8-18 所示。

本例首先建立 QPainterPath 对象 path,用于绘制一个箭头。而后创建 QPainterPath 对象 path2,并将其沿着 x 轴平移 50,沿着 y 轴平移 -50,然后绘制 path2。关于平移,后面还将讲述。

再讲讲关于当前位置的概念。绘图时,画笔画到哪里,当前位置就在哪里。当绘制完矩形后,当前位置在矩形的左上角顶点(画了一圈)。如果要改变当前位置,可以使用 moveTo 函数实现。

8.6 绘制图片

Qt 提供了 4 个处理图像的类:QImage、QPixmap、QBitmap、QPicture。它们有着各自的特点。QImage 优化了 I/O 操作,可以直接存取操作像素数据。QPixmap 主要用来在屏幕上显示图像。QBitmap 从 QPixmap 继承,只能表示两种颜色。QPicture 是可以记录和重放 QPrinter 命令的类。作为入门,这里只介绍 QPixmap 类。

借助 QPixmap 不仅可以完成在屏幕上绘图,还可以在控件中显示位图。例如 QPixmap 对象可使用 QLabel 或 QAbstractButton 的子类(QpushButton、QToolButton)显示。QLabel 通过设置 pixmap 属性,而 QAbstractButton 通过设置 icon 属性来完成。实际上,只要控件具有图标或图片的属性,基本都可以用 QPixmap 对象加载图像。下面介绍 QPixmap 类的一些方法。

以下构造函数生成的 QPixmap 对象为空图像:

```
QPixmap();                              //构造一个大小为 0 的空图像
```

以下构造函数生成大小的 QPixmap 对象,但图像数据未初始化:

```
QPixmap(int width, int height);        //设定宽和高
```

以下构造函数能够从指定的文件中加载图像并生成 QPixmap 对象:

```
QPixmap(const QString &filename, const char * format=0,
            Qt::ImageConversionFlags flags=Qt::AutoColor);
```

其中,各个参数的含义解释如下。

filename,文件名。

format,字符串,表示图像文件的格式,如果为 0,将进行自动识别。

flags,表示颜色的转换模式。flags 参数有以下取值:

- Qt::AutoColor,由系统自动决定。
- Qt::ColorOnly,彩色模式。
- Qt::MonoOnly,单色模式。

如果图像文件加载失败,则构造函数产生空图像。

以下成员函数可以获得 QPixmap 对象所表示的图像的相关信息:

```
int depth() const;                      //颜色深度,即每像素所占的比特数
int width() const;                      //图像宽度,单位是像素
```

```
int height() const;                    //图像高度,单位是像素
QRect rect() const;                    //图像的矩形区域
```

用下面的成员函数可以从文件加载图像：

```
bool load(const QString &filename, const char * fornat=0,
                Qt::ImageCoversionFlags flags=Qt::AutoColor);
```

这里各个参数的含义与构造函数中一样，返回值为 true 表示加载成功，false 表示加载失败。相反的操作是将 QPixmap 代表的图像保存到文件，可用以下成员函数：

```
bool save(const QString &filename, const char * format=0, int quality=-1)
```

对于有损压缩的文件格式来说，参数 quality 表示图像保存的质量。0 表示压缩率最大；100 表示另一个极端，即无压缩。取值范围为 0～100，－1 表示采用默认值。

【例 8-11】 利用 QPixmap 简单绘制图片。

第 1 步，新建一个基于 QWidget 类的应用程序。创建时取消 UI 界面文件。

第 2 步，在 Widget.h 中添加重绘事件处理函数的声明：

```
protected:
    void paintEvent(QPaintEvent * );
```

第 3 步，在 Widget.cpp 中添加需要包含的头文件：

```
#include <QPainter>
```

第 4 步，修改 paintEvent 函数：

```
void Widget::paintEvent(QPaintEvent * )
{
    QPainter painter(this);
    QPixmap pix;
    pix.load("d:/logo.jpg");
    //在矩形(0, 0, pix.width(), pix.height())中绘制位图
    painter.drawPixmap(0, 0, pix.width(), pix.height(), pix);
}
```

编译运行，结果如图 8-19 所示。

这里用 load 函数加载位图，其中使用了绝对路径。也可以使用资源文件来存放图片。drawPixmap 函数在给定的矩形中绘制图片，这里矩形的左上角顶点为(0, 0)点，宽和高都是位图的宽和高，因此位图会按原来尺寸显示。如果这个用来显示的矩形与图片的大小不相同，则会拉伸图片。

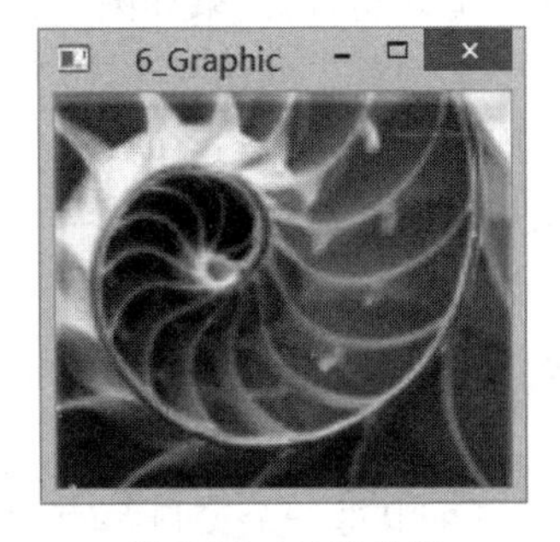

图 8-19　显示位图

【例 8-12】 利用 QPixmap 创建带图片组合框。

第 1 步，新建一个基于 QWidget 类的应用程序。创建

时取消 UI 界面文件。

第 2 步，在 Widget.cpp 中添加需要包含的头文件：

```
#include <QPainter>
```

第 3 步，修改 Widget.cpp 构造函数：

```
#include "widget.h"
#include <QPainter>
#include <QComboBox>
#include <QIcon>
Widget::Widget(QWidget *parent):QWidget(parent)
{
    resize(100,40);
    QComboBox *comBox=new QComboBox(this);
    comBox->setGeometry(10,10,80,22);
    QPixmap pix(16,16);                          //创建绘图设备
    QPainter painter(&pix);                      //创建一个画笔
    painter.fillRect(0,0,16,16,Qt::black);
    comBox->addItem(QIcon(pix),"Black");
    painter.fillRect(0,0,16,16,Qt::red);         //红色
    comBox->addItem(QIcon(pix),tr("红色"));
    painter.fillRect(0,0,16,16,Qt::green);       //绿色
    comBox->addItem(QIcon(pix),tr("绿色"));
    painter.fillRect(0,0,16,16,Qt::blue);        //蓝色
    comBox->addItem(QIcon(pix),tr("蓝色"));
    painter.fillRect(0,0,16,16,Qt::yellow);      //黄色
    comBox->addItem(QIcon(pix),tr("黄色"));
    painter.fillRect(0,0,16,16,Qt::cyan);        //蓝绿色
    comBox->addItem(QIcon(pix),tr("蓝绿色"));
    painter.fillRect(0,0,16,16,Qt::magenta);     //洋红
    comBox->addItem(QIcon(pix),tr("洋红"));
}
```

编译运行，结果如图 8-20 所示。

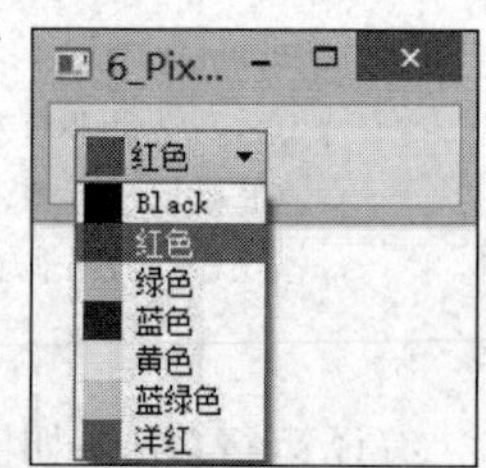

图 8-20　在组合框中绘制位图

本例首先创建一个 16×16 像素的 QPixmap 对象，而后填充不同的颜色，再通过 QIcon 函数将 QPixmap 对象转化为图标并添加到组合框中。

8.7　坐标变换

Qt 中每一个窗口都有一个坐标系统，默认窗口左上角为坐标原点，水平向右依次增大，水平向左依次减小，垂直向下依次增大，垂直向上依次减小。原点即(0,0)点，以像素为单位增减。本节将讲解坐标系统的变换，主要是平移变换、比例变换、旋转变换、扭曲

变换。

一般情况下，在 Qt 中进行绘图时，可以使用 QPainter::scale 函数缩放坐标系统。使用 QPainter::rotate 函数顺时针旋转坐标系统，使用 QPainter::translate 函数平移坐标系统，还可以使用 QPainter::shear 围绕原点来扭曲坐标系统。还有一种做法是由 QTransform 类实现上述变换。关于坐标系，还有两个有用的函数 QPainter::save 和 QPainter::restore，利用它们来保存和恢复坐标系的某种状态。

8.7.1 平移变换

平移变换函数原型为

```
void QPainter::translate(qreal dx, qreal dy)
```

其中，dx 和 dy 表示沿着 x 轴和 y 轴移动的距离。

【例 8-13】 平移变换示例。

第 1 步，新建一个基于 QWidget 类的应用程序。创建时取消 UI 界面文件。

第 2 步，在 Widget.h 中添加重绘事件处理函数的声明：

```
protected:
    void paintEvent(QPaintEvent *);
```

第 3 步，在 Widget.cpp 中添加需要包含的头文件：

```
#include <QPainter>
```

第 4 步，修改 paintEvent 函数：

```
void Widget::paintEvent(QPaintEvent *)          //平移变换
{
    QPainter painter(this);
    painter.setBrush(Qt::yellow);
    painter.drawRect(0, 0, 50, 50);             //画黄色矩形
    painter.translate(100, 100);                //将点(100,100)设为原点
    painter.setBrush(Qt::red);
    painter.drawRect(0, 0, 50, 50);             //画红色矩形
    painter.translate(-100, -100);              //再将原点恢复到左上角
    painter.drawLine(0, 0, 20, 20);             //画一条线段
}
```

编译运行程序，效果如图 8-21 所示。

这里先在原点(0, 0)绘制了一个宽和高均为 50 的正方形，然后使用 translate 函数将坐标系统进行了平移，使(100, 100)点成为新原点，所以当再次绘制的时候，虽然 drawRect 中的逻辑坐标还是(0, 0)点，但实际显示出来的却是在(100, 100)位置的红色正方形。画直线前，再次使用 translate 函数进行反向平移，使原点重新回到窗口左上角。

图 8-21 平移变换示例

8.7.2 缩放变换

缩放变换的函数原型为

```
void QPainter::scale(qreal sx, qreal sy)
```

其中,sx 和 sy 表示沿着 x 轴和 y 轴缩放的比例。

【例 8-14】 缩放变换示例。

第 1 步,新建一个基于 QWidget 类的应用程序。创建时取消 UI 界面文件。

第 2 步,在 Widget.h 中添加重绘事件处理函数的声明:

```
protected:
    void paintEvent(QPaintEvent *);
```

第 3 步,在 Widget.cpp 中添加需要包含的头文件:

```
#include <QPainter>
```

第 4 步,修改 paintEvent 函数:

```
void Widget::paintEvent(QPaintEvent *)          //缩放
{
    QPainter painter(this);
    painter.setBrush(Qt::yellow);
    painter.drawRect(0, 0, 100, 100);           //绘制第 1 个正方形
    painter.scale(2, 2);                        //放大两倍
    painter.setBrush(Qt::red);
    painter.drawRect(50, 50, 100, 100);         //绘制第 2 个正方形
}
```

编译运行程序,效果如图 8-22 所示。

在这个例子中可以看到,当使用 scale 函数将坐标系统的横、纵坐标都放大为两倍以后,逻辑上的点(50,50)变成了窗口上的点(100,100)。同时逻辑上边长是 100 的正方形,绘制到窗口上的长度却是 200,即第二个正方形边长是第一个正方形边长的 2 倍。

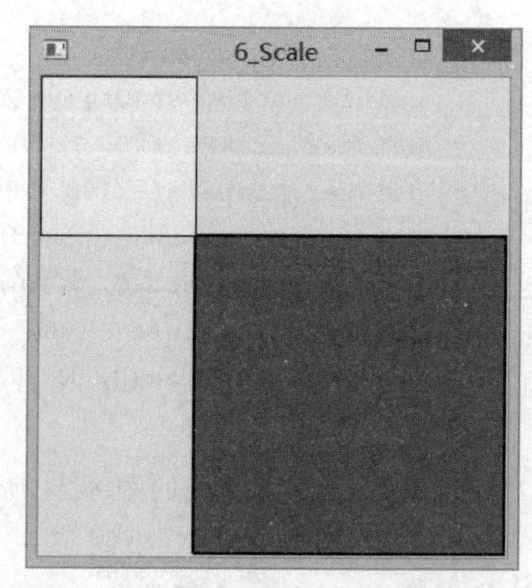

图 8-22 缩放变换示例

8.7.3 扭曲变换

扭曲变换的函数原型为

```
void QPainter::shear(qreal sh, qreal sv)
```

其中,sh 和 sv 表示沿着 x 轴和 y 轴方向扭转(剪切)变换的系数。

【例 8-15】 扭曲变换示例。

第 1 步,新建一个基于 QWidget 类的应用程序。创建时取消 UI 界面文件。

第 2 步，在 Widget.h 中添加重绘事件处理函数的声明：

```
protected:
    void paintEvent(QPaintEvent *);
```

第 3 步，在 Widget.cpp 中添加需要包含的头文件：

```
#include <QPainter>
```

第 4 步，修改 paintEvent 函数：

```
void Widget::paintEvent(QPaintEvent *)
{
    QPainter painter(this);
    painter.setBrush(Qt::yellow);
    painter.drawRect(0, 0, 50, 50);
    painter.shear(0, 1);                        //纵向扭曲变形
    painter.setBrush(Qt::red);
    painter.drawRect(50, 0, 50, 50);
}
```

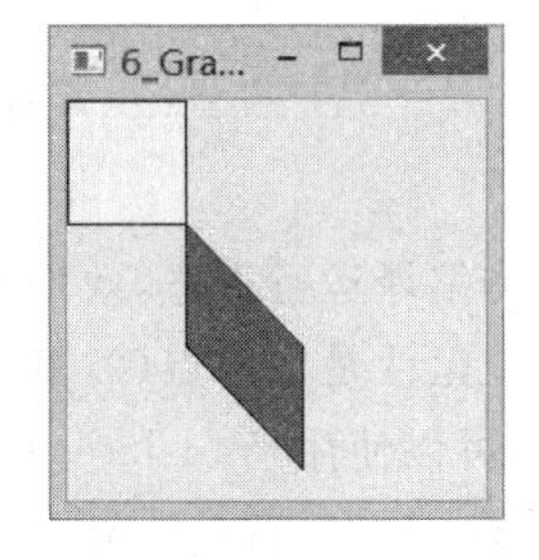

图 8-23　扭曲变换示意图

运行程序，效果如图 8-23 所示。

函数 shear()有两个参数，第一个是对横向进行扭曲，第二个是对纵向进行扭曲，而取值就是扭曲的程度。

假设在 shear 函数中代入的参数为(m1, m2)，平面某一点原来的坐标是(x, y)，则扭曲后的坐标(x′, y′)可用下面的公式计算：

$$x' = x + m1 * y$$
$$y' = m2 * x + y$$

例如，上面的程序中横向扭曲参数为 0，纵向扭曲参数为 1，则原坐标点(50, 0)转变为(50, 50)，计算过程如下：

$$x' = 50 + 0 * 0 = 50$$
$$y' = 1 * 50 + 0 = 50$$

读者可以更改取值，测试效果。

8.7.4　旋转变换

旋转变换的函数原型为

```
void QPainter::rotate(qreal angle)
```

其中 angle 为旋转角度，正数表示顺时针，负数表示逆时针。

【例 8-16】　旋转变换示例。

第 1 步，新建一个基于 QWidget 类的应用程序。创建时取消 UI 界面文件。

第 2 步，在 Widget.h 中添加重绘事件处理函数的声明：

```
protected:
    void paintEvent(QPaintEvent *);
```

第3步，在 Widget.cpp 中添加需要包含的头文件：

```
#include <QPainter>
```

第4步，修改 paintEvent 函数：

```
void Widget::paintEvent(QPaintEvent *)
{
    //旋转
    QPainter painter(this);
    painter.translate(50,100);              //以(50,100)为原点
    painter.drawRect(0, 0, 100, 30);
    painter.rotate(45);                     //以原点为中心,顺时针旋转 45°
    painter.drawRect(0, 0, 100, 30);
    painter.rotate(-100);                   //反向旋转 100°
    painter.drawRect(0, 0, 100, 30);
}
```

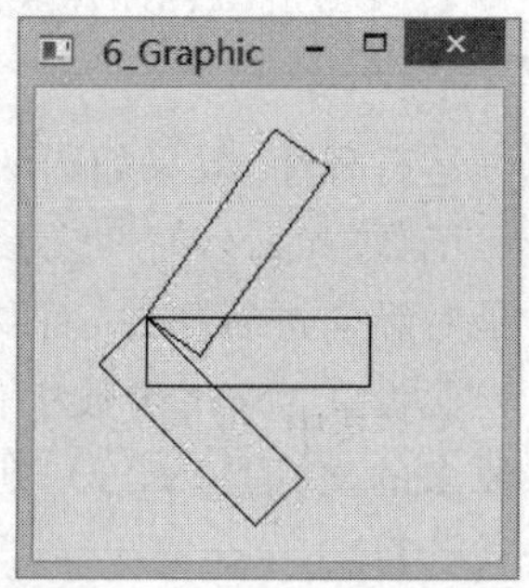

图 8-24　旋转变换示意图

编译运行程序，效果如图 8-24 所示。

默认是以原点(0, 0)为中心旋转的。如果想改变旋转中心，可以使用 translate 函数改变原点，例如这里将中心移动到(50,100)，首先绘制一个矩形，而后旋转 45°再绘制一个同样的矩形，最后旋转－100°再绘制一个矩形。

改变了坐标系统以后，如果不进行逆向操作，坐标系统是无法自动复原的。

8.7.5　坐标系的保存与恢复

可以先利用 save 函数保存坐标系现在的状态，然后进行变换操作，操作完之后，再用 restore 函数将以前的坐标系状态恢复。下面来看一个具体的例子。

【例 8-17】 坐标系状态的保存和恢复。

第1步，新建一个基于 QWidget 类的应用程序。创建时取消 UI 界面文件。

第2步，在 Widget.h 中添加重绘事件处理函数的声明：

```
protected:
    void paintEvent(QPaintEvent *);
```

第3步，在 Widget.cpp 中添加需要包含的头文件：

```
#include <QPainter>
```

第4步，修改 paintEvent 函数：

```
void Widget::paintEvent(QPaintEvent *)
```

```
{
    QPainter painter(this);
    painter.save();                //保存坐标系状态
    QBrush brush(Qt::red);
    painter.setBrush(brush);
    painter.translate(100,100);
    painter.drawRect(0, 0, 50, 50);
    painter.restore();             //恢复以前的坐标系状态
    painter.drawRect(0, 0, 50, 50);
}
```

编译运行程序，效果如图 8-25 所示。

这里先保存坐标系原始状态，包括原点位置、缩放情况、旋转状态，甚至画笔、画刷的状态也一并通过 save 函数保存下来。所以，后面的平移以及画刷的改变只影响第二个矩形。恢复坐标系统原始状态后，绘制的矩形是无填充、位于左上角的矩形。

图 8-25 坐标系保存和恢复时绘图

8.8 实例：绘图程序

通过前面几节的学习，大家应该已经对 Qt 中的 2D 绘图功能有了一定的认识，本节将应用前面讲到的内容，编写一个简单的绘图程序，如图 8-26 所示。

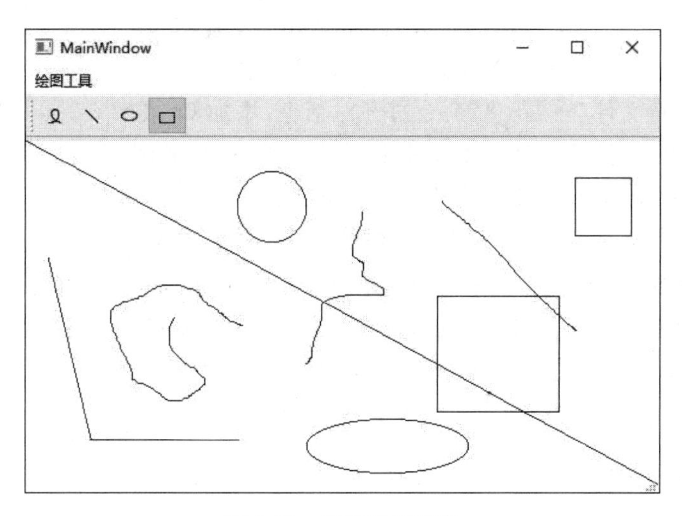

图 8-26 简单绘图程序

本程序实现以下几项功能：

(1) 绘制直线。

(2) 绘制椭圆。

(3) 绘制矩形。

(4) 随手画(使用鼠标)。

这些功能的切换通过菜单或工具栏按钮实现。另外,在绘制直线、矩形、椭圆(不包含随手画)时,按下鼠标则确定了绘制起点,按住并拖动鼠标时动态显示将要绘制的临时图形(鼠标最新位置为绘制的终点),释放鼠标时最终确定绘制的图形。

先介绍一下程序的算法要点:

- 随手画的实现是在鼠标移动过程中实现的,思路是记录前后两次鼠标移动事件发生时鼠标的位置,用直线连接这两个位置即可。由于系统捕捉到的前后两次鼠标移动事件发生的坐标位置十分接近,因此将这些点用短直线连起来就成了一条任意形状的曲线。这里要注意的是,随着鼠标的移动,前后两个鼠标位置(需要两个变量保存)要不断更新,每次画完一条短直线,都要立刻将前一个鼠标位置变换为当前最新的位置,从而为下一次捕捉新位置并绘制新的线段做准备。
- 为了使得绘图过程更流畅,这里使用的方法是先将绘图动作在一张位图 pix 上画好,再将位图一次性绘制在屏幕上。
- 为了使得按下并拖动鼠标时能动态显示将要绘制的临时图形(直线、矩形或椭圆),可以使用另一个位图变量 pixTmp 存储鼠标拖动前已经确定的有效屏幕图形。在拖动鼠标过程中,每次绘制图形都是首先将 pixTmp 复制给 pix(即恢复为鼠标拖动前的图形),再在 pix 上绘制最新的临时图形,最后将 pix 绘制到屏幕,这样在拖动鼠标时就能正确显示临时图形。当最后鼠标放开时,再将 pix 的内容(即最终确定的绘图内容)复制给 pixTmp。

程序实现过程如下:

第 1 步,新建 Qt 应用,项目名称为 Pianter,基类为 QMainwindow,类名保持 MainWindow 不变即可。

第 2 步,利用"文件"→"新建"命令打开对话框,添加 Qt 类型的 resource 文件,在资源文件中添加 4 个图标位图,分别是直线、椭圆、矩形、随手画的示意图,大小都是 16×16,如图 8-27 所示。

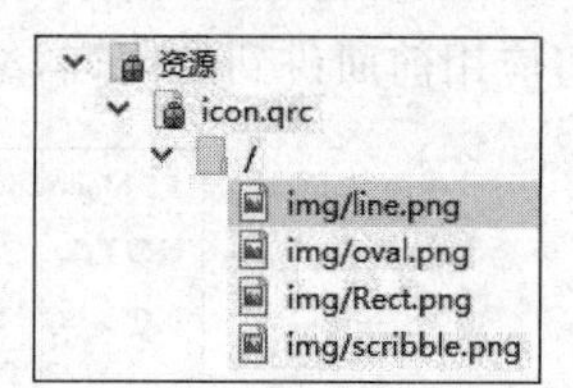

图 8-27 添加位图资源

第 3 步,在 UI 界面设计文件中设置菜单,如图 8-28 所示。同时在每个菜单项的属性栏中设定每个菜单项 QAction 的属性并添加菜单前面的图标,结果如图 8-28 下半部分所示。设置 QAction 项为 Checkable,使得菜单可以处于勾选状态。

第 4 步,将 4 个菜单 QAction 插入为工具栏按钮。

第 5 步,在 mainwindow. h 文件中添加要包含的头文件:

```
#include <QMouseEvent>
```

然后添加几个函数的声明:

```
protected:
    void paintEvent(QPaintEvent *);
    void mousePressEvent(QMouseEvent *);
    void mouseMoveEvent(QMouseEvent *);
    void mouseReleaseEvent(QMouseEvent *);
```

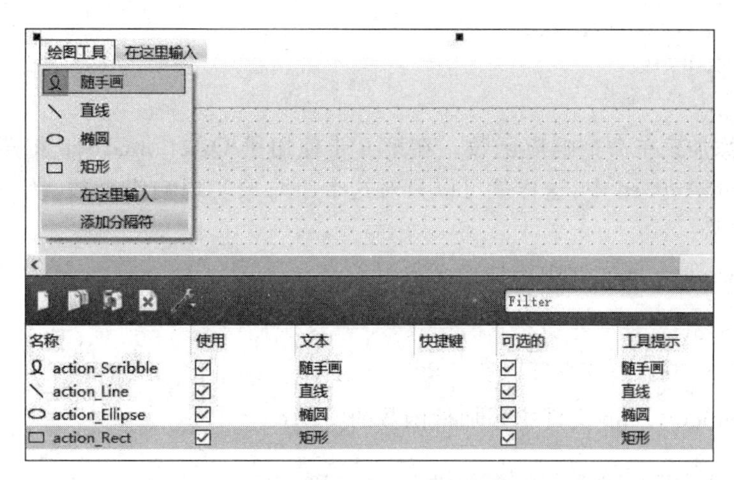

图 8-28 添加菜单及设置 QAction

第一个是绘制事件处理函数，后面分别是鼠标按下、移动和释放事件的处理函数。

再添加几个 protected 类型变量声明：

```
QPixmap pix, pixTmp;
QPoint lastPt, endPt;     //前一个鼠标点和当前鼠标点
int toolSelected;         //选择了什么绘图工具
int isDrawing ;           //表示鼠标状态：1—按下，2—按下并移动，3—释放，0—其他
```

在屏幕显示图像前，先将图形画在位图对象上，然后整体显示在屏幕上。两个 QPoint 变量存储鼠标指针的两个坐标值，需要用这两个坐标值完成绘图。

第 6 步，在 mainwindow.cpp 文件中添加要包含的头文件：

```
#include <QPainter>
#include <QActionGroup>     //用于将多个菜单命令组合在一起
```

然后在构造函数中添加如下初始代码：

```
MainWindow::MainWindow(QWidget *parent) :
    QMainWindow(parent), ui(new Ui::MainWindow)
{
    ui->setupUi(this);
    pix=QPixmap(800,600);
    pix.fill(Qt::white);
    pixTmp=QPixmap(800,600);
    pixTmp.fill(Qt::white);
    QActionGroup *m_pCmmdActGrp=new QActionGroup(this);
    m_pCmmdActGrp->addAction(ui->action_Scribble);
    m_pCmmdActGrp->addAction(ui->action_Line);
    m_pCmmdActGrp->addAction(ui->action_Ellipse);
    m_pCmmdActGrp->addAction(ui->action_Rect);
    connect(m_pCmmdActGrp, SIGNAL(triggered(QAction*)),
        this, SLOT(menuCommand(QAction*)));
```

```
    toolSelected =0;
    isDrawing=0;
}
```

第 7 步，添加菜单命令响应函数。在第 6 步使用了 QActionGroup 将菜单项放到一个组 m_pCmmdActGrp 中，这样就可以只对这个组对象实现响应函数，统一处理这些菜单项发出的信号。

在 mainwindow. h 文件中添加槽函数定义：

```
private slots:
    void menuCommand(QAction * pAct);
```

在 mainwindow. cpp 文件中添加槽函数的实现：

```
void MainWindow::menuCommand(QAction * pAct)
{
    pAct->setCheckable(true);
    pAct->setChecked(true);
    if(pAct ==ui->action_Scribble)          //随手画
        toolSelected =0;
    else if(pAct ==ui->action_Line)
        toolSelected =1;
    else if(pAct ==ui->action_Ellipse)
        toolSelected =2;
    else if(pAct ==ui->action_Rect)
        toolSelected =3;
}
```

第 8 步，为鼠标事件添加响应函数：

```
void MainWindow::mousePressEvent(QMouseEvent * event)
{
    if(event->button()==Qt::LeftButton){ //鼠标左键按下
        lastPt=event->pos();             //当鼠标左键按下时获得开始点
        lastPt.setY(lastPt.y()-60);      //向下移动 60,避开菜单、工具栏
        isDrawing=1;
    }
}
void MainWindow::mouseMoveEvent(QMouseEvent * event)
{
    if(isDrawing ==0) return;            //鼠标没有按下时返回
    if(event->buttons()==Qt::LeftButton)
    {
        endPt=event->pos();              //鼠标按下并移动时获取第二个点
        endPt.setY(endPt.y()-60);        //绘图区域避开菜单、工具栏
        isDrawing=2;                     //按下并拖动状态
        update();                        //进行绘制
    }
}
```

```
void MainWindow::mouseReleaseEvent(QMouseEvent * event)
{
    if(event->button()==Qt::LeftButton){
        endPt=event->pos();
        endPt.setY(endPt.y()-60);
        isDrawing=3;                          //鼠标释放,但最终图形尚未绘制
        update();                             //进行绘制
    }
}
```

第 9 步,实现绘图事件函数:

```
void MainWindow::paintEvent(QPaintEvent * )
{
    QPainter painter(this);
    if(toolSelected==0)
    {
        QPainter painter2(&pix);                  //建立基于 pix 的绘图对象
        if(isDrawing>=2)
            painter2.drawLine(lastPt, endPt);  //连接前后两个位置
        lastPt=endPt;                        //修改前一个坐标值,为下次画线做准备
        pixTmp=pix;                          //保持 pixTmp 和 pix 一致,便于以后绘图
    }
    else
    {
        if(isDrawing>=2) {
            pix=pixTmp;                      //将有效图 pixTmp 复制给 pix
            QRect obj(lastPt, endPt);
            //建立基于 pix 的绘图对象,并在 pix 位图上绘图
            QPainter painter2(&pix);
            if(toolSelected==1) {
                painter2.drawLine(lastPt, endPt);
            } else if(toolSelected==2) {
                painter2.drawEllipse(obj);
            } else if(toolSelected==3) {
                painter2.drawRect(obj);
            }
        }
        //若鼠标已释放则将最终有效图形 pix 复制给 pixTmp
        if(isDrawing==3) {
            isDrawing=0;                     //恢复为 0
            pixTmp=pix;
        }
    }
    painter.drawPixmap(0, 60, pix);       //将 pix 绘制到屏幕
}
```

编程完毕,现在运行程序,使用鼠标在白色画布上进行绘制,可以达到预期效果。

注意,这里使用了 isDrawing 表示鼠标的按键状态,1 代表左键按下,2 代表按下并移

动,3 代表左键释放,0 代表其他状态。当绘制直线、矩形、椭圆图形时,如果鼠标未释放,则 isDrawing 为 2,这时 pixTmp 始终不变,pix 中绘制的一直是临时图形。直到鼠标释放,isDrawing 变为 3,这时 pix 中的图形是最终图形,于是将它复制给 pixTmp 对象。

习题 8

1. 编程实现下面的功能:在窗口中单击鼠标,则出现一个以鼠标位置为圆心、半径在 20～100 间随机变化,颜色为随机的红、绿、蓝三者之一的图。

2. 扩展题 1 的功能,当按下键盘方向键时,所有的圆都向某个方向移动。

3. 第 5 章的题 3 利用标签控件实现一个小球在矩形窗口以内 45°或 135°运动,如下图所示。请利用绘图的方法实现这一功能。外围方框使用绘图方法画出来,大小为 600×300。

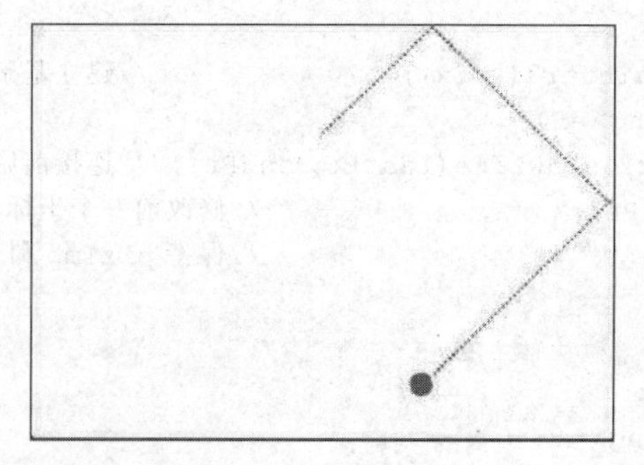

4. 编程实现下面的界面。要求棋盘用二维绘图方式绘制,棋子利用位图绘制(可在网上寻找合适的棋子位图)。汉字用魏碑体绘制出来。

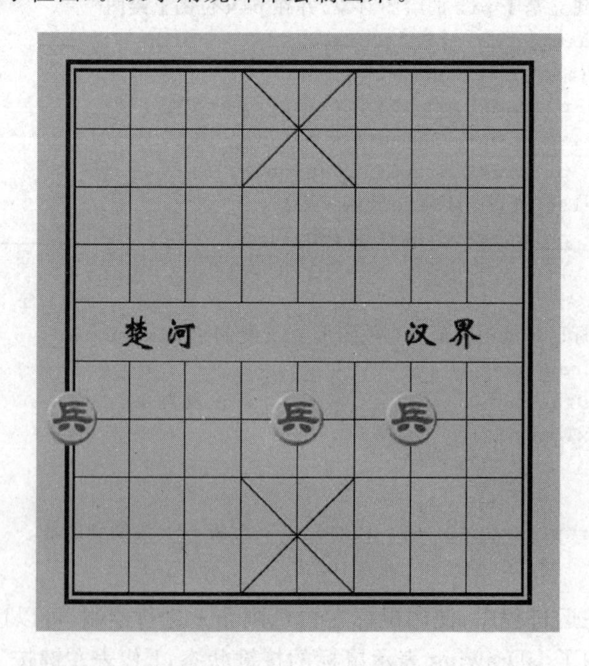

第9章 界面样式表

Qt 的样式表用于定制图形界面。它通过一些符合规定格式的文本串，告诉 Qt 系统界面中的标签、按钮、表格、菜单、工具栏等 GUI 元素各是什么形状、什么字体、什么背景、什么前景等。这种思想来自 HTML 的层叠式样式表（CSS），事实上 QSS（Qt Style Sheet，Qt 样式表）支持 W3C 的 CSS3 标准。利用 Qt 样式表可以快速、方便地构造出个性化的图形界面。

9.1 样式表小试牛刀

可以通过 Qt 设计器可视化地为 GUI 控件设置样式，也可以通过 setStyleSheet 函数在 C++ 程序中为控件设置样式。

9.1.1 在 Qt 设计器中设置样式表

【例 9-1】 利用 Qt 设计器设置样式表。

第 1 步，建立一个基于 QWidget 的应用程序，创建时保留 UI 界面文件。

第 2 步，在 UI 设计界面中，放入一个 QFrame、两个 QLabel、两个 QLineEdit 和一个 QPushButton 控件。设定“姓名”及其后面文本框为 QFormLayout 布局，设定“学号”及其后面文本框也为 QFormLayout 布局，如图 9-1 所示。

第 3 步，在图 9-1 的主窗体上右击，选择弹出菜单的“改变样式表”命令，如图 9-2 所示。

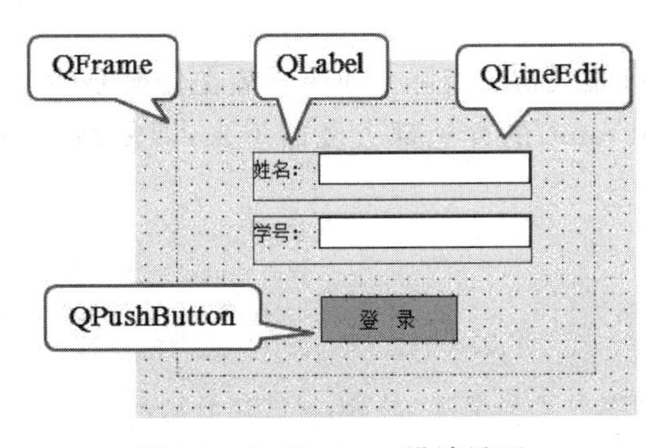

图 9-1 Qt Designer 设计界面

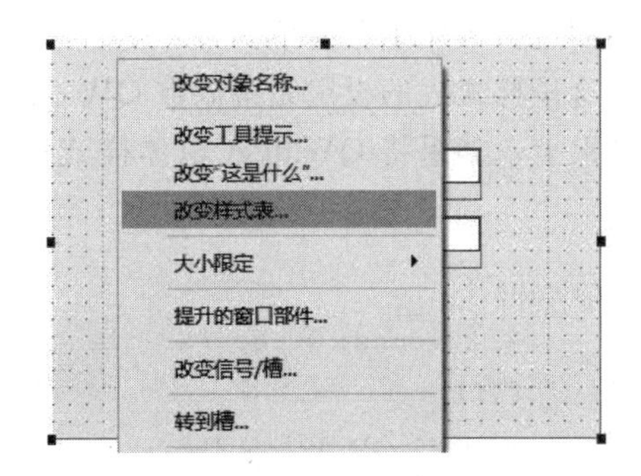

图 9-2 在设计界面选择“改变样式表”

在“编辑样式表”对话框中,填写下面样式:

```
*{  /*设置字体大小、颜色、字体族 */
    font-size:14px;
    color:black;
    font-family:"微软雅黑";
}
QLineEdit {
    border: 2px solid gray;              /*边界宽为 2,类型为 solid,颜色为 gray */
    border-radius: 8px;                  /*边框四角圆弧半径为 8*/
}
QPushButton {
    background:rgb(250,241,150);         /*设置背景色为浅黄*/
    color:black;                         /*设置前景色(字体颜色)为黑*/
    border: 2px solid gray;              /*边界宽为 2,类型为 solid,颜色为 gray */
    border-radius: 8px;                  /*边框四角圆弧半径为 8*/
}
QFrame {
    /*设置线性渐变,设置上端、下端颜色 */
    background: QLinearGradient(x1:0, y1:0, x2:0, y2:1, stop:0 #efefff, stop:1
    #cfcfff);
    border: 2px solid gray;              /*边界宽为 2,类型为 solid,颜色为 gray */
    border-radius: 28px;                 /*边框四角圆弧半径为 28*/
}
QLabel{
    border: 0px;                         /*边框宽度为 0*/
    background:transparent;              /*背景透明*/
}
```

编译程序,运行结果如图 9-3 所示。

上面的注释放在/*和*/之间。其中控件 QFrame 在前面的章节没有讲到,其作用是建立一个简单的方框容器。字符串 #efefff 用十六进制表示颜色,其中 r、g、b 分别为 ef、ef、ff,也就是红色为十进制 239,绿色也是 239,蓝色是 255。可以看到,利用样式表对于界面进行美化十分简单。

这里样式表的设定完全放在 QWidget 窗体级别。实际上还可以放在任何 GUI 控件的层次上。如果将 QWidget 窗体样式中 QFrame 的样式部分复制下来,即复制下面的部分:

```
QFrame {
    background: QLinearGradient(x1:0, y1:0, x2:0, y2:1, stop:0 #efefff, stop:1
#cfcfff);
    border: 2px solid gray;      /*边界宽为 2,类型为 solid,颜色为 gray*/
    border-radius: 28px;         /*边框四角圆弧半径为 28*/
}
```

然后在 QFrame 控件上右击并粘贴添加上面的 QFrame 的样式，则结果变为图 9-4 所示的样子。

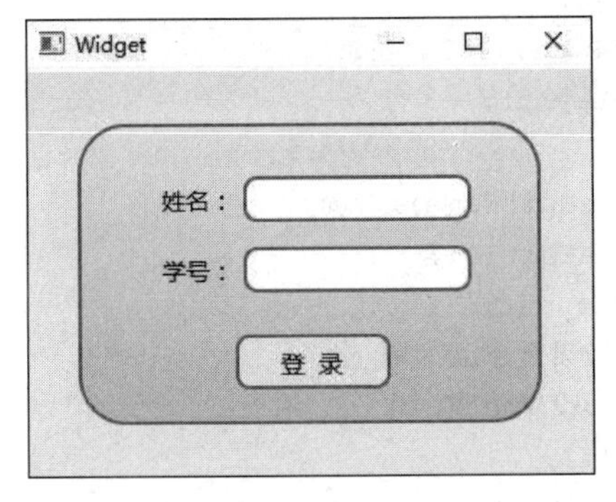

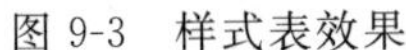
图 9-3 样式表效果

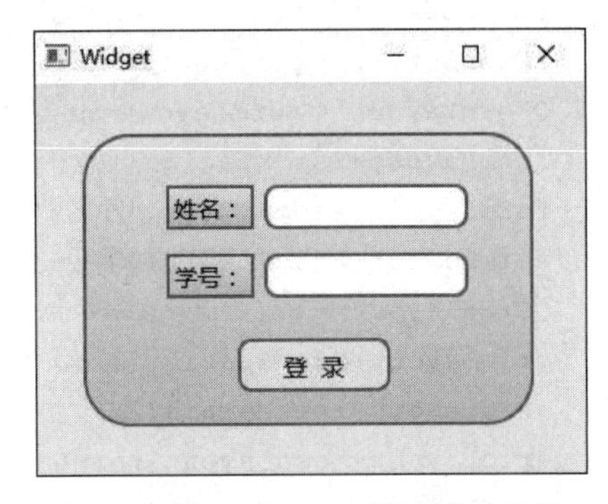

图 9-4 修改 QFrame 样式后的效果

观察图 9-3、图 9-4 可以看出，对于 QFrame 样式表的设定影响了内部的 QLabel 控件（实际上也影响了自身，因为去掉主窗体样式里的 QFrame 部分，QFrame 控件显示不改变）。这是因为 QLabel 类继承自 QFrame，所以对于 QFrame 的设定也影响到 QLabel 控件。而 QFrame 样式里没有设定的 QLineEdit、QPushButton 控件的样式，并且 QLineEdit 类和 QPushButton 类也不是 QFrame 的子类，所以它们仍然采用主窗体 QWidget 的样式规定。如果在 QFrame 样式表里添加与主窗体中一样的 QLabel 样式表部分，那么界面将恢复为图 9-3 的样子。

事实上，如果多个窗体或控件嵌套在一起，并且各个层次都有样式表，则内层控件或窗体的样式表比外层窗体的样式表更优先被采用。

9.1.2 在程序中设置样式表

除了通过 UI 设计界面设定样式表，还可以通过下面的函数设置样式表：

```
void setStyleSheet(const QString & sheet)
```

【例 9-2】 利用 setStyleSheet 函数设置样式表。

第 1 步，建立一个基于 QWidget 的应用程序，创建时取消 UI 界面文件。

第 2 步，在 widget.cpp 头部包含下列头文件：

```
#include <QFrame>
#include <QLabel>
#include <QLineEdit>
#include <QPushButton>
#include <QFormLayout>
#include <QGridLayout>
```

第 3 步，修改 widget.cpp 中的 Widget 类的构造函数：

```
Widget::Widget(QWidget *parent): QWidget(parent)
{
```

```
    QFrame * frame=new QFrame(this);
    QLineEdit * lineEditName=new QLineEdit;
    QLineEdit * lineEditID=new QLineEdit;
    QPushButton * pushButton=new QPushButton(tr("登录"));
    QFormLayout * formLayout=new QFormLayout;
    formLayout->setSpacing(10);
    formLayout->addRow(tr("姓名:"), lineEditName);
    formLayout->addRow(tr("学号:"), lineEditID);
    QGridLayout * gridLayout=new QGridLayout;
    gridLayout->setSpacing(2);          //设置单元间隔
    gridLayout->setMargin(2);           //设置边距
    gridLayout->addLayout(formLayout,1,1,1,3);
    gridLayout->addWidget(pushButton,3,2,1,1);
    //设置列的宽度比例
    gridLayout->setColumnStretch(0, 1);
    gridLayout->setColumnStretch(1, 1);
    gridLayout->setColumnStretch(2, 3);
    gridLayout->setColumnStretch(3, 1);
    gridLayout->setColumnStretch(4, 1);
    //设置行的宽度比例
    gridLayout->setRowStretch(0, 1);
    gridLayout->setRowStretch(1, 1);
    gridLayout->setRowStretch(2, 1);
    gridLayout->setRowStretch(3, 1);
    gridLayout->setRowStretch(4, 1);
    frame->setLayout(gridLayout);
    frame->setGeometry(25,25,300,150);
    this->resize(350,200);
    QString style=" * { font-size:16px; color:black; font-family:\"微软雅黑\"; } \
        QLineEdit { border: 2px solid gray; border-radius: 8px; padding:2px; } \
        QPushButton{ background:rgb(250,241,150); color:black; padding:3px; \
                border: 2px solid gray; border-radius: 8px; } \
        QFrame { background:QLinearGradient(x1:0, y1:0, x2:0, y2:1, \
                stop:0 #efefff, stop:1 #cfcfff); \
            border: 2px solid gray; border-radius: 18px; } \
        QLabel { border: 0px; background:transparent; }";
    setStyleSheet(style);
}
```

编译运行,可以得到和例 9-1 的界面大致相同的结果。本例中定义 QString 对象时句尾使用的"\"符号是字符串连接符,当字符串太长,不得不分行写出来的时候使用这个符号。

另外,这里使用了 QWidget 的 setStyleSheet 函数设定样式表。也意味着凡是 QWidget 的子类(所有 GUI 控件)都可以利用 setStyleSheet 函数设定样式。事实上,

QApplication 类也有 setStyleSheet 函数，也可以设置样式表。

对于设计的比较满意的样式表，可以将其存储在外部文本文件中，使用时将文本文件打开，将内容读出放到字符串中，再利用 setStyleSheet 函数将样式字符串用到界面上。

9.2 样式表语法基础

9.2.1 基本语法格式

Qt 的样式表是用于描述某个图形界面元素的一串文本，其基本格式如下：

```
选择器 { 属性 : 值 }
```

选择器用于指明某种 GUI 元素，上面的语法声明了目标对象的某个属性的值。例如下面的规则声明所有 QPushPutton 类及其子类对象的前景色(字体颜色)为 red：

```
QPushButton { color: red }
```

这里 QPushButton 就是目标选择器。除了类名、对象名之外，样式表是大小写不敏感的。例如 color、Color、COLOR 都表示同样的属性。

如果几个目标对象具有相同属性，可以放在一起，一次性设定，例如下面的规则声明所有 QPushPutton、QLineEdit、QComboBox 类及其子类对象的前景色为 red：

```
QPushButton, QLineEdit, QComboBox { color: red }
```

如果想为某种 GUI 元素设定多个属性的值，可以将它们全部放在{}中，不同属性间用分号隔开，例如下面的规则声明所有 QPushPutton 类及其子类对象的前景色为 red、背景色为 white：

```
QPushButton { color: red; background-color: white }
```

9.2.2 选择器的类型

选择器指定的对象类型总体上分为 3 类：

- 可以是所有 GUI 对象、某个类的所有对象、某个类的某个对象等。
- 也可以是某个复杂控件的子部件，例如组合框的下拉按钮等。
- 甚至可以是某个控件的某个特定状态，例如复选框的选中状态等。

这 3 种情形分别称作基本选择器、子控件选择器、伪状态选择器。

1. 基本选择器

基本选择器主要有以下几类：

(1) 指定所有 GUI 对象。

格式：用 * 号代表所有对象。

示例：

```
* { color:red }
```

解释：上面这条规则将界面中所有 GUI 元素的前景色设为 red。

(2) 指定某一类及其子类的全部对象。

格式：使用“类名”表示该类及其子类的所有对象。

示例：

```
QPushButton { background-color: yellow }
```

解释：上面这条规则将按钮背景设定为 yellow。

(3) 根据某个属性的值指定某一类对象。

格式：使用“类名[属性 = …]”表示符合条件的所有该类对象。

示例：

```
QPushButton[flat="false"] { color:red }
```

解释：上面这条规则指定所有非平面化的按钮的前景色。

(4) 指定某一类对象，但是不包括其子类对象。

格式：使用“.类名”表示该类(不包含其子类)的所有对象。

示例：

```
.QPushButton { color:red }
```

解释：上面这条规则将按钮前景色设定为 red。

(5) 根据对象的名称的值指定某一类对象。

格式：使用“类名＃对象名”表示该类的所有 object name 为特定值的对象。

示例：

```
QPushButton#okButton { color:red }
```

解释：上面这条规则将所有对象名为 okButton 的按钮前景色设为 red。

(6) 指定 GUI 容器中包含的某一类对象及其后裔。

格式：使用“容器类名 类名”表示容器包含的某个类的所有对象。

示例：

```
QDialog QPushButton { color:red }
```

解释：上面这条规则将对话框中所有按钮对象的前景色设为 red。

2. 子控件选择器

对于复杂的控件，可能会在其中包含其他子控件，例如一个 QComboxBox 中有一个 drop-down 的下拉按钮，数字旋钮 QSpinBox 则有向上和向下两个按钮，而 QScrollBar 的右、下两侧都有控制滚动的按钮。子控件也可以被定制，格式如下：

```
父对象选择器::子控件名 { 属性 : 值 }
```

如果要设置 QComboxBox 的下拉按钮采用位图 dropdown. png，可以使用下面的规则：

```
QComboBox::drop-down { image: url(:/dropdown.png) }
```

这样，子控件按钮的下三角图标被 Qt 位图资源取代。

要注意的是，对于复杂的控件（如 QComboBox、QScrollBar 等），如果一个属性或子控件被定制，则所有其他属性或子控件也必须被定制。

3. 伪状态选择器

伪状态用于定制 GUI 控件某种状态的显示方式。伪状态出现在选择器之后，用冒号隔离，格式如下：

选择器:伪状态 { 属性 : 值 }

例如，当鼠标没有悬停在一个 QRadioButton 上时设定其前景色为 black，而当鼠标悬停在一个 QRadioButton 上时设定其前景色为 red，那么这个规则可以写为

```
QRadioButton:! hover { color:black}
QRadioButton:hover { color:red}
```

这样单选按钮 QRadioButton 就会随着鼠标的移动而变化字体颜色。这里!hover（非悬停）和 hover（悬停）是两种伪状态。

若多个伪状态联合在一起才能显示某种特征，则要将它们用冒号连在一起设定。例如，当鼠标悬停在一个被选中 QCheckBox 上方时字体为白色，则采用下面的规则设定：

```
QCheckBox:hover:checked { color: white }
```

也可以为子控件的伪状态设定显示方式。例如，当鼠标悬停在 QComboBox 的下拉按钮上方时，该按钮的位图变换成 bright. png，可以采用下面的规则实现：

```
QComboBox::drop-down:hover { image: url(:/bright.png) }
```

9.2.3 规则冲突的解决

当不同的规则应用到同一个目标控件的相同属性时，样式表就产生了冲突。样式表冲突的处理需要遵循下列原则。

(1) 适用范围不同的规则同时作用在一个控件上，更特殊的规则优先。

例如在一个窗体上定义以下两条规则：

```
QPushButton#okButton { color: gray }
QPushButton { color: red }
```

第二条规则是对所有按钮设定前景色，而第一条规则是对 object name 为 okButton 的按钮设置前景色。对于那些对象名为 okButton 的按钮来说，第一条规则更特殊，因此这些按钮会遵循第一条规则。

注意，这里所谓规则适用范围的特殊性是针对两条规则之间比较而言的。例如下面

两条规则中,上面比较通用的第二条规则就变为特定规则:

```
*{ color:blue }
QPushButton { color: red }
```

这里第一条规则设定所有 GUI 元素前景色为 blue,而第二条规则是对所有按钮设定前景色为 red,显然第二条规则更特殊,因此按钮将优先使用第二条规则。

(2) 有伪状态和无伪状态的规则同时作用在一个控件上,有伪状态规则优先。

有伪状态的规则相比无有伪状态的规则更特殊,所以有伪状态的规则优先。例如下面两条规则:

```
QPushButton:hover { color: white }
QPushButton { color: red }
```

第一条规则有伪状态,将优先使用。因此按钮一般情况下字体为 red,当鼠标悬浮在按钮之上时,按钮字体变为 white,即采用第一条规则。

(3) 多个级别相同的规则同时作用在一个控件上,最后一个规则优先。

如果在界面上设定了两个同样级别的规则,例如:

```
QPushButton:hover { color: white }
QPushButton:enabled { color: red }
```

它们都有一个伪状态,级别相同,这里后一个规则优先。也就是说按钮一直都是红色字体。即使在鼠标悬浮在按钮上时,由于最后一条仍有效,因此字体颜色一直是 red。

对于上面两条规则,为了使得按钮一般情况下字体颜色为 red,鼠标悬浮在其上方时字体颜色为 white,可以使用下面两种方法。

方法 1:修改第一条。

```
QPushButton:hover:enabled { color: white }
QPushButton:enabled { color: red }
```

这时第一条有两个伪状态,比一个伪状态更优先,所以可以成功。

方法 2:交换两条规则位置。

```
QPushButton:enabled { color: red }
QPushButton:hover { color: white }
```

当鼠标离开按钮时,hover 状态失效。因此当鼠标离开按钮时,只有第一条规则有效,按钮字体颜色为 red;而当鼠标悬浮在按钮上方时,这两条规则全有效,因此第二条优先,字体颜色为 white。

(4) 在多级父窗体上都对内部控件定义规则时,内层窗体样式优先。

样式表可以在 QApplication 级别设置,也可以在父窗口部件、子窗口部件甚至内层控件自身的级别设置。实际应用样式表时,则合并这几个级别的样式。当有冲突时,窗体部件自身的样式优先使用,接下来是父窗口样式,祖先窗口样式,以此类推。

例如,假定 qApp 是 main 函数中的 QApplication 对象,在主函数中执行了下面的语句:

```
qApp.setStyleSheet("QPushButton { color: white }");
```

而同时在构造函数中,对某个 pushButton 按钮执行了下面语句:

```
pushButton->setStyleSheet("* { color: blue }");
```

那么该按钮的字体颜色将是 blue,因为控件自身的样式最优先。

9.3 方盒模型

一个 GUI 控件可以很复杂,但绝大多数控件都具有矩形边界。因此将这种共同的特征提炼出来,总结出共有的属性用于控件样式表,对于多数控件具有普遍意义。

9.3.1 什么是方盒模型

当使用样式表时,每一个控件都看作是拥有 4 个同心矩形的盒子。这 4 个矩形分别是内容(content)、填衬(padding)、边框(border)、空白(margin),如图 9-5 所示。

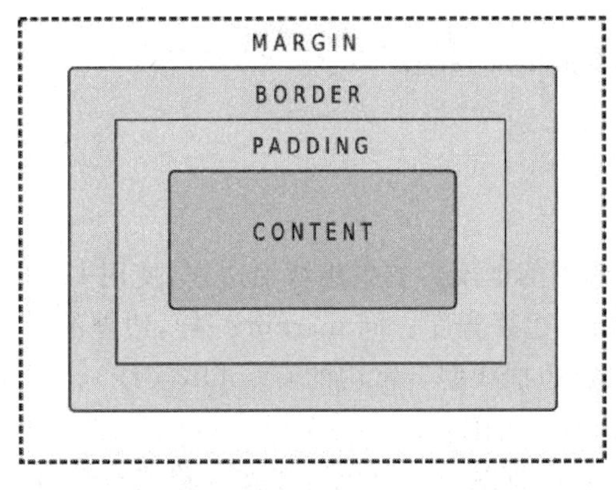

图 9-5 方盒模型示意图

边界空白区域位于边框外,并且总是透明的。边框为部件提供了四周的框架。填衬介于边框与内容之间。在默认情况下,空白区、边框和填衬的宽度都是 0,这样 4 个矩形恰好重合。

常用的支持方盒模型的控件有 QCheckBox、QComboBox、QFrame、QGroupBox、QLabel、QLineEdit、QMenu、QPushButton、QProgressBar、QRadioButton、QScrollBar、QSlider、QSpinBox、QSplitter、QToolBar、QToolButton、QToolBox、QTextEdit、QListView、QListWidget、QTableView、QTableWidget、QTreeView、QTreeWidget。对于其中比较复杂的复合控件,例如 QComboBox 等,其主体外框部分是支持方盒模型的。而 QDialog 和 QWidget 则仅支持背景相关属性。

9.3.2 方盒模型相关属性

下面是一些与方盒模型相关的属性。支持方盒模型的控件都可以设定这些属性。

1. 空白区

空白区域(margin)总是透明的,因此仅有宽度有意义。边框外四面的空白区宽度可以不同。可以分别指定 margin-top、margin-right、margin-bottom、margin-left 4 个属性为不同的值。例如:

```
QFrame
{
    margin-top: 14px;
    margin-right: 18px;
    margin-bottom: 20px;
    margin-left: 18px;
}
```

另一种完全等价的写法是

```
QFrame
{
    margin: 14px 18px 20px 18px;
}
```

2. 边框

边框为控件提供了四周的框架。如果想取消边框,使用 border: none 即可。

border-width 用于设定边框宽度。同 margin 一样,边框的 4 个边宽度可以不同。

border-style 用于设定边框线型。常用的有 solid(实线)、dashed(短直线)、dotted(点线)、dot-dash(点画线)、inset(内陷)、outset(外凸)、groove(凹槽)、ridge(中央凸出)。

border-color 用于设定边框颜色。颜色可以按名称或按数值设定。见本节后面"前景色和背景色"部分内容。

例如,设定一个控件的边框可以使用下面几条规则:

```
border-width:10px;
border-style:dotted;
border-color:green;
```

也可以简略写成

```
border: 10px dotted green;
```

【注意】 上面第二种写法中,3 个属性的顺序不能调换,内容不能缺失。

border-radius 属性用于创建圆角,其后的参数是角部圆弧的半径。也可以分别设定 4 个角上圆弧各自的半径,具体内容参见样式表帮助。

3. 填衬

填衬(padding)在边框和内容区域之间提供了空白间隔。和 margin 一样,它也仅有宽度属性。也可以分别设置 4 个边的填衬宽度。例如：

```
QLineEdit { padding: 3px }
```

或者

```
QLineEdit { padding: 3px 5 px 5 px 9 px }          /* 上右下左的填衬宽度 */
```

4. 前景色和背景色

控件的前景色用于绘制上面的文本，可以通过 color 属性指定。背景色用于绘制控件的边框内部的矩形，可以通过 background-color 属性指定。

颜色可以通过颜色名指定，常用的有 black、blue、gray、green、navy、olive、orange、purple、red、silver、white、yellow 等。实际上由于样式表支持 CSS3 规范，因此它支持的颜色名多达 147 种。具体内容可参考 CSS3 颜色规范。

颜色还可以通过指定颜色值的方式指定，常用的有下列方式：

(1) 按十六进制色指定。例如：

```
background-color:#0000ff;
```

代表红为 0，绿为 0，蓝为 244。

(2) 按 RGB 颜色指定。例如：

```
background-color:rgb(255,0,0);
```

代表红为 255，绿为 0，蓝为 0。

(3) 按 RGBA 颜色指定，最后一项为透明度。例如：

```
background-color:rgba(255,0,0,0.5);
```

透明度取值 0～1，0 为完全透明，1 为不透明。

另外，背景色还可以利用 qlineargradient、qradialgradient 或者 qconicalgradient 设定为线性渐变、辐射渐变或者锥形渐变。例 9-1 就使用了线性渐变。

5. 背景图像

下面是一些用于背景图像设置的属性：

用 background-image 属性为控件指定一个背景图片。

用 background-repeat 属性指定图像是否重复平铺。

用 background-origin 来控制背景图片放置的原点，一般取 padding 或 content，标明图片放在填衬矩形中或内容矩形中。

用 background-position 控制图片在方框中的对齐方式，可以是{左，中，右}和{上，中，下}的组合。

默认情况下，背景图像在边框内的区域进行绘制，也可以使用 background-clip 属性更改为仅在内容区域显示。如果指定的背景图片具有 alpha 通道(即有半透明效果)，由 background-color 指定的背景颜色将会透过透明区域显示出来。

下面的规则将呈现图 9-6 所示的显示形式。

```
QFrame
{
    margin: 10px;
    border: 16px solid green;
    padding: 15px;
    background-color: yellow;
}
```

如果在上面规则中增加下面的语句：

```
background-image: url(:/border.png);
background-position: top right;
```

则呈现图 9-7 的形式。图 9-7 是用图 9-8(即 border. png)按照右上方对齐的形式重复平铺填充的。

图 9-6 简单填充效果

图 9-7 右上方对齐填充位图

图 9-8 填充图

在上面的规则中,再次增加下面的语句,将呈现图 9-9 所示的形式。

```
background-clip: content;
```

可以看出,在图 9-9 中背景色和背景位图全都被限制在内容方框内。如果将上面添加的 background-clip 设置去掉,换为下面规则,呈现图 9-10 所示的形式。

```
background-origin: content;
```

图 9-9 限制填充范围

图 9-10 将位图在内容框中填充

可以看出,在图 9-10 中背景色仍然存在,但是图片的起点及大小与内容方框对齐。如果在上面的规则中继续添加以下语句,则背景位图不重复显示,将呈现图 9-11 所示的形式。

```
background-repeat: none;
```

另外，image 属性可以用来在背景之上绘制一个图片。如果使用 image 指定的图片大小与控件的大小不匹配，那么它不会平铺或者拉伸。图片的对齐方式可以用 image-position 属性设置。图 9-12 是在按钮上使用下面的规则产生的效果：

```
QPushButton{
    margin: 10px;
    border: 26px solid green;
    padding: 20px;
    background-color: yellow;
    background-image: url(:/border.png);
    background-origin: content;
    image: url(:/scene.jpg);
}
```

图 9-11　仅填充一个位图

图 9-12　填充位图的按钮

在图 9-12 中，可以看出 image 指定的图在背景之上，并且文字 PushButton 在最上方。

一个 background-image 无法随着控件的大小自动缩放，如果要使背景随着控件的大小变化，那就要使用 border-image。如果同时指定 background-image 和 border-image，那么 border-image 将绘制在 background-image 之上。例如，在上面按钮的样式中添加下面的语句：

```
border-image:url(:/border.png);
```

则按钮显示如图 9-13 所示。

图 9-13　拉伸显示 border-image

为什么会这样显示呢？通过 border-image 属性指定的图片将覆盖控件的内容和边框。一个图片将被分为九宫格形式的 9 个部分，九宫格四周一圈的宽度和边框宽度一致。并按如下方式填充：

- 九宫格 4 个角上的图形部分会放到边框的 4 个角上，它们不会被拉伸。
- 九宫格四周中间的图形部分会被横向或纵向拉伸以填充边界。
- 九宫格中心的图形部分会被四面拉伸以填充内容区域。

专门设计的图 9-8 正好是九宫格的样子，并且每个格子宽度都是 26，与按钮样式表中的边框宽度一致。因此就呈现出图 9-13 的样子。另外，可以看出 image 设定的图片和按钮文字都在 border-image 图形之上。

如果不想让 border-image 图形拉伸，可以修改上面的 border-image 设定语句为

```
border-image:url(:/border.png) round;        /* round 或 repeat */
```

图 9-14　平铺显示 border-image

则呈现结果如图 9-14 所示。显然，九宫格图形四周中间的图形部分被横向或纵向重复显示了，而九宫格中心的图形部分被横向并且纵向重复排列显示。最后的语句中 round 可换成 repeat，它们在重复显示中稍有差异，请读者自行练习。

在一个控件上，其背景、边框、图片、文字等绘制的顺序可总结如下：

(1) 设定绘制控件的外部形状(border-radius)。

(2) 绘制背景色(background-color)。

(3) 绘制背景图片(background-image)。

(4) 绘制边框颜色(border-color)。

(5) 绘制边框图片(border-image)。

(6) 绘制普通图片(image)。

(7) 绘制文字。

6. 字体

设置按钮、标签等控件上的文字属性时，可以用 font-family 设定字体所属家族，用 font-size 设定字体大小，用 font-style 设定字体样式(包括常规体 normal、斜体 italic)，用 font-weight 设定字体粗细。font-weight 可以是 normal、bold 或 100、200、…、900 这些数值。

例如规则

```
QCheckBox { font: bold italic 12pt "Times New Roman" }
```

显示的控件如图 9-15 所示。

☐ ***CheckBox***

图 9-15　字体设置样例

上面的规则也可以写成下面的等价形式：

```
QCheckBox {
    font-weight: bold;
    font-style: italic;
    font-size: 12pt;
    font-family: "Times New Roman"
}
```

7. 控件大小控制

min-width 和 min-height 两个属性可以用来指定一个控件的最小宽度和高度。它们以像素点为单位。这两个值将会在控件布局时被考虑。例如，下面的规则设定了按钮的

最小尺寸：

```
QPushButton {
    min-width: 68px;
    min-height: 28px;
}
```

与 min-width 和 min-height 对应的两个参数分别是 max-width 和 max-height，可以用来指定一个控件的最大宽度和高度。

9.4 定制控件举例

本节给出一些控件定制的例子。

9.4.1 按钮

按钮除了可设置背景、边框、颜色等属性，有些按钮还可以有选中或者取消选中状态。这需要设置按钮的 checkable 属性为真，然后可以对 checked 伪状态进行设置。

【例 9-3】 具有选中/非选中状态的按钮。

在一个基于 QWidget 的窗体中添加一个 QPushButton 控件，设置按钮的 checkable 属性为真。这可以通过编程方式用 setCheckable 函数设置，或者在 UI 设计界面(如果有 UI 界面)通过属性窗口设置。

为按钮设置如下样式表：

```
QPushButton {              /* 设置非 checked、非 hover 时的一般情形 */
    border-radius: 15px;
    border: 0px ;
    background:transparent;
    color: rgb(41, 119, 191);
}
QPushButton:hover {        /* 设置鼠标悬浮其上时的情形 */
    border-radius: 15px;
    border: 1px solid rgb(41, 119, 191);
    background:transparent;
    color: rgb(41, 119, 191);
}
/* 设置选中时的情形 */
QPushButton:checked:hover, QPushButton:checked:!hover {
    border-radius: 15px;
    border: 1px solid rgb(41, 119, 191);
    background: rgb(41, 119, 191);
    color: white;
}
```

运行时，按钮会呈现图 9-16 所示的情形。

PushButton　　PushButton　　PushButton

(a) 非选中非鼠标悬浮时　(b) 非选中且鼠标悬浮时　　(c) 选中时

图 9-16　具有选中/非选中状态的按钮

【例 9-4】 利用位图表现按钮的不同状态。

某些时候用位图表现按钮的一般状态、鼠标悬浮状态、按下状态可以显示更好的外观。下面建立一个基于 QWidget 的窗体，设置窗体背景为灰色，放入一个按钮，设置按钮样式表如下：

```
QPushButton {
    image:url(:/close.png);
    border: none;
    background: transparent;
}
QPushButton:hover{
    image:url(:/close_hover.png);
    border: none;
    background: transparent;
}
QPushButton:pressed{
    image:url(:/close_pressed.png);
    border: none;
    background: transparent;
}
```

运行时，按钮会呈现图 9-17 的情形。这里正常状态的按钮位图是一张成交叉状的白线位图，背景透明。另外两个位图背景是红色，颜色深浅略有差异。

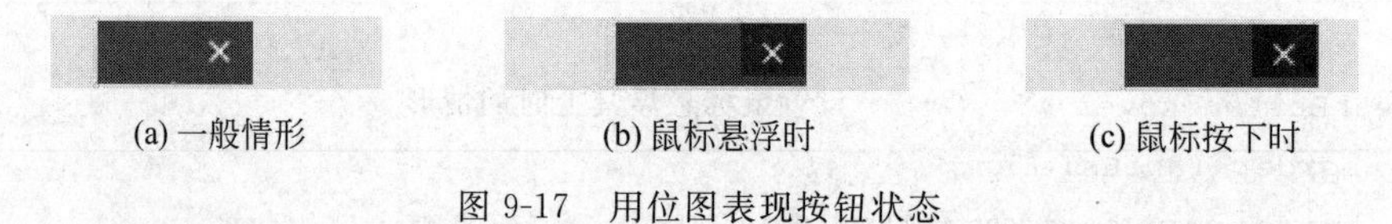

(a) 一般情形　　(b) 鼠标悬浮时　　(c) 鼠标按下时

图 9-17　用位图表现按钮状态

另外，伪状态 disabled 表示按钮不可用，这是很多控件都具有的伪状态。

9.4.2　单选按钮和复选框

默认的单选按钮或者复选框前面的选择框，可以换成用户定义的位图。子控件 ::indicator 用于定制文本前面的选项框。属性 spacing 指定文本与选项框之间的间距。

【例 9-5】 利用位图表现单选按钮、复选框。

建立窗口程序并放入单选按钮、复选框控件，在单选按钮、复选框上添加下面的样式：

```
* { font: bold normal 18pt "华文中宋"; }
```

```
QRadioButton::indicator {
    padding: 4px 0px 0px 0px;              /*调整位图到边界的距离*/
    width: 20px;
    height: 20px;
}
QRadioButton::indicator:unchecked {       /*设置未选中时位图 */
    image: url(:/radio_normal.png);
}
QRadioButton::indicator:checked {         /*设置选中时位图 */
    image: url(:/radio_selected.png);
}
QRadioButton {
    spacing: 6px;
}
QCheckBox {
    spacing: 2px;
}
QCheckBox::indicator {
    padding:4px 0px 0px 0px;
    width: 30px;
    height: 30px;
}
QCheckBox::indicator:unchecked {
    image: url(:/checkbox_unchecked.png);
}
QCheckBox::indicator:checked {
    image: url(:/checkbox_checked.png);
}
```

运行结果如图 9-18 所示。本例中的位图 radio_normal.png、radio_selected.png 是单选按钮未被选中、被选中状态的位图，checkbox_unchecked.png 和 checkbox_checked.png 是复选框未被选中、被选中状态的位图，这些位图通过 Qt 资源插入工程中。

硕士　记住密码　(a) 未选中时的情形

硕士　记住密码　(b) 选中时的情形

图 9-18　用位图表现按钮状态

9.4.3　单行文本框

对于 QLineEdit 控件而言，selection-color、selection-background-color 属性分别指定了选中文本的文本颜色和背景色。

【例 9-6】　修改单行文本框的样式。

在窗口界面放入两个 QLineEdit 文本框，为它们设置如下样式：

```
QLineEdit {
    color: red;
```

```
    border: 1px solid gray;
    border-radius:5px;
    background: none;
    selection-color: #FFFFFF;
    selection-background-color: #4D4D4D;
}
QLineEdit:read-only { color: gray }
```

图 9-19　用位图表现按钮状态

运行结果如图 9-19 所示。

这里第二个文本框是“只读”的(可通过属性窗或通过设置函数修改)，所以文本显示为灰色。第一个文本框字体原本是 red，选中后字体是白色，同时背景为深灰色。

上面设置“只读”控件显示特征时，也可使用下面的语句：

```
QLineEdit[readOnly="true"] { color: gray }
```

另外，lineedit-password-character 属性说明按密码输入的时候显示哪一种字符作为替代字符。

9.4.4　进度条

QProgressBar 进度条组件使用::chunks 子控件来定制进度条样式，text-align 属性用于设定进度条中文本的对齐方式，可以取值为 left(左对齐)、center(居中)、right(右对齐)。

【例 9-7】　修改进度条的样式。

建立一个基于 QWidget 的程序，在窗口界面放入两个 QProgressBar，将它们的 ObjectName 改为 progressBar1 和 progressBar2，并为它们设置如下样式：

```
QProgressBar#progressBar1{
    color : solid gray;
    border: 1px solid gray;
    border-radius: 5px;
    background: transparent;
    padding: 0px;
    text-align : center;
}
QProgressBar#progressBar1:chunk{
    background: #B22222;
}
QProgressBar#progressBar2 {
    border-radius: 5px;
    text-align: center;
    border: 1px solid #5CACEE;
}
QProgressBar#progressBar2:chunk {      /* 设置第 2 个进度条为条纹显示 */
    width: 5px;                        /* 条纹每个块的宽度 */
```

```
    margin: 0.5px;                  /* 每个色块的边界宽度 */
    background-color: #1B89CA;
}
```

运行程序，显示效果如图9-20所示。

上面样式表的第二个进度条的：chunk设置将样式设为条纹显示。也可以使用位图显示进度，用类似下面的语句即可：

```
QProgressBar:chunk{   image:url(:/back.jpg);  }
```

位图将自动平铺在进度条中，效果如图9-21所示。

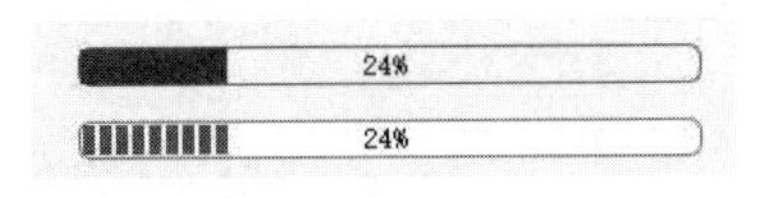

图9-20 进度条的样式表

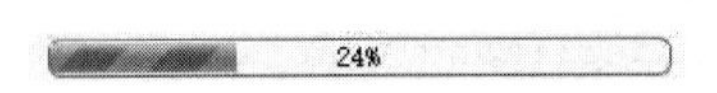

图9-21 用位图表现进度条

9.4.5 滑动条

滑动条QSlider有水平、垂直两种。对于水平的QSlider，min-width和height属性必须同时提供；对于垂直的QSlider，必须同时提供min-height和width属性。QSlider控件由子控件::groove(滑动槽)和::handle(手柄)两部分组成。手柄::handle在::groove上面滑动。

【例9-8】 修改滑动条的样式。

建立一个基于QWidget的程序，在窗口界面放一个QSlider控件，设置如下样式：

```
QSlider::groove:horizontal {            /* 水平滑动条基本设置 */
    min-width:200px;
    height: 15px;
    border-radius: 3px;
    margin:0 10                         /* 滑道两端向内收缩 */
}
/* 手柄右侧滑道设置 */
QSlider::add-page:horizontal {
    background: qlineargradient(x1:0, y1:0, x2:0, y2:1, stop:0 #a1a1a1, stop:1
    #c4c4c4);
    border-radius: 3px;
    margin-right: 10px;                 /* 滑道右端向内收缩 */
}
/* 手柄左侧滑道设置 */
QSlider::sub-page:horizontal {
    border-radius: 3px;
    margin-left: 10px;                  /* 滑道左端向内收缩 */
    background: qlineargradient(x1:0, y1:0, x2:0, y2:1, stop:0 #1B89CA, stop:1
    #1077B5);
```

```
}
/*手柄设置 */
QSlider::handle:horizontal {
    width: 20px;
    margin-top: -3px;
    margin-bottom: -3px;
    margin-left: -8px;                    /*设为-8使得手柄中心可对齐滑道左端 */
    margin-right: -8px;                   /*设为-8使得手柄中心可对齐滑道右端 */
    border-radius: 10px;
    background: qradialgradient(cx:0.5, cy:0.5, radius:0.5, fx:0.5, fy:0.5,
    stop:0.6 #F0F0F0, stop:0.778409 #5CACEE);
}
QSlider::handle:horizontal:hover {
    background: qradialgradient(cx: 0.5, cy: 0.5, radius: 0.5, fx: 0.5, fy: 0.5,
    stop: 0.6 #F0F0F0,stop:0.778409 #1B89CA);
}
```

运行程序,效果如图 9-22 所示。

图 9-22 滑动条样式示例

这个例子首先将滑道两侧向内收缩(设置 margin 两侧距离为 10),然后将手柄的左右极限位置向两侧扩展(设置 margin-left 和 margin-right 为－8),这样手柄中心在两端可对齐滑道左端或右端。手柄利用 qradialgradient 进行辐射填充,配合 border-radius 设置可以形成圆形。手柄左右两侧均使用线性填充。当然这些区域都可以用位图填充。

9.4.6 滚动条

滚动条 QScrollBar 的组成其实非常复杂,依据垂直和水平方向的不同,由::handle(手柄)、::add-line(滑道右端或上端的按钮)、::sub-line(滑道左端或下端的按钮)、::add-page(手柄右侧或上方滑道)、::sub-page(手柄左侧或下方滑道)、::right-arrow(右侧箭头)、::left-arrow(左侧箭头)、::down-arrow(下方箭头)、::up-arrow(上方箭头)等子控件组成。伪状态 horizontal 和 vertical 用于确定滚动条的方向,width(min-width)和height(min-height)则可确定滚动条的长和宽。

【例 9-9】 修改滚动条的样式。

建立一个基于 QWidget 的程序,在窗口界面放一个水平滚动条,并设置如下样式:

```
QScrollBar:horizontal {
    border: 1px solid grey;
    background: #32CC99;
    margin: 0px 20px 0 20px;                    /*滑道左右两侧收缩 20*/
}
QScrollBar::handle:horizontal {
```

```
    background: white;
    min-width: 30px;
}
QScrollBar::add-line:horizontal {
    border: 1px solid grey;
    background: #32CC99;
    width: 20px;                          /* 右侧按钮宽 20 */
    /* 右侧按钮紧贴右侧边界放置 */
    subcontrol-position: right;
    subcontrol-origin: margin;
}
QScrollBar::sub-line:horizontal {
    border: 1px solid grey;
    background: #32CC99;
    width: 20px;                          /* 左侧按钮宽 20 */
    /* 左侧按钮紧贴左侧边界放置 */
    subcontrol-position: left;
    subcontrol-origin: margin;
}
QScrollBar::add-page:horizontal, QScrollBar::sub-page:horizontal {
    background-color:lightgreen ;
}
/* 左右两侧箭头大小设置,箭头位于按钮区域 */
QScrollBar:left-arrow:horizontal, QScrollBar::right-arrow:horizontal {
    border: 1px solid grey;
    width: 3px;
    height: 3px;
    background: white;
}
```

运行程序,效果如图 9-23 所示。这里的左右侧箭头仅显示了一个白底方形。

这里,左右两侧的箭头常常用位图填充。可以采用下列样式设置 add-line 和 sub-line:

```
QScrollBar::add-line:horizontal {
    height:10px;
    width:10px;
    subcontrol-position: right;
    subcontrol-origin: margin;
    border-image:url(:/rightarrow.png);
}
QScrollBar::sub-line:horizontal {
    height:10px;
    width:10px;
    subcontrol-position: left;
    subcontrol-origin: margin;
```

```
    border-image:url(:/leftarrow.png);
}
```

这样可以得到类似图 9-24 的滚动条(这里去掉了背景色)。

图 9-23　滚动条样式表示例

图 9-24　两侧为位图的滚动条样式

9.4.7　列表框

QListWidget 列表控件是一种复合控件,可以使用子控件::item 表示一行。::item 可以有多种伪状态:selected(选中)、hover(鼠标悬浮)、active(控件处于活动窗口)等。另外,当列表框中项目比较多时,列表框中会出现滚动条,因此对于 QScrollBar 控件的样式表也可作用于列表框。

【例 9-10】　修改列表框的样式。

建立一个基于 QWidget 的程序,在窗口界面放一个列表框 ListWidget,并设置如下样式:

```
/*设置选中项边界 */
QListWidget::item:selected {
    border:1px solid #6a6ea9;
}
/*设置选中项颜色 */
QListWidget::item:selected:active {
    background: qlineargradient(x1:0, y1:0, x2:0, y2:1,stop:0#6a6ea9, stop: 1
    #888dd9);
}
/*鼠标悬浮项颜色 */
QListWidget::item:hover {
    background: qlineargradient(x1:0, y1:0, x2:0, y2:1,stop:0#FAFBFE, stop: 1
    #DCDEF1);
}
/*以下设置垂直滚动条,它是列表框的一部分 */
QScrollBar:vertical {
    background: transparent;
    width: 10px;
}
QScrollBar::handle:vertical {
    background: rgb(43, 122, 193);
    border-radius: 5px;
}
QScrollBar::add-line:vertical {
    border: none;
    background: transparent;
```

```
}
QScrollBar::sub-line:vertical {
    border: none;
    background: transparent;
}
QScrollBar::add-page:horizontal, QScrollBar::add-page:vertical {
    border: none;
    background: transparent;
}
QScrollBar::sub-page:horizontal, QScrollBar::sub-page:vertical {
    border: none;
    background: transparent;
}
```

这样可以得到图 9-25 所示的列表框界面。

注意，有些时候在控件自身设置样式，这些设置不能完全有效。这时可以试一试将样式表设置在控件的父窗口上。本例正是如此。

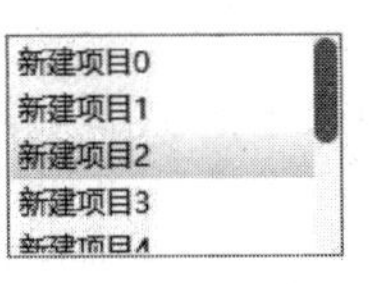

(a) 鼠标悬浮于某项

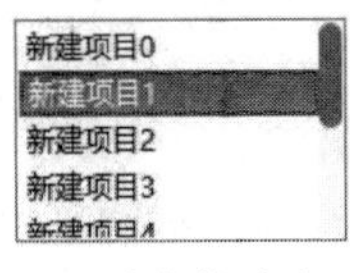

(b) 选中某项后

图 9-25　列表框样式

9.4.8　组合框

组合框 QComboBox 的下拉按钮通过::drop-down 子控件来定制。默认情况下，下拉按钮位于控件外框的方盒模型中 padding 矩形的右上角。下拉按钮中的箭头符号通过子控件::down-arrow 进行定制，箭头默认位于子控件的正中央。

【例 9-11】　修改组合框的样式。

建立一个基于 QWidget 的程序，在界面放一个组合框，并设置如下样式：

```
QComboBox {
    border: 1px solid gray;
    border-radius: 4px;
    padding: 1px 2px 1px 2px;
}
QComboBox::drop-down {                    /* 设置按钮区 */
    subcontrol-origin: padding;
    subcontrol-position: top right;
    width: 20px;
    /* 设置按钮区域左边界线 */
    border-left-width: 1px;
    border-left-color: darkgray;
    border-left-style: solid;
    border-top-right-radius: 4px;     /* 设置右侧边界弧度,与 QComboBox 一致 */
    border-bottom-right-radius: 4px;
}
/* 设置下拉按钮位图 */
```

```
QComboBox::down-arrow {  image: url(:/down.png);  }
```

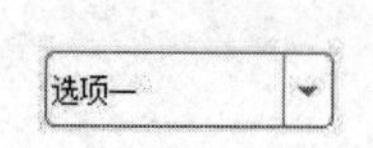

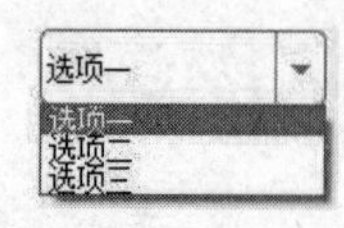

图 9-26 组合框样式

运行程序,可得图 9-26 所示的界面。

容易看出,图 9-26 的组合框有一个缺陷——下拉列表行高度太小。为了改善这个问题,需要使用代理控件的方法。组合框的下拉列表实际上是一个列表框,因此可以用一个 listView 代替组合框的下拉列表。这就是最简单的代理控件。下面的例子说明了使用方式。

【例 9-12】 改善组合框下拉列表的高度。

在例 9-11 程序中的 widget.cpp 的头部包含下面的语句:

```
#include <QListView>
```

并在 widget 的构造函数中添加如下代码:

```
Widget::Widget(QWidget * parent): QWidget(parent), ui(new Ui::Widget)
{
    ui->setupUi(this);
    ui->comboBox->addItem("上海");
    ui->comboBox->addItem("广州");
    ui->comboBox->addItem("香港");
    ui->comboBox->addItem("深圳");
    QListView * listView=new QListView(ui->comboBox);
    QString style="QListView::item { border: 1px solid white; margin:2px; }";
    style +="QListView::item:selected { border: 1px solid black;
                                        margin:2px; color: black; }";
    listView->setStyleSheet(style) ;
    ui->comboBox->setView(listView);     //使用 listView 作为代理
}
```

运行程序,结果如图 9-27 所示,下拉列表高度已经明显改善。

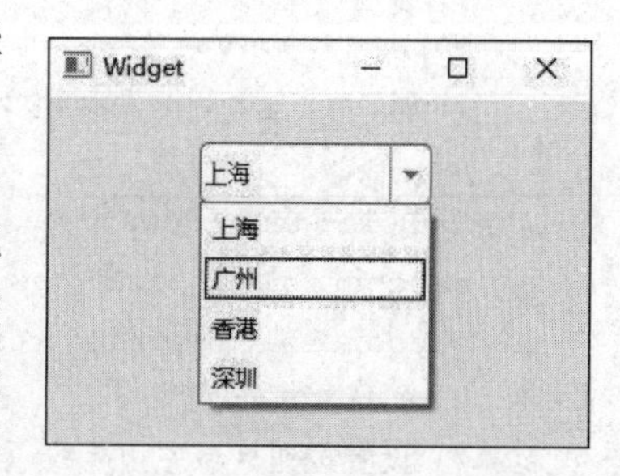

图 9-27 改善后的组合框样式

在 Qt 的组件中,表格控件、列表控件、树形控件、组合框控件常常使用代理控件来改善自身的功能,优化显示效果。例如通过代理控件定制单元格来改进 QTableView 表格,通过代理控件定制结点内容来改进 QTreeView 树状控件等。关于控件代理的知识本书不做探讨,感兴趣的读者请参看 Qt 中有关代理、委托的知识。

9.4.9 选项卡

选项卡(QTabWidget)控件通过多个选项卡控制多个标签页的显示。子控件::pane 代表主窗口部分。子控件::tab-bar 代表所有选项卡所在的条状区域,它用于设置所有选项卡相对于主窗口的位置。子控件::tab用于设置每个选项卡的大小、形状、边界、背景等属性。如果选项卡可关闭,关闭按钮由子控件::close-button表示。另外,QTabWidget支持的常用伪状态包括only-one(只有一个页面,)、first(第一个选项卡)、last(最后一个选项卡)、middle(中部的选项卡)、selected(被选中的选项卡)。

【例9-13】 修改选项卡控件的样式,产生叠压效果。

建立一个基于QWidget的程序,在窗口界面放一个QTabWidget控件,并设置如下样式:

```
QTabWidget::tab-bar {
    left: 5px;                              //选项卡区域整体向右移动5px
    alignment: center;
}
//设置选项卡主窗体样式
QTabWidget::pane {
    border: 1px solid #9B9B9B;
    position: absolute;
    top: -1px;              //主窗体上移1个像素,使它的上边界隐藏于tab-bar区域下面
}
//设定QTabBar的样式,它是QTabWidget的一部分,::tab表示一个选项卡
QTabBar::tab {
    background: qlineargradient(x1: 0, y1: 0, x2: 0, y2: 1,
                stop: 0 #E1E1E1, stop: 0.4 #DDDDDD,
                stop: 0.5 #D8D8D8, stop: 1.0 #D3D3D3);
    //设置每个选项卡的4个边框
    border-left: 1px solid #C4C4C3;
    border-right: 1px solid #C4C4C3;
    border-top: 1px solid #C4C4C3;
    border-bottom :1px solid #9B9B9B;;      //与主窗口边框颜色一致
    border-top-left-radius: 4px;
    border-top-right-radius: 4px;
    min-width: 13ex;                        //表示以13个x字母高度为最小宽度
    padding: 5px;
}
//选项卡选中时以及鼠标悬浮时的填充模式
QTabBar::tab:selected, QTabBar::tab:hover {
    background: qlineargradient(x1: 0, y1: 0, x2: 0, y2: 1,
                stop: 0 #fafafa, stop: 0.4 #f4f4f4,
                stop: 0.5 #e7e7e7, stop: 1.0 #fafafa);
}
//选项卡选中时边框设置
QTabBar::tab:selected {
    border-left-color: #9B9B9B;
    border-right-color: #9B9B9B;
```

```
        border-top-color: #9B9B9B;
        border-bottom-color: #fafafa;            //与主窗体内部同一颜色
    }
    //使未选中的选项卡顶部向下缩进
    QTabBar::tab:!selected { margin-top: 2px; }
    //扩展选中选项卡的两侧边界,使其压住左右未选中标签的边沿
    QTabBar::tab:selected {
        margin-left: -3px;                       //压住左侧选项卡 3px
        margin-right: -3px;                      //压住右侧选项卡 3px
    }
    //第一个选项卡选中时左侧不扩展
    QTabBar::tab:first:selected { margin-left: 0; }
    //最后一个选项卡选中时右侧不扩展
    QTabBar::tab:last:selected { margin-right: 0; }
    //如果只有一个选项卡,则不需要扩展边缘
    QTabBar::tab:only-one { margin: 0; }
```

运行程序,可以得到图 9-28 所示的界面。

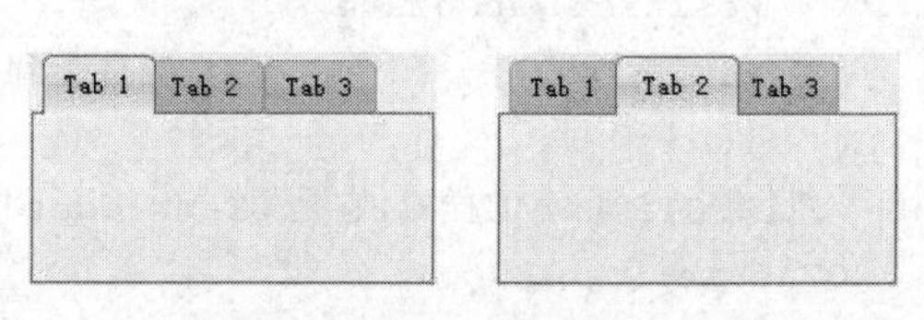

图 9-28 有叠压效果的选项卡

注意,在这个例子中,设定 QTabWidget::pane 的 top 属性为－1px,这样下方的主窗体就会上移一个像素,它的上边界线就会隐藏于选项卡区域下面。同时设定未选中的选项卡的下边界颜色与主窗体的边界相同,而选中的选项卡标签下边界与主窗体内部颜色一致,这样就产生图 9-28 所示的效果。这个例子中还扩展了选中的选项卡两侧的边界,以便产生叠压的视觉效果。

当然有些时候可能不需要移动主窗体或者扩展选项卡边界,例如下面的例子。

【例 9-14】 纯色选项卡控件的样式。

建立一个窗口程序,在界面放一个 QTabWidget 控件,并设置如下样式:

```
    QTabWidget::pane {
        background: #222222;
        border: 1px solid #333333;
    }
    QTabBar::tab {
        background: transparent;
        border-bottom: none;
        padding: 5px 8px 5px 8px ;
        min-width: 13ex;
        margin-left:2px;
    }
    //鼠标悬浮于选项卡上,则选项卡显示边框选项卡
    QTabBar::tab:hover {
```

```
    border: 1px solid #444444;
    border-bottom: none;
}
//选中的选项卡标签设置
QTabBar::tab:selected {
    background-color: #111111;
    border: 1px solid #333333;
    border-bottom: none;
    color: white;
}
```

运行程序，可以得到图 9-29 所示的界面。

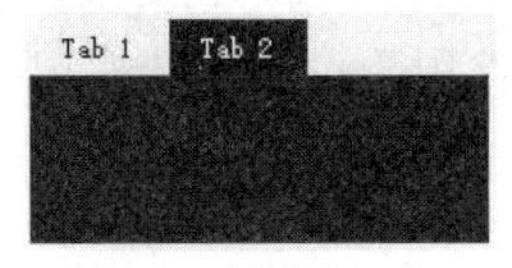

(a) 选中Tab2

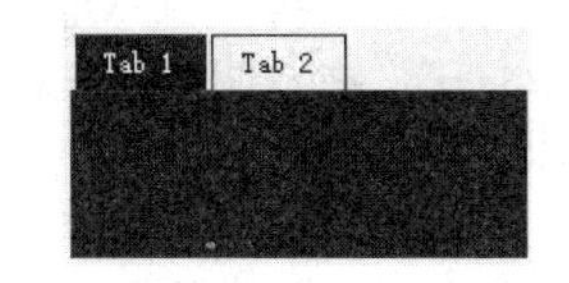

(b) 选中Tab1且鼠标悬浮于Tab2

图 9-29　纯色选项卡样式

9.4.10　表格控件

表格控件、树形控件、列表控件有不少相似之处。例如都可以有多行信息，可以有滚动条，可以有列的表头等。因此前面有关列表框的样式大都可以用于表格控件、树形控件的样式设定。这里仅列举一个简单例子，它改变了单元格的填充方式。

【例 9-15】 改变表格单元填充的样式。

建立一个窗口程序，在界面放一个 QTableWidget 控件，并设置如下样式：

```
QTableWidget {
    selection-background-color: qlineargradient(x1: 0, y1: 0, x2: 0.5, y2: 0.5,
                                stop: 0 #FF92BB, stop: 1 white);
    selection-color: black;
}
QTableWidget QTableCornerButton::section {
    background: red;
    border: 2px outset red;
}
```

运行程序，可以得到图 9-30 所示的界面。

本例设定了选中的表格单元的填充方式。而 QTableCornerButton::section 则设定了左上角方格的颜色，单击这里可以选定所有单元格。

9.4.11　其他控件

除了以上各节列举的控件样式，还有其他的一些控件。下面仅列出这些控件的属性、

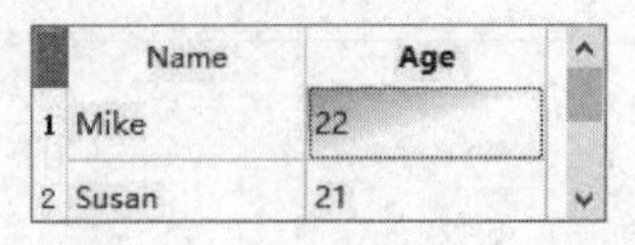

(a) 选中一个单元

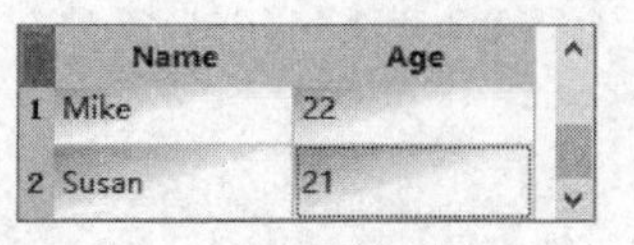

(b) 选中全部单元

图 9-30　表格的特殊单元格样式

伪状态、子控件等特征，而没有给出样例。读者可参阅官方用户手册以及样例。

1. 分组框控件 QGroupBox

QGroupBox 的标题用::title 子控件进行定制，标题的位置依 QGroupBox::textAlignment 的具体值而定。对于可选的 QGroupBox 而言，标题中还会包含一个勾选标记，勾选标记用::indicator 来定制，spacing 仍然用于设置勾选标记与文本的间距。

2. 数字旋钮控件 QSpinBox

默认的情况下 spinbox 右部分成上下两个按钮。以向上的箭头为例，::up-button 和::up-arrow 分别用于定制按钮及位于按钮中的箭头。箭头默认位于按钮的中间。对于向下的按钮与此类似，只是用::down-button 和::down-arrow 子控件。

3. 工具箱控件 QToolBox

QToolBox 是一个可以实现抽屉效果的组件，即有若干条目并列显示，单击一个条目就将该条目下的项目展开，同时其他条目下的项目隐藏。其中每个抽屉页面 page 使用::tab 子控件定制。::tab 子控件支持的伪状态主要包括 only-one、first、middle、selected 等，这些伪状态和 QTabWidget 控件中的同名伪状态功能类似。

4. 菜单栏控件 QMenuBar

菜单栏组件的 spacing 属性可指定菜单项之间的间距，单个菜单项还可以通过::item 子控件定制风格。但是值得注意的是，由于 MAC 下菜单栏集成到了系统菜单栏，此时样式表会失去作用。

5. 菜单控件 QMenu

菜单中的每一项可以用::item 子控件定制。除了常见的伪状态(hover 等)，::item 还支持 selected、default 等伪状态。利用这些伪状态，可以为不同状态的菜单项定制出不同的外观。对于可勾选的菜单项，使用::indicator 对勾选标记进行定制。::separator 则定制菜单项之间的分隔符。对于有子菜单的菜单项，其箭头号可以用::right-arrow、::left-arrow 进行定制。

6. 工具栏控件 QToolBar

工具栏的伪状态 top、left、right、bottom 表示工具栏停靠的具体位置。而伪状态

first、last、middle 则用于指代工具栏中的具体位置。工具栏的分隔器用::separator 子控件指代,::handle 则表示移动工具栏的手柄,一般位于工具栏头部。

7. 窗体分割器控件 QSplitter

窗体分割器主要的部件是::handle 子控件。通过::handle 可以动态改变分割器中的不同子窗口的大小。可以对::handle 进行定制。

习题 9

【注意】下列题目可以综合使用编程方法和样式表。

1. 实现特殊的按钮,有状态 A 和 B,如下图所示。注意,只有单击黑色区域 A 状态和 B 状态才能转换(提示:可以用两个按钮拼接起来)。

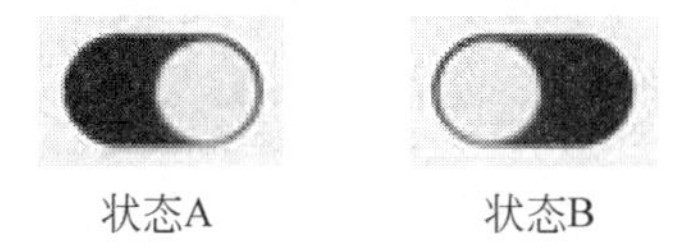

2. 实现查找栏,如下图所示。要求查找栏左侧大部分为单行编辑框,右侧的放大镜是查找按钮。

3. 实现黑底白字的编辑框以及黑底白色对钩的复选框,如下图所示。

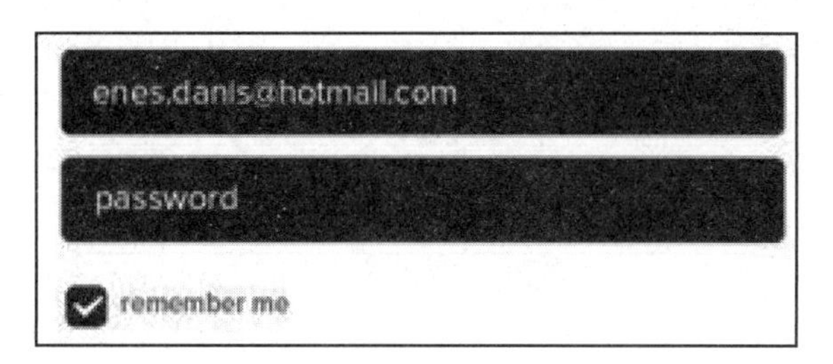

4. 利用位图实现滑动条,如下图所示。

5. 实现下图所示的图像按钮。

6. 实现下图所示的菜单，鼠标滑过的部分为绿底白字。

Refresh

Theads...

Modules...

Open path...

第10章

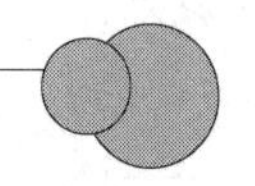

编程实战演练

本章通过3个综合性比较强的例子演示一些实战编程中的问题分析方法和编程技巧。第一个例子是接金币小游戏，这个例子大量使用了定时器事件。第二个例子是俄罗斯方块，在该实例中解决问题的数据结构和算法有一定启发意义。第三个例子是实现一个游戏大厅界面，这个例子自定义了一些界面类，具有一定的代表性。同时这3个例子都涉及位图的处理和编程技巧、样式表的应用技巧等。希望读者能充分吸收这些编程方法的精华，并应用于其他项目中。

10.1　接金币小游戏

10.1.1　编程任务描述

本例编写一个卡通人物接金币的小游戏，如图10-1所示。具体要完成以下任务：

图10-1　接金币游戏界面

(1) 程序有一个舞台背景,舞台上有一个卡通人物,使用左右方向键可控制人物左右移动。游戏的任务是操纵卡通人物接天空下落的金币。

(2) 所有金币垂直下落,不同面值(5 元、10 元、20 元)的金币下落速度不同。

(3) 金币和人物以位图方式显示。人接到金币时,金币就消失。

(4) 启动程序后游戏自动开始执行,接金币的时间共有 90s。

(5) 接到金币的钱数以及剩余时间要实时显示。

10.1.2 算法分析

首先考虑背景和人物的显示。根据第 9 章的讲述,背景可以用样式表设定。其实除了这种方式,也可以在绘图事件处理函数 paintEvent 中直接绘制背景。本例就采用了这种方法。同样,尽管人物可以利用标签控件来显示,本例也采用在 paintEvent 函数中直接绘制的方法实现。

再来考虑金币的产生和下落的控制算法。可以有不同思路来实现这一部分,这里给出两种思路。

思路一:用一个定时器函数产生各种金币。

这里要注意,金币的面值有几种,大面值的应该比较少,所以不能等概率地产生 5 元、10 元、20 元的金币。这里提供一种"轮盘赌"的方法以不同概率产生不同面值的金币。方法如下:

随机产生一个小于 100 的正整数。如果此数字为 0～59,则产生 5 元金币;如果此数字为 60～85,则产生 10 元金币;如果此数字为 85～99,则产生 20 元金币。

同时,定时器函数不仅要产生金币,还有调整每个金币的位置(即金币下落)。这里要求是不同面值的金币下落速度不同,于是在定时器中需要区分不同面值的金币,根据面值的不同,设置不同金币下落的步长也不同。

思路二:用 3 个定时器函数产生各种金币。

既然不同面值的金币下落的速度不同,产生的速度也不同,不妨创建 3 个定时器,分别控制 3 种面值的金币的产生和下落。由于 3 个定时器的触发间隔不同,所以产生 3 种金币的概率自然也就不同。而且每个定时器只控制一种金币的下落,不再需要根据面值调整下落步长。

显然思路二比较好,本例就是采用这种方法。

还应当注意,为了使得金币的下落看起来比较顺畅自然,金币下落应该小步高频率行进。这样一来,如果每次金币下落都同时产生新的金币,则金币产生频率太高,最后满天都是金币,这样的游戏可玩性较差。所以本例采用下面的方法降低金币产生频率:

每次金币产生后,都产生一个随机数 interval,该数字表示下一个金币产生前 timerEvent 函数需要调用多少次。每次调用 timerEvent 函数时,interval 都减去 1,当该数字变为 0 时创建一个金币。

使得 interval 变为 0 的消息有可能是 5 元钱的定时器发出的,也可能是 10 元或 20 元的定时器发出的,不同的定时器消息处理过程不同,所以每次在定时器处理函数中产生的金币可能是不同的。又由于高面值定时器发出消息的频率低,所以产生的高面值钱币也比较少。

最后看一下如何判断人接住了金币。每个金币都包含在一个矩形内，人物也是如此。所以简单的判定方法就是判断金币的矩形和卡通人物的矩形是否相交，若有交集则说明人接住了金币。如果要更加精细地判别位图相交，则需要更加复杂的几何形状定义及其相交的算法，这里不再展开。

10.1.3 编程实现

本例使用基于 QWidget 的程序实现。将图 10-2 中各种位图作为 Qt 资源添加到工程中。这里卡通人物、金币、分数和剩余时间位图部分背景是透明的。注意，为了节省篇幅，这里将较大的位图缩小了，即不同位图之间的比例与工程中的位图大小比例是不相等的。

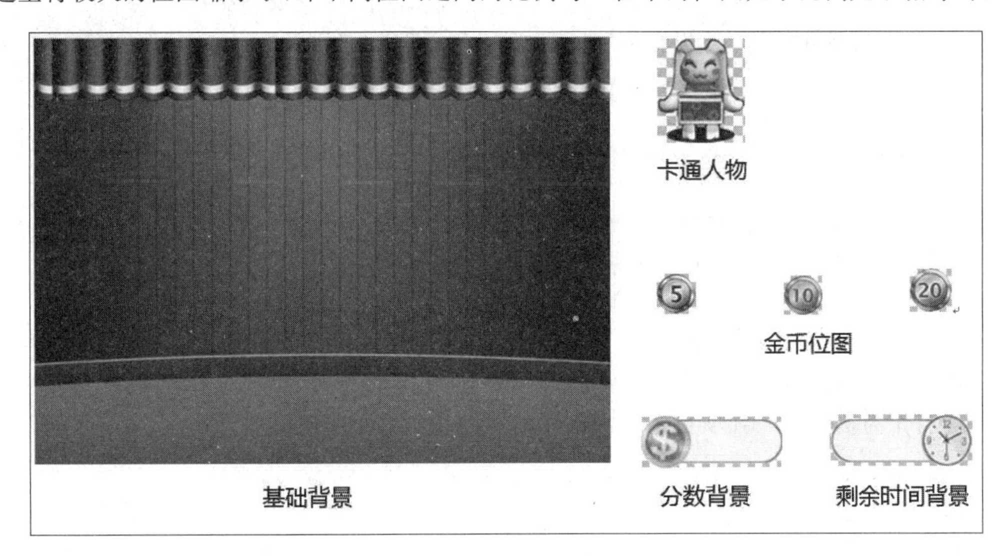

图 10-2 例子中的各种资源位图

首先在 widget.h 文件中添加 Money 结构体定义，用于表示不同的金币，在该结构体中加入 QRect 表示金币位置。另外加入一个 type 变量表示金币的类型，若是 -1 则表示隐藏金币，因为金币被接住或者落地后都要隐藏。

这里隐藏金币就是做个标记，在重绘时将不再显示，编程比较简单。如果要删除金币则比较麻烦，因为这里金币放在一个数组中，如果要彻底删除一个元素，则需要将该元素后的全部元素前移一个位置。

文件 widget.h 内容如下：

```
#include <QWidget>
#include <QLabel>
//定义金币
struct Money {
    QRect rc;                           //金币位置矩形
    int value;                          //面值
    int type;                           //-1(隐藏),0(5元),1(10元),2(20元)
```

```
};
class Widget : public QWidget
{
    Q_OBJECT
public:
    Widget(QWidget * parent=0);
    ~Widget();
    QRect pplRect;                          //包含人物的矩形
    //人物、背景位图,以及分数、剩余时间背景位图
    QPixmap picPPL, picBack, picScore, picTime;
    QPixmap goldPic[3];                     //三种金币位图
    Money gold[200];                        //最多产生 200 个各种金币
    //定时器编号,第一个用于倒计时,后 3 个控制金币产生和下落
    int timer0, timer1, timer2, timer3;
    int numOfCoins;                         //现有金币数
    int interval, score, stopWatch;         //下一次产生金币前调用函数次数、分数、秒表
protected:
    void paintEvent(QPaintEvent *);
    void keyPressEvent(QKeyEvent * e);
    void timerEvent(QTimerEvent * event);
};
```

在 widget.cpp 的构造函数中,要读入位图、创建定时器,并对变量初始化。注意这些位图应当作为资源加入到项目中。本例中这些位图放在 res 目录下。

```
#include "widget.h"
#include <QPainter>
#include <QKeyEvent>
#include <QDebug>
#include <ctime>
Widget::Widget(QWidget * parent) : QWidget(parent)
{
    picBack.load(":/res/bg.png");                   //加载背景位图
    picPPL.load(":/res/people.png");                //加载人物背景位图
    pplRect=QRect(5,385, picPPL.width(), picPPL.height());
    picScore.load(":/res/score.png");               //加载分数背景位图
    picTime.load(":/res/time.png");                 //加载剩余时间背景位图
    goldPic[0].load(":/res/5.png");                 //加载 5 元金币位图
    goldPic[1].load(":/res/10.png");                //加载 10 元金币位图
    goldPic[2].load(":/res/20.png");                //加载 20 元金币位图
    //创建并启动定时器
    timer0=this->startTimer(1000);                  //计时定时器
    timer1=this->startTimer(300);                   //5 元金币定时器
    timer2=this->startTimer(700);                   //10 元金币定时器
    timer3=this->startTimer(1400);                  //20 元金币定时器
```

```
    numOfCoins=0;                               //实际金币数
    srand(time(0));                             //使得产生的随机序列每次不同
    interval=0;
    score=0;                                    //分数
    stopWatch=90;                               //剩余时间
    setFocusPolicy(Qt::StrongFocus);
    resize(picBack.width(),picBack.height());
}
```

在绘图事件处理函数中，要画出程序的全局背景、分数背景和剩余时间背景。而分数和剩余时间则在 paintEvent 函数中画在相应的背景之上。

```
void Widget::paintEvent(QPaintEvent *)
{
    QPainter painter(this);
    //绘制背景位图
    painter.drawPixmap(0, 0, picBack.width(), picBack.height(), picBack);
    painter.drawPixmap(10,5, picScore.width(), picScore.height(),picScore);
                                                                    //分数背景
    painter.drawPixmap(picBack.width()-picTime.width()-10, 5,
        picTime.width(), picTime.height(), picTime);                //剩余时间背景
    painter.drawPixmap(pplRect, picPPL);                            //卡通人物
    //绘制金币
    for(int i=0; i<numOfCoins; i++)
    {
        if(gold[i].type>=0)                                         //隐藏的不画
            painter.drawPixmap(gold[i].rc, goldPic[gold[i].type]);
    }
    QFont font(tr("微软雅黑"), 15, QFont::Normal, false);
    painter.setFont(font);                                          //使用字体
    QRect rect(62,18,50,18);
    painter.drawText(rect,Qt::AlignCenter, QString::number(score));  //绘制分数
    QRect rect2(593,18,50,18);
    painter.drawText(rect2,Qt::AlignCenter, QString::number(stopWatch)+"秒");
}
```

在键盘按下事件处理函数中，要处理人物的移动。实际上，在 keyPressEvent 函数中仅仅是修改人物图片的横坐标，而后调用强制屏幕重绘制函数 update，最终在 paintEvent 函数中画出人物。

```
void Widget::keyPressEvent(QKeyEvent *e)
{
    switch(e->key())
    {
```

```
    case Qt::Key_Left:
        if(pplRect.left()>5)                        //未超出左边界
        {
            int x=pplRect.left() -5;
            pplRect.moveLeft(x);                    //左移5像素
        }
        update();
        break;
    case Qt::Key_Right :
        if(pplRect.right()<picBack.width()-5) //未超出右边界
        {
            int x=pplRect.left()+5;                 //右移5像素
            pplRect.moveLeft(x);
        }
        update();
        break;
    }
    QWidget::keyPressEvent(e);
}
```

在定时器事件处理函数中,生成金币,控制金币下落,并且记录剩余时间。

```
void Widget::timerEvent(QTimerEvent * event)
{
    if(numOfCoins>=200) return;                     //产生的金币不超过200
    if(event->timerId() ==timer0)
    {
        stopWatch--;                                //秒表倒计时
        return;
    }
    if(stopWatch ==0) {                             //时间到,清除所有定时器
        killTimer(timer0);
        killTimer(timer1);
        killTimer(timer2);
        killTimer(timer3);
    }
    //处理金币消失的情况
    for(int i=0; i<numOfCoins; i++)
    {
        if(gold[i].type !=-1 && pplRect.intersects(gold[i].rc))   //接住金币
        {
            score=score+gold[i].value;                            //计分
            gold[i].type=-1;                                      //隐藏金币
        }
        if(gold[i].type !=-1 && pplRect.bottom()<gold[i].rc.top())   //金币落地
```

```
        gold[i].type=-1;                                    //隐藏
    }
    //处理金币移动
    for(int i=0; i<numOfCoins; i++)
    {
        int y;
        if(gold[i].type ==0)
            y=gold[i].rc.top()+10;              //5元金币将移动到的位置
        if( gold[i].type ==1)
            y=gold[i].rc.top()+18;              //10元金币将移动到的位置
        if(gold[i].type ==2)
            y=gold[i].rc.top()+26;              //20元金币将移动到的位置
        gold[i].rc.moveTop(y);                  //移动金币
    }
    //若interval大于0,返回
    if(interval>0) {
        interval --;
        update();
        return;
    }
    //若interval等于0,则产生金币
    if(event->timerId() ==timer1)               //产生5元金币
    {
        //横坐标随机产生
        int x=rand()%(picBack.width()-goldPic[0].width()-20)+10;
        gold[numOfCoins].type=0;
        gold[numOfCoins]. rc = QRect (x, 77, goldPic [0]. width (), goldPic [0].
        height());
        gold[numOfCoins].value=5;
        numOfCoins++;
    }
    if(event->timerId() ==timer2)               //产生10元金币
    {
        int x=rand()%(picBack.width()-goldPic[1].width()-20)+10;
        gold[numOfCoins].type=1;
        gold[numOfCoins]. rc = QRect (x, 77, goldPic [1]. width (), goldPic [1].
        height());
        gold[numOfCoins].value=10;
        numOfCoins++;
    }
    if(event->timerId() ==timer3)               //产生20元金币
    {
        int x=rand()%(picBack.width()-goldPic[2].width()-20)+10;
        gold[numOfCoins].type=2;
```

```
        gold[numOfCoins].rc = QRect (x, 77, goldPic [2].width (), goldPic [2].
        height());
        gold[numOfCoins].value=20;
        numOfCoins++;
    }
    //再次产生间隔次数(interval 随机数)为 3~5
    interval=rand()%3+3;
    update();                                          //屏幕强制重绘
}
```

至此程序编写完成。当然这个游戏还有很多改进空间,例如增加开始按钮,增加难度设置等。

10.2 俄罗斯方块

10.2.1 编程任务描述

这里设计的俄罗斯方块游戏界面如图 10-3 所示。其中的 GO/PAUSE 按钮用于启动、暂停游戏,RESET 按钮用于重新初始化游戏。NEXT 区域显示下一个方块的形式,SCORE 区域显示玩家所获得的分数。

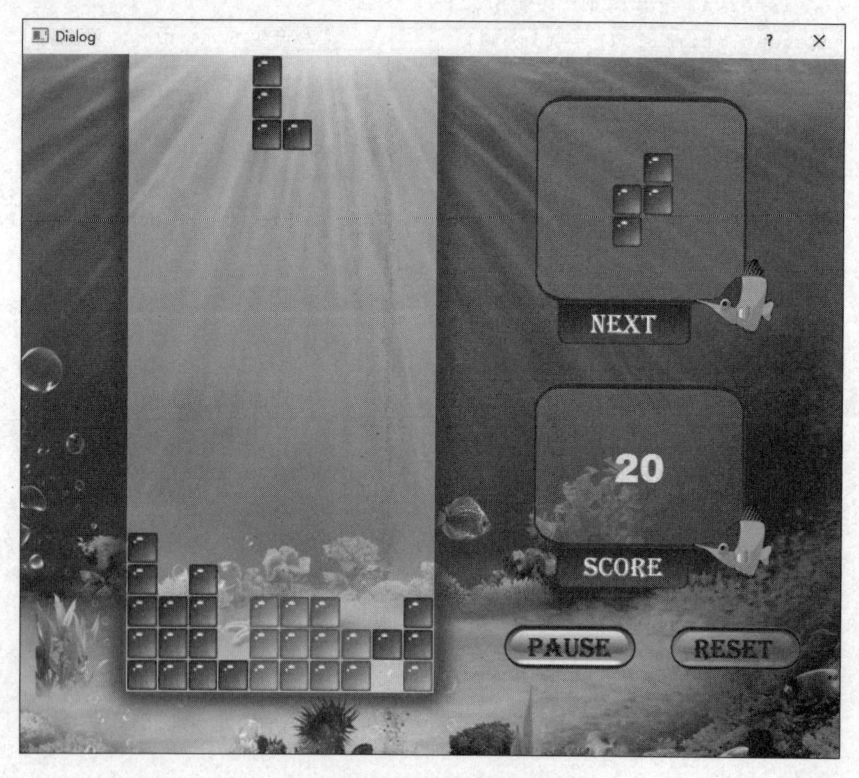

图 10-3 俄罗斯方块游戏界面

在游戏中可能出现的方块有 7 种，如图 10-4 所示。各种方块随机出现在顶部，并匀速下落，下落时可以被左右移动或旋转(以 90°为单位)，但不能超出背景上白色方框的边界。游戏者应尽量使白色方框内的一行被填满，一旦任意一行被填满就立即消失。消失的方块包含的小方格的总数目就是游戏者的得分。一旦方块落地或落在其他方块上就会固定住，无法移动或旋转，同时另一个方块出现在白色方框顶部。

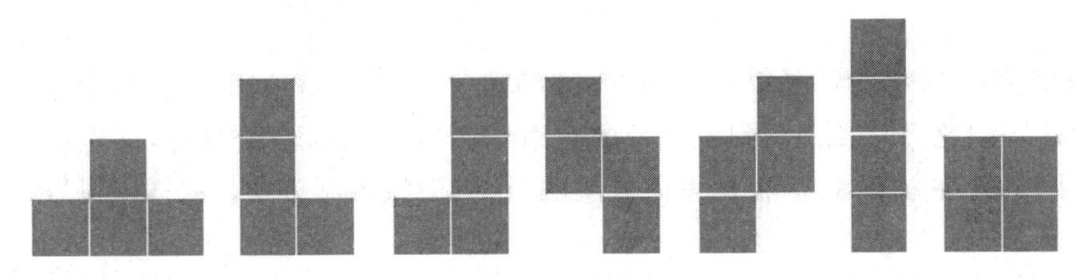

图 10-4 游戏中的各种方块

10.2.2 数据结构设计

背景上的白色方框共包含 20×10 个方格(如图 10-5 所示)，这是矩阵结构，可以用一个 20 行 10 列的二维数组表示，数组中每个数字代表图中的一个小方格。这里设定初始值全为 0，表示所有方格都是空区域。

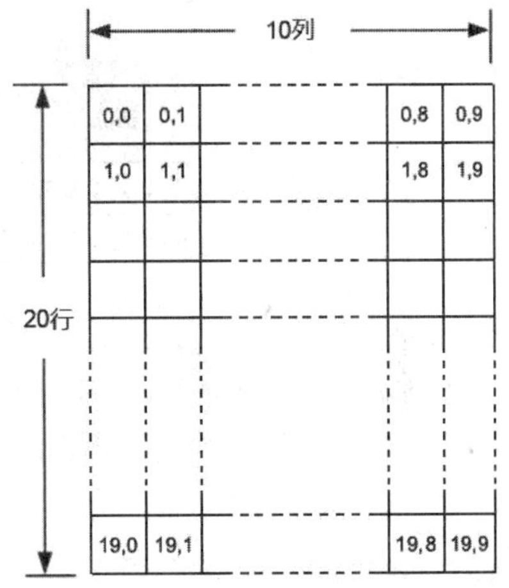

图 10-5 游戏的主场景数据结构

显然，不同颜色的小方格可以组成整个游戏界面，同时也可以组成不同的方块。如果用不同的数字表示不同颜色的小方格，那么 7 种方块就可以用 3×3、4×4 或者 2×2 的方格数组表示，如图 10-6 所示。

后面编写程序时，将为 7 种方块建立一个统一的类。为了程序处理得方便，可以将 7 种方块全部存储为 4×4 的二维数组。本书的做法是按图 10-7 所示的方式，将 3×3、2×2 的方块扩展成 4×4 的方块。只是在旋转方块时仍然将它们当作 3×3、2×2 的数组处理。

本程序将建立主场景类(基于 QWidget)和方块类两个类，它们各自都包含许多小方格，这些方

0	1	0
1	1	1
0	0	0

0	2	0
0	2	0
0	2	2

0	0	3
0	0	3
0	3	3

0	4	0
0	4	4
0	0	4

0	0	5
0	5	5
0	5	0

0	6	0	0
0	6	0	0
0	6	0	0
0	6	0	0

7	7
7	7

图 10-6 7 种方块的数据结构

格在主场景或方块类的窗体中都有自己的坐标(和二维数组的下标对应)，如图 10-5 和图 10-8 所示。方块在运动过程中，其自身的小方格和主场景中的一部分小方格是完全重

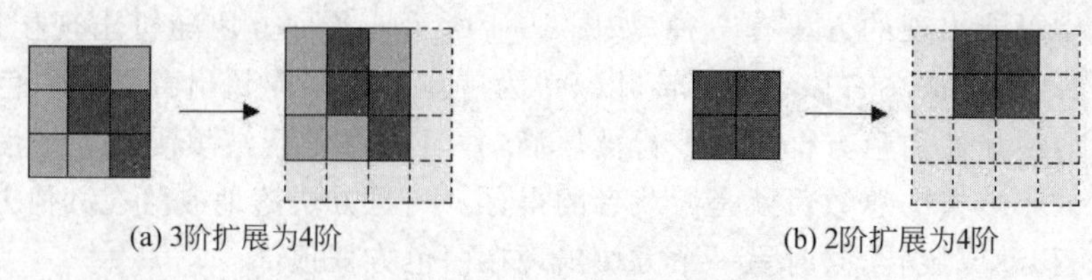

图 10-7 将 7 种方块的数组大小统一处理

合的，且方块的每次移动都是以一个小方格为单位。当方块落地固定后，方块中有颜色的格子将把这些颜色(即数字)写到主场景的数组中。以后在屏幕重绘时，首先根据主场景数组绘制固定的小方格，最后根据下落方块的位置、类型绘制方块。这样就可以正常绘制出游戏界面。

10.2.3 方块移动算法

由于方块可以 90°旋转，所以很多类型的方块就不适合用恰好包住方块的二维数组来存储。例如图 10-8 中右侧的方块，至少需要 3 行 3 列的数组才可以容纳方块旋转 90°的情形。另外，为了编程的方便，这里还将所有方块扩展为 4×4 的数组。

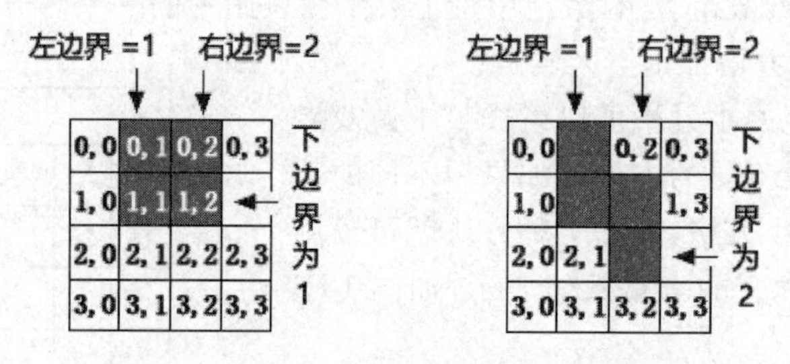

图 10-8 两种方块的坐标以及内容边界

这样就产生一个问题：整个方块区域的边界并非实际内容的边界，方块在移动过程中可能会有部分空的方块区域超出主场景坐标区域。图 10-9 分别给出了某种方块左移、右移、下移的极限位置。

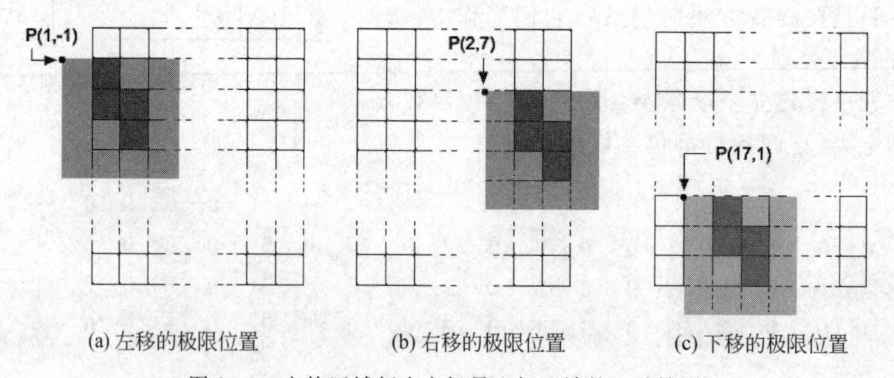

图 10-9 方块区域超出主场景坐标区域的 3 种情形

为了计算出一个方块移动的极限位置，需要了解当前方块的内容边界在哪里。需要知道的内容边界有左边界、右边界、下边界。图 10-8 中给出了两种方块的内容边界，其中左右边界是包含内容的左右极限位置的列下标，而下边界是包含内容的下方极限位置的行下标。由于内容边界随着方块的转动可能发生变化，因此这 3 种边界应该作为方块类的属性，并且应编写函数用于计算和更新内容边界。

另外，由于方块是在场景中移动的，所以需要知道当前方块相对于主场景的坐标位置，也就是图 10-9 中点 P 的坐标。如果 P 的坐标值记作(P_x, P_y)，那么方块局部坐标中的位置(i,j)和场景中的位置(P_x+i, P_y+j)恰好重合。

如果方块的内容边界为 L(左)、R(右)、D(下)。则无论 P 点在哪里，其坐标都应该满足下面条件：

$$P_y + L \geqslant 0 \quad \text{（等号成立时是左极限位置）}$$

$$P_y + R \leqslant 9 \quad \text{（等号成立时是右极限位置）}$$

$$P_x + D \leqslant 19 \quad \text{（等号成立时是下极限位置）}$$

上面是判断方块是否在白色方框中的条件，这只是合理移动的必要条件，实际上方块可能被场景中已有的固定方块阻挡。从图 10-9(a)还可以看出，P 点有可能位于主场景坐标之外。

除了上述条件之外，方块移动时还应满足下面 3 条约束：

(1) 向左侧移动时，其实际内容区的左侧不能是已经固定的方块。

(2) 向右侧移动时，其实际内容区的右侧不能是已经固定的方块。

(3) 向下方移动时，其实际内容区的下方不能是已经固定的方块。

于是，判断方块是否可以向左移动的算法如下：

(1) 若 $P_y+L-1<0$，则已经到达左极限位置，无法左移。

(2) 对于方块的第 0 到第 D 行，第 L 列到第 R 列的所有方格，当方格局部坐标中的(i,j)位置数字不为 0，同时对应主场景的$(P_x+i,\ P_y+j-1)$位置的数字也不为 0 时，则产生矛盾，无法左移。

(3) 如果不是上面两种情形，则方块可以左移。

判断方块是否可以向右移动的算法如下：

(1) 若 $P_y+R+1\geqslant 10$，则已经到达右侧极限位置，无法右移。

(2) 对于方块的第 0 到第 D 行，第 L 列到第 R 列的所有方格，当方格局部坐标(i,j)位置数字不为 0 时，同时对应主场景的$(P_x+i,\ P_y+j+1)$位置的数字也不为 0 时，则产生矛盾，无法右移。

(3) 如果不是上面两种情形，则方块可以右移。

判断方块是否可以向下移动的算法如下：

(1) 若 $P_x+D+1\geqslant 20$，则已经到达下方极限位置，无法向下移动。

(2) 对于方块的第 0 到第 D 行，第 L 列到第 R 列的所有方格，当方格局部坐标(i,j)位置数字不为 0，同时对应主场景的$(P_x+i+1,\ P_y+j)$位置的数字也不为 0 时，则产生矛盾，无法向下移动。

(3) 如果不是上面两种情形，则方块可以向下移动。

10.2.4　方块旋转算法

单击“向上”方向键可以使方块顺时针旋转 90°。对于 3×3、4×4 的方块，这里采用

图 10-10 的旋转方式。而对于 2×2 的正方形方块则不需要旋转。

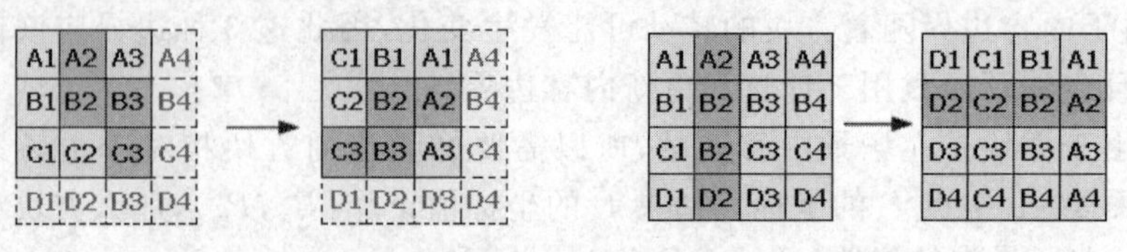

(a) 3×3方块旋转方式　　(b) 4×4方块旋转方式

图 10-10　方块的旋转方式

在某些情况下,旋转操作可能使方块超出主场景的边界。图 10-11(b)所示的情况是超出左边界的情形。同理,简单旋转后方块也可能超出主场景的右边界或下边界。因此本例优化了旋转过程,一旦发现方块旋转后超出边界,则适当调整方块位置,使得方块的内容恰好位于场景内部。

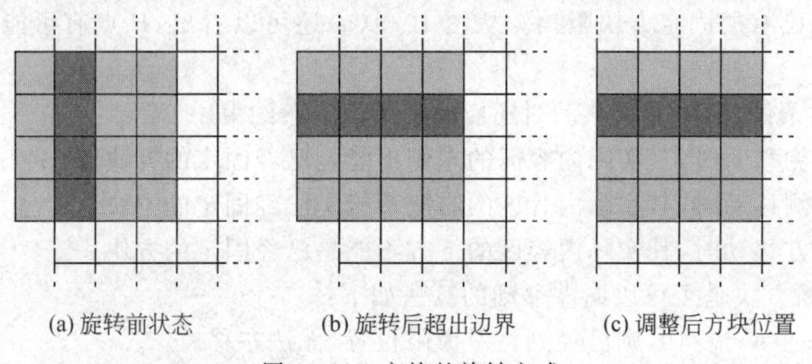

(a) 旋转前状态　　(b) 旋转后超出边界　　(c) 调整后方块位置

图 10-11　方块的旋转方式

旋转过程的算法如下:

(1) 将旋转后的方块数据存储到一个临时方块数组中。

(2) 计算临时方块的内容边界,即左、右、下边界。

(3) 判断临时方块在左、右、下 3 个方向是否超界,若超界则调整方块位置,使其退回场景内部。具体讲,假设方块坐标原点在主场景中位置是 $P(P_x,P_y)$,方块内容边界为 L(左)、R(右)、D(下),则有:

- 若 $P_y+L<0$,则 $P_y=-L$;　　//方块内容与左边界对齐
- 若 $P_y+R\geqslant 10$,则 $P_y=9-R$;　　//方块内容与右边界对齐
- 若 $P_x+D\geqslant 20$,则 $P_x=19-D$;　　//方块内容与下边界对齐

(4) 判断调整后的临时方块是否与场景中原有的方块冲突。就是对于方块的第 0 行到第 D 行,第 L 列到第 R 列的所有方格,若方格局部坐标 (i,j) 位置数字不为 0,同时主场景的 (P_x+i,P_y+j) 位置的数字也不为 0,则产生冲突,无法旋转。

(5) 若方块可旋转,则将临时方块的内容及其边界复制给当前活动方块。

旋转过程仅仅考察最终位置是否可以放下当前方块,不考虑转动过程中是否被阻挡,否则问题复杂度将大大提高。

10.2.5　位图素材准备

将以下图形素材准备好,以便编程序时使用。

- 背景图 bg. png,如图 10-12 所示。
- NEXT 区域显示的下一方块图,共 7 张图,如图 10-13 所示,从上至下、从左至右依次命名为 Type1. png 至 Type7. png。

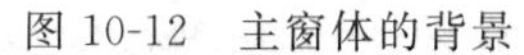
图 10-12 主窗体的背景

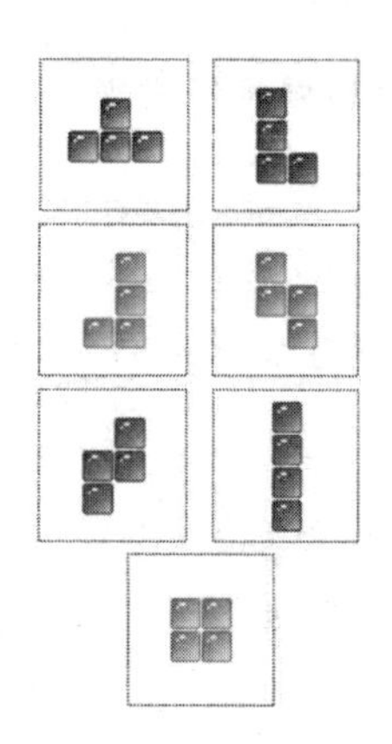

图 10-13 方块样例(背景透明)

- 每个小方格可能出现的位图,共 7 张图,如图 10-14 所示,从左至右依次命名为 grayBlock. png、blueBlock. png、cyanBlock. png、greenBlock. png、purpleBlock. png、redBlock. png、yellowBlock. png。
- 暂停按钮位图,如图 10-15 所示,共 3 张图,依次是 pause. png(常态)、pause_hover. png(悬浮)、pause_pressed. png(按下)。

图 10-14 可填充一个小方格的位图　　图 10-15 暂停按钮位图

- 开始按钮位图,如图 10-16 所示,共 4 张图,依次是 start. png(常态)、start_hover. png(悬浮)、start_pressed. png(按下)、start_disable. png(失效)。

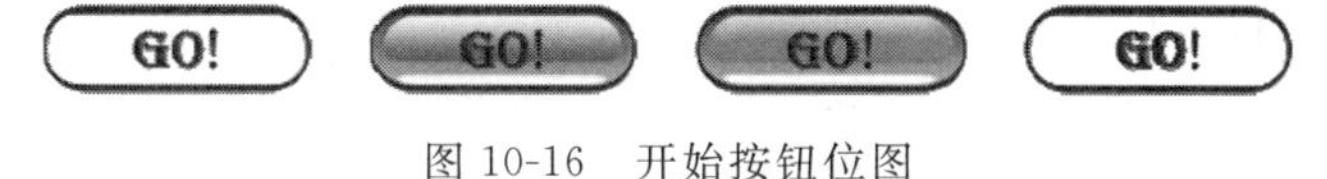

图 10-16 开始按钮位图

- 重置按钮位图,如图 10-17 所示,共 4 张图,依次是 reset. png(常态)、reset_hover. png(悬浮)、reset_pressed. png(按下)、reset_disable. png(失效)。

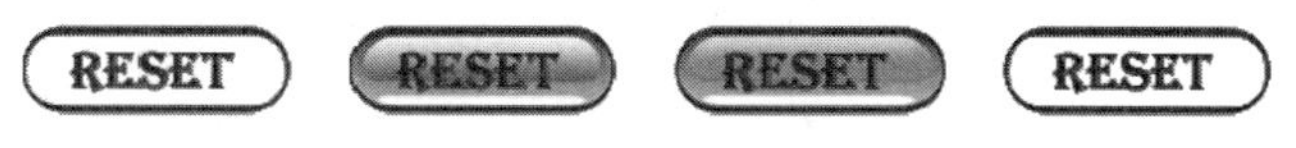

图 10-17 重置按钮位图

为了使得游戏界面更加美观,这里将方块样例图、小方格位图、按钮图的周边区域制作成透明或半透明的 png 格式位图,这些位图可使用 Photoshop 软件制作。

另外,方块样例图的边界实际上没有边框,这里显示有边框是为了说明它们是大小一致的位图。

10.2.6 程序实现过程

本程序是基于 QDialog 的窗口程序，同时利用 UI 设计界面进行布局。

1. 界面布局及样式表

在工程中添加 Qt Resource File，命名为 img. qrc。将 10.2.5 节中所有的位图素材复制到工程目录的 img 子目录下，并作为资源加入到 img. qrc 下。

首先设置主窗体的背景，在主窗体上添加样式如下：

```
QWidget#Dialog { background-image:url(:/img/bg.png); }
```

这时背景将出现在 UI 设计器中，然后在 UI 设计器中添加标签 labelNext(这是对象名)到 NEXT 区域，如图 10-18 所示；添加标签 labelScore 到 SCORE 区域，在 SCORE 下方添加按钮 startButton 和 resetButton，如图 10-19 所示。

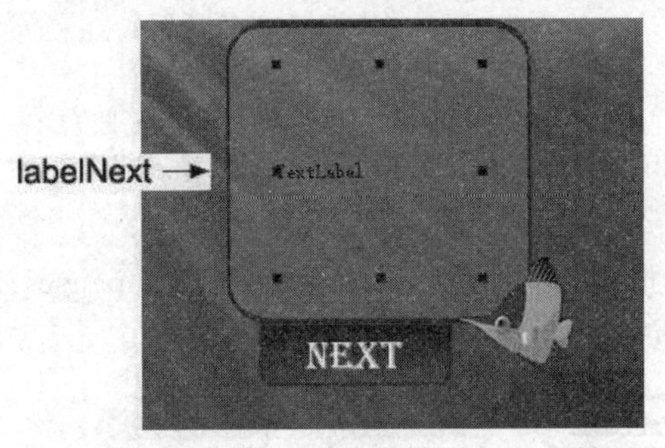

图 10-18　添加标签 labelNext

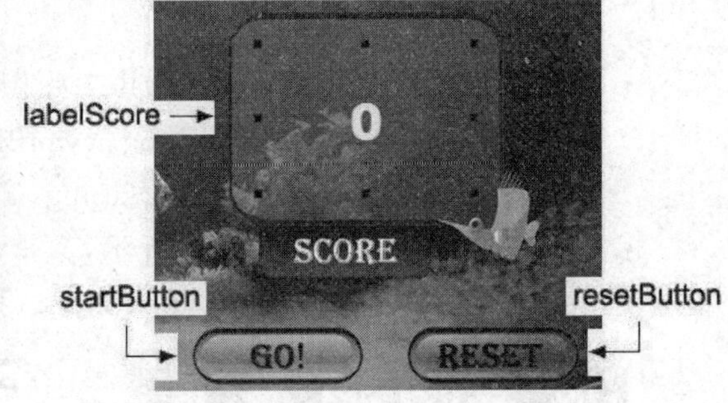

图 10-19　添加其他标签和按钮

为 labelNext 标签设置透明样式：

```
background:transparent;
```

为 labelScore 标签设置样式：

```
QLabel{
    background:transparent;
    color:Yellow;
    font:bold 26pt;
    font-family: "Arial Black";
}
```

这里将 startButton 按钮的 checkable(可选择)属性设为 true。利用该属性将 startButton 按钮分为两大类状态：程序运行态、程序暂停态。

- 当按钮 checked 属性为 false 时程序为暂停态，显示 4 张 GO 位图中的一张(根据鼠标相对于按钮的位置和游戏是否结束确定位图)，这时单击按钮可以开始(或继续)游戏。
- 当按钮 checked 属性为 true 时程序为运行态，显示 3 张 PAUSE 位图中的一张

（根据鼠标相对于按钮的位置确定位图），这时单击按钮可以暂停游戏。

也就是说，可以用 startButton 来启动或暂停游戏，与此按钮相关的槽函数 GoPause 实现了这些功能。

这里为 startButton 按钮设置样式如下：

```
//设置非 checked、非 hover(暂停态、非鼠标悬浮)时的情形
QPushButton:!hover {
    border-radius: 15px;
    background:transparent;
    image:url(:/img/start.png)
}
//设置鼠标悬浮其上时的情形
QPushButton:hover {
    border-radius: 15px;
    background:transparent;
    image:url(:/img/start_hover.png)
}
//设置鼠标按下时的情形
QPushButton:pressed {
    border-radius: 15px;
    background:transparent;
    image:url(:/img/start_pressed.png)
}
//设置按钮 checked(运行态)、鼠标悬浮时的情形
QPushButton:checked:hover {
border-radius: 15px;
background:transparent;
image:url(:/img/pause_hover.png)
}
//设置按钮 checked(运行态)、鼠标离开按钮时的情形
QPushButton:checked:!hover {
    border-radius: 15px;
    background:transparent;
    image:url(:/img/pause.png)
}
//设置按钮 checked(运行态)、鼠标按下时的情形
QPushButton:checked:pressed {
    border-radius: 15px;
    background:transparent;
    image:url(:/img/pause_pressed.png)
}
//设置启动/暂停按钮失效(游戏结束)时的情形
QPushButton::disabled {
    border-radius: 15px;
```

```
    background:transparent;
    image:url(:/img/start_disable.png)
}
```

按钮 resetButton 可以重新初始化游戏，即重玩按钮。这里为其设置样式：

```
QPushButton::disabled {
    border-radius: 15px;
    background:transparent;
    image:url(:/img/reset_disable.png)
}
QPushButton:enabled:!hover {
    border-radius: 15px;
    background:transparent;
    image:url(:/img/reset.png)
}
QPushButton:enabled:hover {           //设置鼠标悬浮其上时的情形
    border-radius: 15px;
    background:transparent;
    image:url(:/img/reset_hover.png)
}
QPushButton:enabled:pressed {
    border-radius: 15px;
    background:transparent;
    image:url(:/img/reset_pressed.png)
}
```

2. 方块类的实现

新建一个类 Block 用于表示各种方块。它存储自身数据，并且有内容边界属性以及类型、实际维数。Block 类还包含一个父窗口指针，用于获取主场景数据，然后就可以判断方块是否可以平移或旋转。

Block 类的头文件(block.h)如下：

```
#include <QObject>
#include <QDialog>
class Block : public QObject
{
    Q_OBJECT
public:
    explicit Block(QObject *parent=0);
    ~Block();
    int d[4][4];                              //方块内容数据,0是空,1~7有填充
    int content_L, content_R, content_D;      //实际内容边界
    int Type, dim;                            //方块类型、实际维数
```

```
    QDialog * Parent;                       //父窗口指针

    Block(int , QDialog * );                //构造函数
    void Initial(int);                      //方块初始化
    //计算方块数组 t 的内容边界,放入 L(左)、R(右)、D(下)
    void CalContentPos(int t[4][4], int &L, int &R, int &D);
    void tryRotate();                       //尝试旋转,可行则旋转,否则保持原状
    bool canMoveDown();                     //判断能否向下移动
    bool canMoveLeft();                     //判断能否向左移动
    bool canMoveRight();                    //判断能否向右移动
signals:
public slots:
};
```

Block 类的源文件(block.cpp)如下:

```
#include "block.h"
#include "dialog.h"
Block::Block(QObject * parent) : QObject(parent)
{  }
Block::~Block()
{  }
Block::Block(int type, QDialog * parent)
{
    Parent=parent;
    Type=type;
    Initial(Type);
}
void Block::Initial(int Type)
{
    //方块内容清空
    for(int i=0;i<4;i++)
        for(int j=0;j<4;j++)
        {    d[i][j]=0;    }
    if(Type ==1){                           //类型 1 方块初始化
        d[0][1]=1; d[1][0]=1; d[1][1]=1; d[1][2]=1; dim=3;
    } else if(Type ==2){                    //类型 2 方块初始化
        d[0][1]=2; d[1][1]=2; d[2][1]=2; d[2][2]=2; dim=3;
    } else if(Type ==3){                    //类型 3 方块初始化
        d[0][2]=3; d[1][2]=3; d[2][1]=3; d[2][2]=3; dim=3;
    } else if(Type ==4){                    //类型 4 方块初始化
        d[0][1]=4; d[1][1]=4; d[1][2]=4; d[2][2]=4; dim=3;
    } else if(Type ==5){                    //类型 5 方块初始化
        d[0][2]=5; d[1][2]=5; d[1][1]=5; d[2][1]=5; dim=3;
    } else if(Type ==6){                    //类型 6 方块初始化
```

```
        d[0][1]=6; d[1][1]=6; d[2][1]=6; d[3][1]=6; dim=4;
    } else if(Type ==7){                                //类型 7 方块初始化
        d[0][1]=7; d[0][2]=7; d[1][1]=7; d[1][2]=7; dim=2;
    }
    //计算方块内容边界
    CalContentPos(d, content_L, content_R, content_D);
}
void Block::tryRotate()
{
    int T[4][4]={0,0,0,0,0,0,0,0,0,0,0,0,0,0,0,0};
    //用临时数组 T 存储转动后的方块
    if(dim==3) {
        T[0][0]=d[2][0]; T[0][1]=d[1][0]; T[0][2]=d[0][0];
        T[1][0]=d[2][1]; T[1][1]=d[1][1]; T[1][2]=d[0][1];
        T[2][0]=d[2][2]; T[2][1]=d[1][2]; T[2][2]=d[0][2];
    }else if(dim==4) {
        T[0][0]=d[3][0]; T[0][1]=d[2][0]; T[0][2]=d[1][0]; T[0][3]=d[0][0];
        T[1][0]=d[3][1]; T[1][1]=d[2][1]; T[1][2]=d[1][1]; T[1][3]=d[0][1];
        T[2][0]=d[3][2]; T[2][1]=d[2][2]; T[2][2]=d[1][2]; T[2][3]=d[0][2];
        T[3][0]=d[3][3]; T[3][1]=d[2][3]; T[3][2]=d[1][3]; T[3][3]=d[0][3];
    }
    int left, right, down;
    //计算转动后临时方块 T 的内容边界,放入 left、right、down
    CalContentPos(T, left, right, down);
    Dialog * ptr=(Dialog * ) Parent;                    //父窗口指针
    int xLoc=ptr->blockLocX;
    int yLoc=ptr->blockLocY;
    if(yLoc+left<0) {                                   //超出左边界
        yLoc=-left;
    }
    if(yLoc+right>=10) {                                //超出右边界
        yLoc=9 -right;
    }
    if(xLoc+down>=20) {                                 //超出下边界
        xLoc=19 -down ;
    }
    //判断临时方块旋转后是否有冲突
    bool flag=true;
    for(int i=0; i<=down; i++)
        for(int j=left; j<=right; j++)
        {
            if(T[i][j]!=0 && ptr->Tetri[xLoc+i][yLoc+j]!=0)
                flag=false;
        }
```

```
    //若可旋转，则将临时方块及其边界复制给活动方块
    if(flag){
        for(int i=0;i<4;i++)
            for(int j=0;j<4;j++)
                d[i][j]=T[i][j];
        ptr->blockLocX=xLoc;
        ptr->blockLocY=yLoc;
        content_L=left;
        content_R=right;
        content_D=down;
    }
}
void Block::CalContentPos(int t[4][4],int &L, int &R, int &D)
{
    L=0 , R=0, D=0;
    for(int j=0;j<4;j++) {                    //计算左边界
        if(t[0][j]+t[1][j]+t[2][j]+t[3][j]>0)
        {    L=j; break;    }
    }
    for(int j=3;j>=0;j--) {                   //计算右边界
        if(t[0][j]+t[1][j]+t[2][j]+t[3][j]>0)
        {    R=j; break;    }
    }
    for(int i=3; i>=0; i--) {                 //计算下边界
        if(t[i][0]+t[i][1]+t[i][2]+t[i][3]>0)
        {    D=i; break;    }
    }
}
bool Block::canMoveDown()
{
    Dialog *ptr=((Dialog*) Parent);
    bool flag=true;
    int x=ptr->blockLocX;
    int y=ptr->blockLocY;
    if(x+content_D+1>=20)                     //下一行超出边界
        return false;
    //判断下一行有无阻挡
    for(int i=0; i<=content_D; i++)
        for(int j=content_L; j<=content_R; j++)
        {
            if(d[i][j]!=0 && ptr->Tetri[x+i+1][y+j]!=0)
                flag=false;
        }
    return flag;                              //若返回 true,表示可移动
```

```
}
bool Block::canMoveLeft()
{
    Dialog *ptr=((Dialog*) Parent);
    bool flag=true;
    int x=ptr->blockLocX;
    int y=ptr->blockLocY;
    if(y+content_L-1<0)                          //左侧相邻行超出边界
        return false;
    //判断左侧相邻行有无阻挡
    for(int i=0; i<=content_D; i++)
        for(int j=content_L; j<=content_R; j++)
        {
            if(d[i][j]!=0 && ptr->Tetri[x+i][y+j-1]!=0)
                flag=false;
        }
    return flag;                                 //若返回 true,表示可移动
}
bool Block::canMoveRight()
{
    Dialog *ptr=((Dialog*) Parent);
    bool flag=true;
    int x=ptr->blockLocX, y=ptr->blockLocY;
    if(y+content_R+1>=10)                        //右侧相邻行超出边界
        return false;
    //判断右侧相邻行有无阻挡
    for(int i=0; i<=content_D; i++)
        for(int j=content_L; j<=content_R; j++)
        {
            if(d[i][j]!=0 && ptr->Tetri[x+i][y+j+1]!=0)
                flag=false;
        }
    return flag;                                 //若返回 true,表示可移动
}
```

3. 主场景窗体类的实现

主窗体存储主场景数据，并且包含一个 Block 类对象。游戏绘图全部在屏幕重绘函数 paintEvent 中实现，同时定时器函数 timerEvent 控制方块自动下落，键盘事件处理函数 keyPressEvent 处理游戏者的操作。

对话框头文件 dialog.h 内容如下：

```
#include <QDialog>
#include <QPixmap>
```

```
#include "block.h"                    //包含方块类头文件
namespace Ui {
class Dialog;
}
class Dialog : public QDialog
{
    Q_OBJECT
public:
    explicit Dialog(QWidget *parent=0);
    ~Dialog();
    int Tetri[20][10];                //主场景每个小方格的数据,0是空,1~7有填充
    QPixmap pix[7];                   //7种可填充小方格的位图
    QPixmap pixNext[7];               //7种方块样例图
    int blockLocX, blockLocY;         //方块左上角在主场景的坐标
    bool Paused;                      //游戏是否暂停
    bool isBlockActive;               //方块是不是活动的(没有固定)
    Block *block;                     //活动方块对象指针
    int nextBlockType;                //下一个方块类型号
protected:
    void paintEvent(QPaintEvent *);
    void timerEvent(QTimerEvent *event);  //定时器响应函数
    void keyPressEvent(QKeyEvent *);      //键盘事件处理函数
    void DestroyLines();                  //删除填满的行
    int m_nTimerId;                       //定时器编号
    int score;                            //计分器
private:
    Ui::Dialog *ui;
public slots:
    void GoPause();                       //开始/暂停按钮的响应函数
    void Restart();                       //重置按钮单击响应函数
};
```

对话框源文件 dialog.cpp 内容如下：

```
#include "dialog.h"
#include "ui_dialog.h"
#include <QPainter>
#include <QTime>
#include <QKeyEvent>
Dialog::Dialog(QWidget *parent): QDialog(parent), ui(new Ui::Dialog)
{
    ui->setupUi(this);
    connect(ui->startButton,SIGNAL(clicked(bool)),this,SLOT(GoPause()));
    connect(ui->resetButton,SIGNAL(clicked(bool)),this,SLOT(Restart()));
```

```
    //加载填充小方格的位图
    pix[0].load(tr(":/img/grayBlock.png"));
    pix[1].load(tr(":/img/blueBlock.png"));
    pix[2].load(tr(":/img/cyanBlock.png"));
    pix[3].load(tr(":/img/greenBlock.png"));
    pix[4].load(tr(":/img/purpleBlock.png"));
    pix[5].load(tr(":/img/redBlock.png"));
    pix[6].load(tr(":/img/yellowBlock.png"));
    for(int i =0; i<20; i++)                           //主场景内容清空
        for(int j=0;j<10;j++) {
            Tetri[i][j]=0;
        }
    setFocusPolicy(Qt::StrongFocus);           //使得方向键可用
    //加载方块样例位图
    pixNext[0].load(tr(":/img/Type1.png"));
    pixNext[1].load(tr(":/img/Type2.png"));
    pixNext[2].load(tr(":/img/Type3.png"));
    pixNext[3].load(tr(":/img/Type4.png"));
    pixNext[4].load(tr(":/img/Type5.png"));
    pixNext[5].load(tr(":/img/Type6.png"));
    pixNext[6].load(tr(":/img/Type7.png"));
    //设置随机数种子,使得每次游戏开始时方块类型是随机的
    qsrand(QTime::currentTime().msec());
    nextBlockType=qrand()%7+1;                 //产生一个方块类型
    block=new Block(nextBlockType,this);   //创建一个方块对象
    ui->labelNext->setText(tr(""));
    //设定 NEXT 区域显示下一个方块
    ui->labelNext->setPixmap(pixNext[nextBlockType-1]);
    isBlockActive=false;    、                 //没有活动方块
    Paused=true;                               //初始时刻处于暂停
    score=0;                                   //得分清零
}
Dialog::~Dialog()
{
    delete ui;
}

void Dialog::paintEvent(QPaintEvent * )
{
    int xOrg=98, yOrg=1;                       //主场景白色方框左上角实际坐标
    int cellw=pix[0].width();
    int cellh=pix[0].height();
    QPainter painter(this);
    //绘制主场景中的已经固定的方块
```

```
    for(int i =0; i<20; i++)
        for(int j=0; j<10; j++) {
            if(Tetri[i][j]>0) {
                painter.drawPixmap(xOrg+j * cellw, yOrg+i * cellh,
                                      cellw, cellh, pix[Tetri[i][j]-1]);
            }
        }
    if(isBlockActive)                          //场景中有活动方块
    {
    //绘制当前活动方块
    int x=blockLocX, y=blockLocY;
    for(int i=0; i<=block->content_D; i++)
        for(int j=block->content_L; j<=block->content_R; j++)
        {
            if(block->d[i][j]!=0)
                painter.drawPixmap(xOrg+(y+j) * cellw, yOrg+(x+i) * cellh,
                                      cellw, cellh, pix[block->d[i][j]-1]);
        }
    }
    //在 NEXT 区显示下一个方块
    ui->labelNext->setPixmap(pixNext[nextBlockType-1]);
}
void Dialog::GoPause()
{
    if(ui->startButton->isChecked()) {      //按钮 checked 为真,游戏为运行态
    ui->resetButton->setEnabled(true);      //设置重玩按钮可用
    m_nTimerId=startTimer(500);             //建立定时器
    Paused=false;
    }else{
        //按钮 checked 状态为假,游戏处于暂停态
        Paused=true;                        //设暂停变量为真
        killTimer(m_nTimerId);              //清除定时器
    }
}
void Dialog::Restart()
{
    //主场景中方块清空
    for(int i =0;i<20;i++)
        for(int j=0;j<10;j++){
            Tetri[i][j]=0;
        }
    //分数清零
    score=0;
    QString str=QString::number(score);
```

```
    ui->labelScore->setText(str);
    Paused=true;
    isBlockActive=false;
    //start 按钮恢复初始状态
    ui->startButton->setChecked(false);
    ui->startButton->setEnabled(true);
    //reset 按钮失效
    ui->resetButton->setEnabled(false);
    killTimer(m_nTimerId);                    //清除定时器
    update();
}
void Dialog::timerEvent(QTimerEvent * )
{
    if(Paused) return;                        //暂停时不做任何动作
    if(!isBlockActive) {                      //没有活动方块
        //放入一个方块
        blockLocX=0;
        blockLocY=3;
        block->Initial(nextBlockType);
        //产生下一个方块的类型
        nextBlockType=qrand()%7+1;
        //方块进入活动状态
        isBlockActive=true;
    }else{                                    //有活动方块
        if(block->canMoveDown())              //方块可以向下移动
        {
            this->blockLocX++;
        }
        else                                  //方块无法向下移动
        {
            int x=blockLocX, y=blockLocY;
            //将方块内容合并到主场景中
            for(int i=0; i<=block->content_D; i++)
                for(int j=block->content_L; j<=block->content_R; j++)
                {
                    if(block->d[i][j]!=0)
                        Tetri[x+i][y+j]=block->d[i][j];
                    block->d[i][j]=0;
                }
            isBlockActive=false;              //方块处于非活动状态
            //若新进的方块一步也不能向下移动,则游戏结束
            if(blockLocX ==0) {
                Paused=true;
                ui->startButton->setChecked(false);
```

```
                ui->startButton->setEnabled(false);
            }
        }
        DestroyLines();                          //方块落地后,消除填满的行
    }
    this->update();                              //显示更新
}
void Dialog::keyPressEvent(QKeyEvent * e)
{
    if(Paused) return;                           //暂停时不做任何动作
    switch(e->key())
    {
        case Qt::Key_Left :                      //按左方向键
            if(block->canMoveLeft()) blockLocY--;
            break;
        case Qt::Key_Right :                     //按右方向键
            if(block->canMoveRight()) blockLocY++;
            break;
        case Qt::Key_Down :                      //按向下方向键
            if(block->canMoveDown()) blockLocX++;
            break;
        case Qt::Key_Up :                        //按向上方向键
            block->tryRotate();
            break;
    }
    DestroyLines();
    this->update();
    QDialog::keyPressEvent(e);
}
void Dialog::DestroyLines()
{
    for(int i =0;i<20;i++){                      //从上向下扫描
        bool full=true;
        for(int j=0;j<10;j++) {                  //判断第 i 行是否满
            if(Tetri[i][j] ==0) full=false;
        }
        //若第 i 行满则删除
        if(full) {
            int k=i;
            while(k>0) {
                for(int j=0;j<10;j++) { Tetri[k][j] =Tetri[k-1][j]; }
                k--;
```

```
            }
            for(int j=0;j<10;j++) Tetri[0][j]=0;
            //分数更新
            score=score+10;
            QString str=QString::number(score);
            ui->labelScore->setText(str);
        }
    }
}
```

本程序在NEXT区域显示下一方块位图时，没有用小方格位图拼接的方式实现（在主场景中、活动方块中正是这样做的），而是直接用一张完整的样例图显示，这样可以简化程序，同时样例图的显示也更标准，更易于控制。

在DestroyLines函数中，采用自上而下的扫描方式，当发现第i行已填满，就将第$i-1$行至第0行依次向下移动，从而实现消除。请思考为什么不能从第0行至第$i-1$行依次向下移动。

至此，俄罗斯方块程序基本完成。当然，如果要实现更多的功能，例如设置游戏难度、添加背景音乐甚至联网对战等，则需要更多的设计和编程工作。

10.3 游戏大厅界面

基于Internet网的棋牌类、休闲类互动小游戏是有着十几年历史的游戏软件，这在电脑软件领域堪称“老”字辈了。不过这类游戏软件的结构形式却始终没有质的改变。一般而言，都有一个称作“游戏大厅”的客户端软件，该客户端以可视化的形式向用户展示网上虚拟游戏厅的情况，同时游戏大厅还负责和服务端交流信息，从而使得所有玩家的游戏大厅信息同步，并且不同客户端之间还可以互动，也就是一起玩游戏。从早期的联众游戏大厅到QQ游戏大厅等都是这种软件结构的代表。

游戏大厅的界面比较复杂，充分体现了图形化界面编程的特点。本节编写一个图10-20所示的游戏大厅界面。

10.3.1 编程任务描述

一般的游戏大厅会管理数十种游戏，包括棋类游戏、扑克游戏等。这里只实现一个示意性的中国象棋大厅界面，不涉及具体的对弈界面的编程，同时也不实现任何网络相关的内容，也就是实现一个客户端的高仿界面，并模拟实现一些操作过程，这种模拟仅仅是为了让他人了解操作流程，与真实环境的程序逻辑有本质差别。

具体编程要求如下：

(1) 顶部栏中的按钮要实现一种自定义的样式，并且顶部栏背景可横向扩展。

(2) 窗体下方分为左右两栏，分栏可以左右调整。其中右侧是普通的树形结构和表格控件，左侧为虚拟游戏室界面。

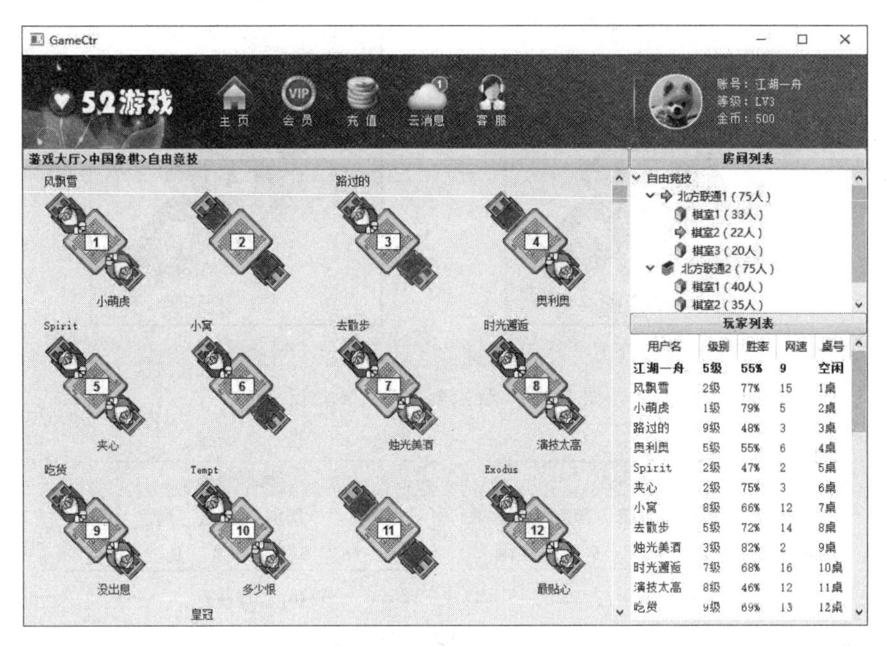

图10-20 游戏大厅界面

(3) 虚拟游戏室界面要实现下面的功能：

- 左右调整分栏时，根据窗口横向宽度自动调整桌子列的数目，使得桌子横向刚好排满，并向下扩展排列。这样一来，窗口仅仅需要竖向的滚动条。桌子编号自左向右、自上向下逐渐增大。如图10-21和图10-22所示。

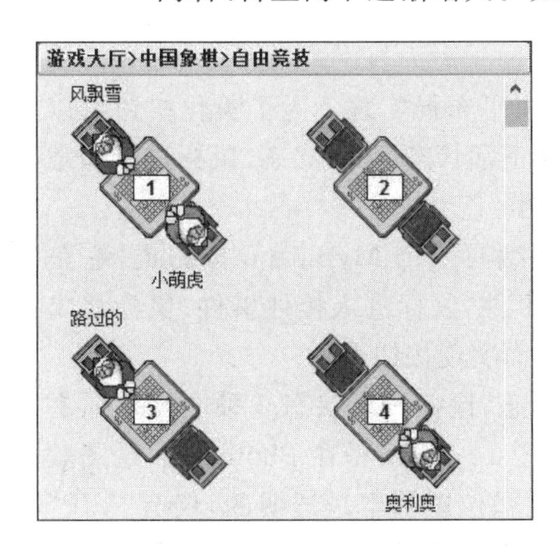

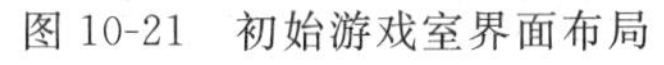
图10-21 初始游戏室界面布局

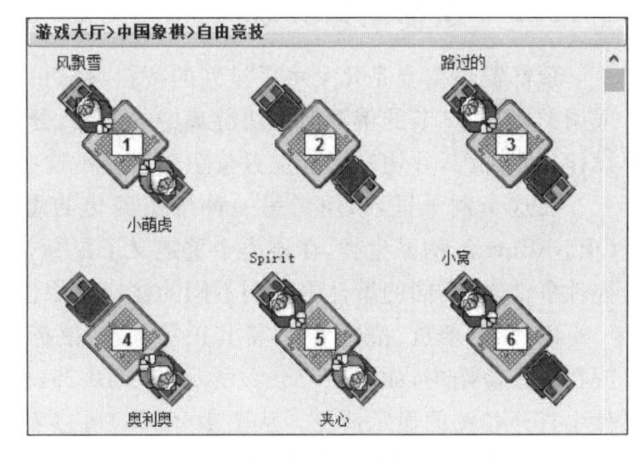

图10-22 窗口拉宽后游戏室界面布局

- 开始时玩家(称为“江湖一舟”)处于空闲状态，单击空座位玩家落座，如图10-23所示。
- 玩家坐在某一桌，或者玩家处于空闲状态，这些情况要在右侧“玩家列表”中实时体现出来，如图10-24所示。
- 如果玩家已落座，单击自己的图标则离开此游戏桌面，变为空闲状态。

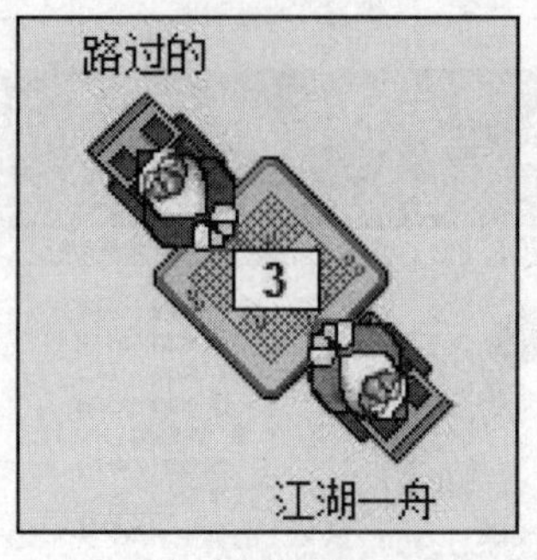

(a) 坐在右下方

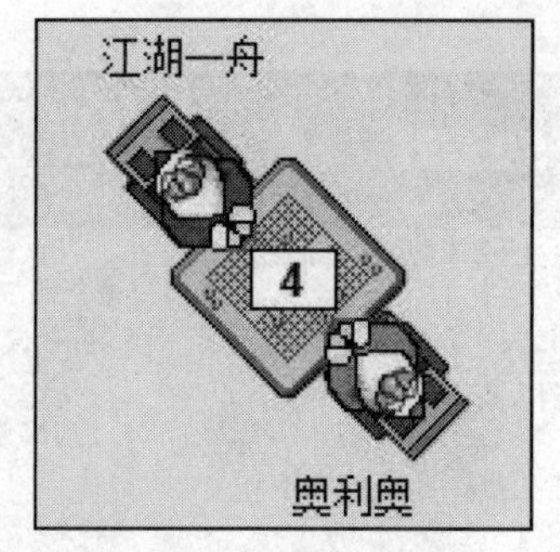

(b) 坐在左上方

图 10-23 玩家落座后显示情况

玩家列表				
用户名	级别	胜率	网速	桌号
江湖一舟	5级	55%	9	空闲

(a) 空闲状态

玩家列表				
用户名	级别	胜率	网速	桌号
江湖一舟	5级	55%	9	3桌

(b) 游戏状态

图 10-24 在列表中玩家状态

• 如果玩家已落座，单击其他空闲位置时，将提示“请先离开原来座位”。

整个界面可分成 3 部分：顶部、左下侧、右下侧。右下侧窗口最简单，是一个垂直排列的树形结构和表格结构，仅需要利用样式表对控件显示方式做一些设置即可。下面着重讲一下顶部和左下侧窗口的实现方案。

10.3.2 顶部窗口实现

顶部窗口主要是几个水平排列的按钮，这可以用水平布局实现。为了美化按钮可以采用类似 10.2 节的俄罗斯方块游戏中的做法，分别为正常状态、下压状态、鼠标进入状态设计几张位图，并用样式表设置按钮何时显示这些位图。

在这个例子里，采用了另一种按钮美化的思路：编写一个 MyButton 按钮类，它是 QPushButton 的派生类，在该类中重定义了鼠标按下事件、鼠标进入控件事件、鼠标移出控件事件，在不同的事件中绘制不同的按钮效果图，从而实现按钮美化。

以“VIP 会员”按钮为例，将其正常状态、鼠标悬浮态、鼠标按下状态 3 种图自左向右放在一张位图中，如图 10-25(a)所示。图 10-25(a)和图 10-25(b)是在 Photoshop 绘图软件中打开位图的显示情况。从图 10-25(a)可以看出这张位图基本是透明的，仅有“VIP”部分不透明，那么如何产生鼠标按下的效果呢？如果将这张位图后面放置一张深色的纯色图片，则效果如图 10-25(b)所示。可以看出，按钮位图中间部分和右侧部分的位图都是白色的半透明的位图，它们分别表示鼠标悬浮、鼠标按下的阴影效果。当要显示按钮的鼠标悬浮效果时，只需在第二张位图上叠加第一张位图即可。而显示鼠标按下效果时，则在第三张位图上叠加第一张位图即可。

为了使得顶部栏的背景图可以横向扩展，需要使用两张位图，背景位图通过样式表 background-image 进行设置，如图 10-26(a)所示，可重复铺满窗口。另一张图通过 image

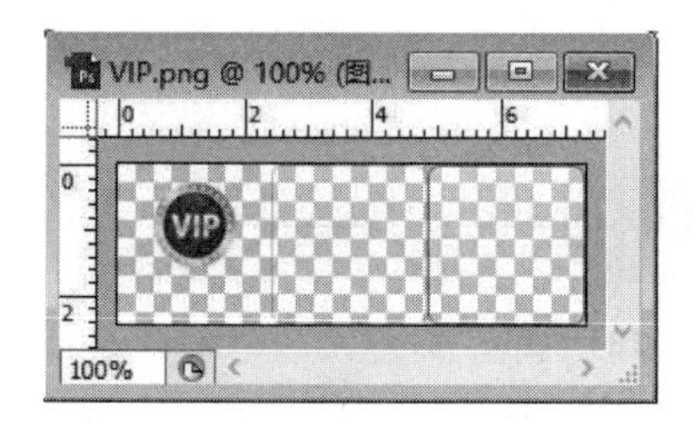

(a) 原始位图

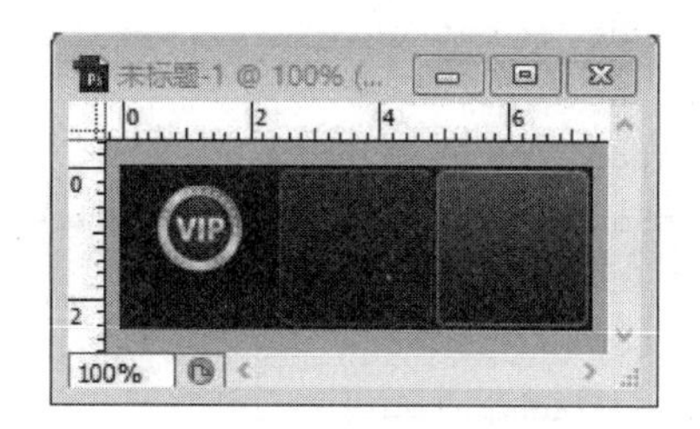

(b) 添加背景的位图

图 10-25 按钮的 3 种状态的位图

属性设置，如图 10-26(b)所示，它只显示一次，并且是左对齐显示在背景之前。由于铺满背景的位图和 image 设置的位图右侧可以无缝对接，所以当窗口扩展时，背景图也可以跟着扩展，且没有任何变形。

(a) 背景位图

(b) 由image属性设置的左侧位图

图 10-26 顶部栏背景位图

下面给出自定义按钮类的代码：

```
//以下代码是顶部按钮类头文件 MyButton.h
#include <QObject>
#include <QPushButton>
class MyButton : public QPushButton
{
    Q_OBJECT
public:
    MyButton(QWidget *parent=0);
    MyButton(QString& path, QString text, QWidget *parent=0);
    ~MyButton();
    enum BtnStatus{NORMAL, PRESSED, HOVER};            //按钮的 3 种状态
protected:
    void paintEvent(QPaintEvent *event);
    void mousePressEvent(QMouseEvent *event);
    void mouseReleaseEvent(QMouseEvent *event);
    void enterEvent(QEvent *event);                    //进入按钮事件函数
    void leaveEvent(QEvent *event);                    //离开按钮事件函数
private:
    BtnStatus m_status;                    //记录按钮是常规态、鼠标悬浮态还是下压状态
    QPixmap Img;                                       //按钮位图,包括 3 部分
    QString txt;                                       //按钮文字
};
//以下代码实现顶部按钮类源文件 MyButton.cpp
```

```
#include "mybutton.h"
#include <QPainter>
#include <QMouseEvent>
MyButton::MyButton(QWidget *parent) : QPushButton(parent)
{ }
MyButton:: MyButton ( QString& path, QString text, QWidget * parent ):
QPushButton(parent)
{
    Img=QPixmap(path);                              //初始化按钮位图
    QSize sz=Img.size();
    setFixedSize(QSize(sz.height(), sz.width()/3)); //控件和背景图一样大
    txt=text;                                       //按钮文字
}
MyButton::~MyButton()
{ }
void MyButton::paintEvent(QPaintEvent *)
{
    QPainter painter(this);
    int W=Img.width()/3;                            //取宽度为整个位图的 1/3
    int H=Img.height();
    switch(m_status)                                //根据不同状态绘制图片
    {
    case NORMAL: break;
    case HOVER:
        painter.drawPixmap(rect(),Img,QRect(W,0,W,H));
        break;
    case PRESSED:
        painter.drawPixmap(rect(),Img,QRect(2*W,0,W,H));
    }
    painter.drawPixmap(rect(),Img,QRect(0,0,W,H));
    painter.setFont( QFont("宋体",10));
    painter.setPen(Qt::white);
    painter.drawText(QRect(14,48,40,14),Qt::AlignCenter,txt);    //绘制文字
}
void MyButton::mousePressEvent(QMouseEvent *event)
{
    if(event->button()==Qt::LeftButton)
    {
        m_status=PRESSED;
        update();                                   //强制重绘
    }
}
void MyButton::mouseReleaseEvent(QMouseEvent *event)
{
```

```
    if(event->button() ==Qt::LeftButton && m_status ==PRESSED)
    {
        m_status=HOVER;
        emit clicked();                                    //发出信号
        update();                                          //强制重绘
    }
}
void MyButton::enterEvent(QEvent * )
{
    m_status=HOVER;
    update();                                              //强制重绘
}
void MyButton::leaveEvent(QEvent * )
{
    m_status=NORMAL;
    update();                                              //强制重绘
}
```

10.3.3 左下方窗口实现

左下方窗口可以按照图 10-27 的布局形式进行构建。其中较为复杂的是游戏室窗口，该窗口包含了许多游戏桌，由于每张桌子都要承担许多功能，例如响应鼠标操作、显示游戏玩家位图等，将游戏桌定义为一个由 QWidget 派生的类。

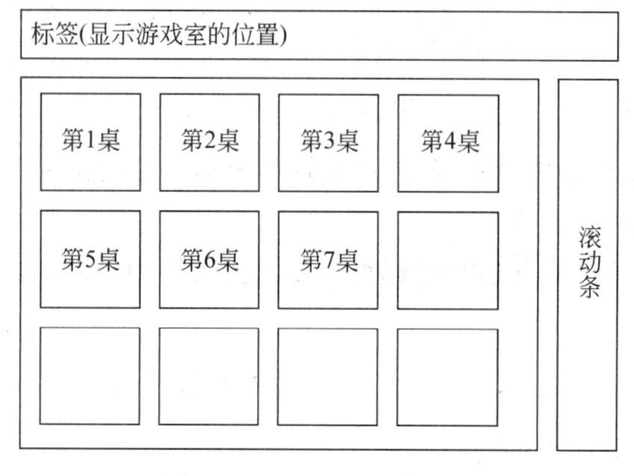

图 10-27 左下方窗体布局

1. 游戏桌类 gameTable 的实现

程序中用 tabID 存储桌子的编号。

一个游戏桌可能有两个玩家，可能只有一个玩家，也可能是空桌子，因此这里定义 bool 类型 beSeated 数组表示座位是否有人就座，beSeated[0]表示左上方座位的情况，beSeated[1]表示右下方座位的情况，若取值为“真”代表有人就座。同时定义 QString 数组 playerID 存储两个座位玩家的账号，playerID[0]和 playerID[1]分别表示左上方和右下方玩家，若无人就座则该变量为空串。

单击空座位后玩家落座。如果玩家已落座，单击自己的图标则离开此游戏桌。因此需要判断鼠标是否位于座位区域，这里定义 QRect 数组 pplRect 存储两个座位的位置矩形，pplRect[0]和 pplRect[1]分别表示左上方和右下方的座位区域，这两个区域如图 10-28 中的矩形所示。

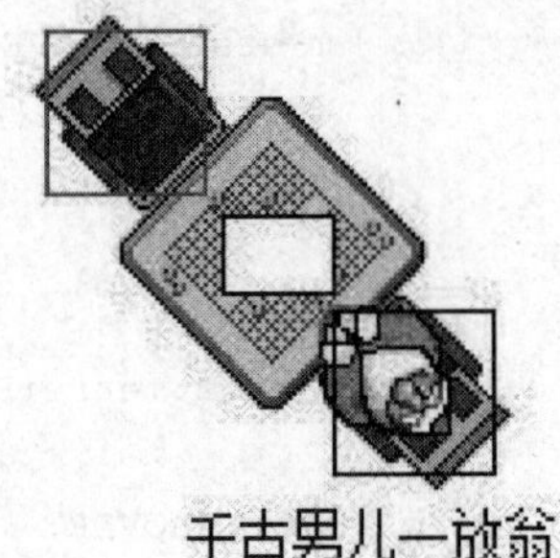

图 10-28　两个座位区域

类的构造函数原型如下：

```
GameTable (int id, bool seate1, bool seate2,
QString id1, QString id2,QWidget * parent);
```

其参数分别用于初始化桌子的编号、两个座位是否有人、两个玩家的 ID。

另外，还定义了 3 个位图变量分别表示空桌子位图(图 10-29)、玩家 1 位图(图 10-30)和玩家 2 位图(图 10-31)。3 张图大小一致，图中的网格部分为透明区域。

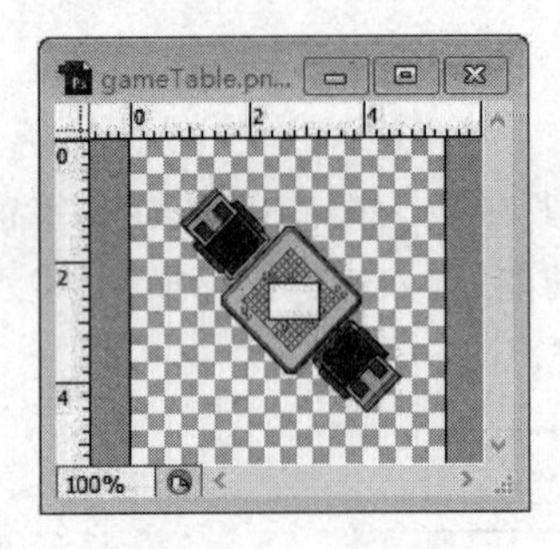

图 10-29　空桌子

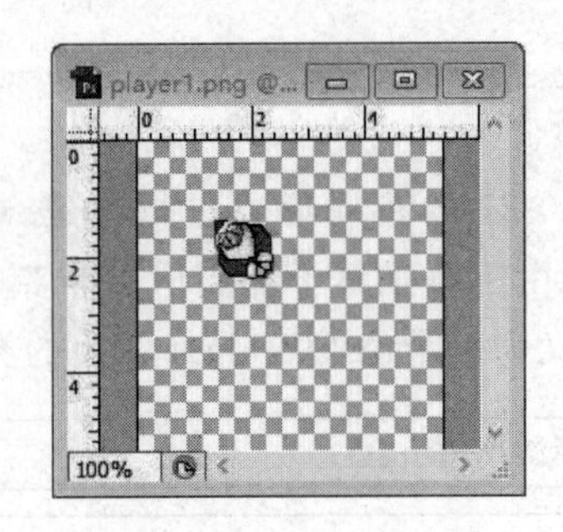

图 10-30　玩家 1

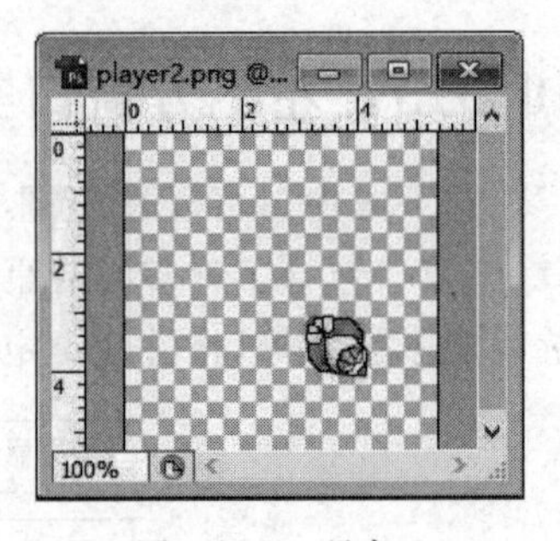

图 10-31　玩家 2

绘制桌面时，首先将空桌子画好，然后根据情况叠加绘制玩家 1 或玩家 2 即可。这些操作在函数 paintEvent 中实现。

为了实现玩家自己位置变动时能够实时在右侧表格中反映出来，这里自定义了一个信号：

```
void changeSeatTo(int tabID)          //发送最新的桌子编号
```

下面给出 gameTable 类的代码：

```
//下面是游戏桌 GameTable 类的头文件
#include <QObject>
#include <QWidget>
#include <QPushButton>
class GameTable : public QWidget
{
    Q_OBJECT
public:
    explicit GameTable(QWidget *parent=0);
```

```
    GameTable(int id, bool seate1, bool seate2, QString id1, QString id2,
                                              QWidget * parent=0);
    QPixmap picBack, picPlayer[2];                //3 张位图
    bool beSeated[2];                             //座位是否有人
    QRect pplRect[2];                             //两个座位矩形
    QString playerID[2];                          //两个玩家名字
    int tabID;
protected:
    void paintEvent(QPaintEvent * event);
    void mousePressEvent(QMouseEvent * event);
    void mouseMoveEvent(QMouseEvent * event);
signals:
    void changeSeatTo(int tabID);
public slots:
};
//下面是游戏桌 GameTable 类的源程序
#include "gametable.h"
#include <QPainter>
#include <QMouseEvent>
#include <QMessageBox>
int mytable=-1;                          //全局变量,表示"我"在那一桌,-1 表示空闲
GameTable::GameTable(QWidget * parent) : QWidget(parent)
{ }
GameTable::GameTable(int id, bool seated1, bool seated2,QString id1, QString id2,
                     QWidget * parent) : QWidget(parent)
{
    picBack=QPixmap(":/img/gameTable.png");      //空桌子位图
    picPlayer[0]=QPixmap(":/img/player1.png");   //玩家 1 位图
    picPlayer[1]=QPixmap(":/img/player2.png");   //玩家 2 位图
    resize(picBack.width(),picBack.height());
    pplRect[0]=QRect(26,26,37,37);                //座位 1 的区域
    pplRect[1]=QRect(91,88,37,37);                //座位 2 的区域
    //初始化座位情况、玩家 ID、桌子编号
    beSeated[0]=seated1;
    beSeated[1]=seated2;
    playerID[0]=id1;
    playerID[1]=id2;
    tabID=id;
    this->setMouseTracking(true);                      //捕捉鼠标移动信息
}
void GameTable::paintEvent(QPaintEvent * )
{
    QPainter painter(this);
    painter.drawPixmap(0,0,picBack);                   //绘制空桌子
```

```
    int txtX[2]={23, 79}, txtY[2]={16,142};            //ID显示位置
    for(int i=0; i<2; i++)
    {
        if(beSeated[i])
        {
            painter.drawPixmap(0,0,picPlayer[i]);      //绘制人物位图
            painter.drawText(txtX[i],txtY[i], playerID[i]);  //绘制名称 ID
        }
    }
    QString tableID=QString::number(tabID);
    painter.setFont(QFont("Arial",10,QFont::Bold));
    painter.drawText(QRect(67,67,24,17),Qt::AlignCenter, tableID);   //桌子编号
    painter.setFont(QFont("宋体",10));
}
void GameTable::mousePressEvent(QMouseEvent * event)
{
    if(event->button()==Qt::LeftButton)
    {
        for(int i=0;i<2; i++)                          //对两个座位都作出一样的处理
        {
            QPoint pt=event->pos();
            if(pplRect[i].contains(pt))                //在座位区单击
            {
                if(!beSeated[i]) {                     //该座位目前空
                    int j=(i+1)%2;                     //另一个人对应的数组下标
                    if((mytable>0 && mytable!=tabID) ||
                        (mytable==tabID && playerID[j]=="江湖一舟")) {
                        QMessageBox::about(this,"Info",tr("请先离开原来座位!"));
                        return;
                    }
                    mytable=tabID;                     //设置新的桌子编号
                    emit changeSeatTo(mytable);        //发信号:坐到新位置
                    beSeated[i]=true;                  //设置座位状态
                    playerID[i]=tr("江湖一舟");         //设置玩家 ID
                }else{                                 //该座位有人
                    if(mytable==tabID&& playerID[i]==tr("江湖一舟")){
                        mytable=-1;                    //离开座位
                        beSeated[i]=false;             //设置座位状态
                        playerID[i]=tr("");            //无人,故 ID 为空
                        emit changeSeatTo(mytable); //发信号:玩家空闲
                        QMessageBox::about(this,"Info",tr("你离开了座位!"));
                    }
                }
            }
```

```
        }
        update();                                   //重绘屏幕
    }
}
//鼠标移动到座位处,鼠标变为手形,当离开座位区时鼠标恢复为指针
void GameTable::mouseMoveEvent(QMouseEvent * event)
{
    QPoint pt=event->pos();
    if(pplRect[0].contains(pt) || pplRect[1].contains(pt))
        setCursor(Qt::PointingHandCursor);
    else
        setCursor(Qt::ArrowCursor);
}
```

2. 游戏室类 gameLobby 的实现

再来看整个游戏室窗口的情况。随着分割条的左右移动,窗口内的所有桌子要自动重新排列。另外,游戏室窗口需要作为整体在滚动条控制下上下滚动,以便可以观察每一个桌子的情况。显然,将游戏室定义为一个类也是很自然的选择。

一个游戏室一定有很多桌子,因此在游戏室类中定义了 GameTable 类型的数组 gTable,同时定义字符串数组 id 存放每个人的名字。另外定义 curTabNum、curPPLNum 表示实际使用的桌子数和实际玩家人数。

为了实现分割条左右移动时,窗口内所有的桌子要重新排列。这里定义了 adjustSize 函数。当父窗口宽度变化时,该函数被调用。

```
//下面是游戏桌室 gameLobby 类的头文件
#include <QObject>
#include <QWidget>
#include "gametable.h"
class gameLobby : public QWidget
{
    Q_OBJECT
public:
    explicit gameLobby(QWidget * parent=0);
    int adjustSize(int);
    GameTable * gTable[30];                     //假设最多有 30 张桌子
    QString id[50];                             //假设最多有 50 个人
    int curTabNum, curPPLNum;                   //实际桌子数、人数
};
//下面是游戏室 gameLobby 类的源程序
#include "gamelobby.h"
#include <QResizeEvent>
#include <QDebug>
```

```
gameLobby::gameLobby(QWidget * parent) : QWidget(parent)
{
    //s1[k]、s2[k]为第 k+1 张桌子的两个人,空串代表座位空
    QString s1[]={"风飘雪","","路过的","", "Spirit", "小窝","去散步","时光邂逅",
        "吃货", "Tempt","","Exodus","","皇冠","","","不听话","回忆","花落季",
        "没有错", "", "" };                          //全部桌子座位 1 的情况
    QString s2[]={"小萌虎","","","奥利奥","夹心","","烛光美酒","演技太高",
        "没出息", "多少恨", "", "最贴心","Ronin","","忍心放开","", "小尾巴",
        "","西瓜", "","蝉声", "" };                  //全部桌子座位 2 的情况
    curTabNum=22;                                   //假定有 22 张桌子
    curPPLNum=0;
    for(int i=0;i<curTabNum;i++) {
        if(s1[i]!="") { id[curPPLNum] =s1[i]; curPPLNum++; }
        if(s2[i]!="") { id[curPPLNum] =s2[i]; curPPLNum++; }
        bool seat1=s1[i]=="" ? false:true;
        bool seat2=s2[i]=="" ? false:true;
        gTable[i]=new GameTable(i+1,seat1,seat2,s1[i],s2[i],this); //初始化桌子
    }
}
int gameLobby::adjustSize(int width)
{
    if(gTable[0]==NULL) return -1;
    int w =gTable[0]->width(), h=gTable[0]->height();
    int col=width / w;                              //计算每一行放几张桌子
    if(col<1) col =1;                               //一行最少放一张桌子
    int row=curTabNum/col;                          //计算桌子重排后要放置多少行桌子
    int offset= (width -col * w)/col;               //计算横向桌子间距,以便均匀放置桌子
    for(int i=0; i<=row; i++)
    {
        int j=0;
        while(i * col+j<curTabNum && j<col)
        {                                           //设置每张桌子的位置
            gTable[i * col+j]->setGeometry(j * (w+offset), i * h, w,h);
            j++;
        }
    }
    this->resize(col * (w+offset),(row+1) * h);     //重设游戏室窗口长和宽
    return(row-1) * h;                              //返回需要滚动的长度
}
```

这里人为预定义了一些玩家,模拟棋牌室中各种可能的情况。

3. 包含游戏室的滚动窗口类的实现

为了使游戏室窗口在滚动条控制下滚动,可以将游戏室 gameLobby 类和 QScrollBar

类合在一起组成一个新的类。同时在该类中定义了 resizeEvent 函数,它是窗口大小变化事件的响应函数。在 resizeEvent 函数中调用了 gameLobby 类的 adjustSize 函数,这意味着窗口大小一旦变化,gameLobby 类就调整桌子的排列。

```
//下面是滚动窗口类的头文件 myscrollwin.h
#include <QObject>
#include <QWidget>
#include <QScrollBar>
#include "gamelobby.h"
class MyScrollWin : public QWidget
{
    Q_OBJECT
public:
    explicit MyScrollWin(QWidget *parent=0);
    gameLobby *gLobby ;
    QScrollBar *VScrollbar;
protected:
    void resizeEvent(QResizeEvent *e);
public slots:
    void MoveView(int len);
};
//下面是滚动窗口类的源程序 myscrollwin.cpp
#include "myscrollwin.h"
#include <QResizeEvent>
MyScrollWin::MyScrollWin(QWidget *parent) : QWidget(parent)
{
    gLobby=new gameLobby(this);
    VScrollbar=new QScrollBar(this);
    //将滚动条信号与滚屏函数联系起来
    connect(VScrollbar,SIGNAL(valueChanged(int)),this,SLOT(MoveView(int)));
}
//滚动条移动 len(向下为正),游戏室窗口向上移动 len
void MyScrollWin::MoveView(int len)
{
    gLobby->move(0, -len);
}
void MyScrollWin::resizeEvent(QResizeEvent *)
{
    if(gLobby==NULL || VScrollbar==NULL) return;
    QRect rc=rect();
    VScrollbar->setGeometry(rc.width()-19, 0, 18, rc.height());
    int lobbyHeight=gLobby->adjustSize(rc.width()-18);          //调整桌子排列
    VScrollbar->setRange(0,lobbyHeight);                       //设置滚动长度
}
```

有了上面这几个类，就可以写出总的主窗体类了。

10.3.4 主窗体的实现

本程序可以基于 QWidget 窗体实现，在主窗体的构造函数中将创建顶部按钮、右下方的树状控件、表格控件以及左下方的滚动窗口类对象。

顶部按钮用横向布局管理器布置，而右下方窗体用垂直布局管理器布置控件。为了让“房间列表”“玩家列表”等标题显示得更美观，这里使用了用样式表设置的标签控件。另外该类定义了 UpdateUserTab 函数，处理来自游戏桌的信号，以便实时更新玩家列表的内容。

```
//下面是主窗体的头文件 widget.h
#include <QWidget>
#include <QLabel>
#include "mybutton.h"
#include "gamelobby.h"
#include <QTableWidget>
#include <QTreeWidget>
class Widget : public QWidget
{

    Q_OBJECT
    //顶部栏按钮
    MyButton * WebPageBtn, * VIP_Btn, * CoinBtn, * CloudBtn, * ServiceBtn;
    QLabel * UserLab;                                   //用户信息
    QTreeWidget * tree;                                 //树形结构
    QTableWidget * pplTable;                            //表格结构
public:
    explicit Widget(QWidget * parent=0);
    ~Widget();
public slots:
    void UpdateUserTab(int tabID);                      //处理来自游戏桌子的换桌信号
};
//下面是主窗体的代码 widget.cpp
#include "widget.h"
#include <QHBoxLayout>
#include <QVBoxLayout>
#include <QSplitter>
#include <QHeaderView>
#include <QMessageBox>
#include "myscrollwin.h"
Widget::Widget(QWidget * parent) : QWidget(parent)
{
```

```
//顶部栏初始化
QWidget *topBar=new QWidget(this);
WebPageBtn=new MyButton(":/img/WebPage.png","主 页");
VIP_Btn=new MyButton(":/img/VIP.png","会 员");
CoinBtn=new MyButton(":/img/Coin.png","充 值");
CloudBtn=new MyButton(":/img/Cloud.png","云消息");
ServiceBtn=new MyButton(":/img/service.png","客 服");
UserLab=new QLabel;                        //显示用户信息,用位图代表
UserLab->setPixmap(QPixmap(":/img/User.png"));
topBar->setStyleSheet(QString(".QWidget { \
    background-image: url(:/img/titleBg2.png); \
    background-position: top left; \
    image: url(:/img/titleBg.png); image-position: top left; }"));
topBar->setFixedHeight(98);
topBar->setMinimumWidth(972);
QHBoxLayout *m_topLayout=new QHBoxLayout;  //顶部栏水平布局管理器
m_topLayout->addSpacing(195);
m_topLayout->addWidget(WebPageBtn, 0);
m_topLayout->addWidget(VIP_Btn, 0);
m_topLayout->addWidget(CoinBtn, 0);
m_topLayout->addWidget(CloudBtn, 0);
m_topLayout->addWidget(ServiceBtn, 0);
m_topLayout->addStretch();
m_topLayout->addWidget(UserLab,0);
m_topLayout->addSpacing(127);
m_topLayout->setSpacing(0);                //按钮与按钮之间没有间隔
m_topLayout->setContentsMargins(0, 0, 0, 0);
topBar->setLayout(m_topLayout);
//左下方窗口初始化
QLabel *lobbyLab=new QLabel("游戏大厅>中国象棋>自由竞技");
lobbyLab->setFont(QFont("宋体",10,QFont::Bold));
lobbyLab->setStyleSheet(QString(".QLabel { border: 2px solid gray;\
                    border-image:url(:/img/labelBg.png);}"));
lobbyLab->setFixedHeight(23);
MyScrollWin *lobbyWin=new MyScrollWin(this);   //创建游戏室窗口
//右下方窗口初始化
QLabel *roomLab=new QLabel("房间列表");        //创建标题标签
roomLab->setFont(QFont("宋体",10,QFont::Bold));
roomLab->setAlignment(Qt::AlignCenter);
roomLab->setStyleSheet(QString(".QLabel{ border: 2px solid gray; \
                    border-image:url(:/img/labelBg.png);}"));
roomLab->setFixedHeight(23);
tree=new QTreeWidget(this);
```

```
tree->setColumnCount(1);                          //设置 QTreeWidget 的列数
tree->setHeaderHidden(true);                      //设置 QTreeWidget 标题头隐藏
tree->setIndentation(15);                         //设置缩进
tree->setFrameShape(QFrame::NoFrame);             //去掉边框
QTreeWidgetItem * root=new QTreeWidgetItem(tree);   //创建树的根节点
root->setText(0, "自由竞技");
QTreeWidgetItem * host1=new QTreeWidgetItem(root,QStringList("北方联通 1
(75人)"));
host1->setIcon(0,QIcon(":/img/curRoom.png"));
QTreeWidgetItem * t1= new QTreeWidgetItem(host1,QStringList("棋室 1(33
人)"));
t1->setIcon(0,QIcon(":/img/room.png"));
QTreeWidgetItem * t2= new QTreeWidgetItem(host1,QStringList("棋室 2(22
人)"));
t2->setIcon(0,QIcon(":/img/curRoom.png"));
QTreeWidgetItem * t3= new QTreeWidgetItem(host1,QStringList("棋室 3(20
人)"));
t3->setIcon(0,QIcon(":/img/room.png"));
QTreeWidgetItem * host2=new QTreeWidgetItem(root,QStringList("北方联通 2
(75人)"));
host2->setIcon(0,QIcon(":/img/host.png"));
QTreeWidgetItem * r1= new QTreeWidgetItem(host2,QStringList("棋室 1(40
人)"));
r1->setIcon(0,QIcon(":/img/room.png"));
QTreeWidgetItem * r2= new QTreeWidgetItem(host2,QStringList("棋室 2(35
人)"));
r2->setIcon(0,QIcon(":/img/room.png"));
tree->expandAll();                                //展开 QTreeWidget 的所有节点

QLabel * pplLab=new QLabel("玩家列表");
pplLab->setFont(QFont("宋体",10,QFont::Bold));
pplLab->setAlignment(Qt::AlignCenter);
pplLab->setStyleSheet(QString(".QLabel { border: 2px solid gray;\
border-image:url(:/img/labelBg.png);}"));
pplLab->setFixedHeight(23);
pplTable=new QTableWidget(40,5,this);            //构造一个表格对象(40行, 5列)
QStringList header;                               //添加表头
header<<"用户名"<<"级别"<<"胜率"<<"网速"<<"桌号";
pplTable->setFont(QFont("宋体",10));
pplTable->setHorizontalHeaderLabels(header);
//填写表格第一行
pplTable->setItem(0,0,new QTableWidgetItem("江湖一舟"));
pplTable->item(0,0)->setFont(QFont("宋体",10,QFont::Bold));
```

```
pplTable->setItem(0,1,new QTableWidgetItem("5级"));
pplTable->item(0,1)->setFont(QFont("宋体",10,QFont::Bold));
pplTable->setItem(0,2,new QTableWidgetItem("55%"));
pplTable->item(0,2)->setFont(QFont("宋体",10,QFont::Bold));
pplTable->setItem(0,3,new QTableWidgetItem("9"));
pplTable->item(0,3)->setFont(QFont("宋体",10,QFont::Bold));
pplTable->setItem(0,4,new QTableWidgetItem("空闲"));
pplTable->item(0,4)->setFont(QFont("宋体",10,QFont::Bold));
//添加表格各个列
int total=lobbyWin->gLobby->curPPLNum;
for(int i=0; i<total; i++)
{
    QString name=lobbyWin->gLobby->id[i];
    pplTable->setItem(i+1,0,new QTableWidgetItem(name));
    QString rate=QString::number(rand()%10+1)+"级";
    pplTable->setItem(i+1,1,new QTableWidgetItem(rate));
    QString victory=QString::number(rand()%70+20)+"%";
    pplTable->setItem(i+1,2,new QTableWidgetItem(victory));
    QString speed=QString::number(rand()%20+1);
    pplTable->setItem(i+1,3,new QTableWidgetItem(speed));
    QString loc=QString::number(i+1)+"桌";
    pplTable->setItem(i+1,4,new QTableWidgetItem(loc));
}
//表格属性设置
pplTable->verticalHeader()->hide();                          //隐藏垂直方向表头
pplTable->horizontalHeader()->setSectionsClickable(false); //表头不响应单击
pplTable->horizontalHeader()->setStretchLastSection(true);
                                                             //最后一列自动扩展
pplTable->setSelectionBehavior(QAbstractItemView::SelectRows);   //按行选择
pplTable->setSelectionMode(QAbstractItemView::SingleSelection); //单行选择
pplTable->setEditTriggers(QAbstractItemView::NoEditTriggers);    //不可编辑
pplTable->setShowGrid(false);                                      //去掉网格线
pplTable->verticalHeader()->setDefaultSectionSize(21);           //设置行高
pplTable->horizontalHeader()->setDefaultSectionSize(42);
pplTable->horizontalHeader()->resizeSection(0,75);     //设表头第一列宽度为75
pplTable->setFrameShape(QFrame::NoFrame);
int tableNum=lobbyWin->gLobby->curTabNum;
for(int i=0; i<tableNum; i++)
    connect(lobbyWin->gLobby->gTable[i],SIGNAL(changeSeatTo(int)),
                                this,SLOT(UpdateUserTab(int)));
//layout for main widget
QVBoxLayout *m_mainLayout=new QVBoxLayout(this);
QSplitter *splitter=new QSplitter(Qt::Horizontal, this);
```

```
    splitter->setHandleWidth(1);
    //左下方窗口布局
    QVBoxLayout *m_leftLayout=new QVBoxLayout(this);
    m_leftLayout->addWidget(lobbyLab);
    m_leftLayout->addWidget(lobbyWin,1);
    QWidget *lWin=new QWidget;
    m_leftLayout->setMargin(0);
    m_leftLayout->setSpacing(0);
    lWin->setLayout(m_leftLayout);
    splitter->addWidget(lWin);
    //右下方窗口布局
    QVBoxLayout *m_rightLayout=new QVBoxLayout(this);
    m_rightLayout->addWidget(roomLab);
    m_rightLayout->addWidget(tree,1);
    m_rightLayout->addWidget(pplLab);
    m_rightLayout->addWidget(pplTable,2);
    QWidget *rightWin=new QWidget;
    rightWin->setLayout(m_rightLayout);
    m_rightLayout->setMargin(0);
    m_rightLayout->setSpacing(0);
    splitter->addWidget(rightWin);
    splitter->setStretchFactor(0, 1);
    splitter->setStretchFactor(1, 0);
    //主窗口布局
    m_mainLayout->addWidget(topBar);
    m_mainLayout->addWidget(splitter);
    m_mainLayout->setSpacing(0);
    m_mainLayout->setContentsMargins(0, 0, 0, 5);
    setLayout(m_mainLayout);
    setMinimumWidth(902);
    setMinimumHeight(601);
}
Widget::~WIDGET()
    { }
//处理来自 gameTable 的信号
void Widget::UpdateUserTab(int tabID)
{
    if(tabID>0) {
        QString tId=QString::number(tabID)+"桌";
        pplTable->setItem(0,4,new QTableWidgetItem(tId));
        pplTable->item(0,4)->setFont(QFont("宋体",10,QFont::Bold));
    }else{
        pplTable->setItem(0,4,new QTableWidgetItem("空闲"));
```

```
        pplTable->item(0,4)->setFont(QFont("宋体",10,QFont::Bold));
    }
}
```

至此,“游戏大厅”界面编写完成。当然这个例子还有很多改进余地,例如房间列表和用户列表的显示可以继续美化,右击游戏桌旁的人物或列表中的一行会弹出详细的用户信息,加入聊天窗口等。

后　记

随着界面开发技术的发展，界面开发将越来越精美化、简单化。将来的界面开发可能在大多数情况下只需通过描述式语言（类似于网页设计的 HTML 语言）就可以实现。在这方面，Qt 的样式表技术已经做出了积极的探索，由于 Qt 对样式表的支持，使得在 Qt 编程环境下界面的美化工作大大简化。

然而，不论界面开发技术如何发展，基于编程语言的界面开发技术一定有其用武之地。因为除界面外的其他功能一定要依靠编程语言实现，若软件界面和其核心功能都用编程语言实现，则界面和其他功能的交互将更加顺畅。

Qt 是基于 C++ 语言的重要的编程框架之一。而 C++ 是一种广泛使用的语言，并且在今后相当长的时期内仍将是软件开发领域的主流编程语言之一。因此，基于 C++ 语言的 Qt 开发技术也将具有长期的价值。

本书涉及的基于 Qt 的界面开发技术仅仅是 Qt 开发框架的一部分内容。Qt 具有优异的跨平台能力、完备的类库以及灵活规范的编码方式，这些特点使得 Qt 被应用在软件开发领域的许多方面。希望读者在学完本书的内容后，能提高开发软件的兴趣，并以此书为基础进一步学习 Qt 框架以及软件开发其他方面的知识。

仇国巍

2017 年 2 月